신소재 기술 입문서

신소재
응용전략

山中 唯義 지음 | 최하식 옮김

BM 성안당

日本 옴사 · 성안당 공동 출간

신소재 응용전략

Original Japanese edition
SHINSOZAI OUYOU SENRYAKU edited by SHINSOZAI R&DG
by Tadayoshi Yamanaka
Copyright © 1993 SHINSOZAI R&DG
published by Ohmsha, Ltd.

This Korean language edition co-published by Ohmsha, Ltd. and SEONG AN
DANG Publishing Co.
Copyright © 1998
All rights reserved

머 리 말

최근 산업기술 분야의 꾸준한 연구 개발 결과, 생활의 질적 향상, 에너지 문제의 해결, 지구 환경 문제의 해결 등이 진행되는 가운데, 각 분야에서는 한층 더 향상된 산업기술의 개발·진보가 기대되고 있다.

특히, 신소재는 모든 분야에서 그 기반이 되는 핵심 기술로서 전자, 생물공학, 우주·항공, 해양 개발, 에너지 분야에서 새로운 돌파의 열쇠를 쥐고 있다고 해도 과언이 아니다.

더구나 오늘날에는 우수한 특성이나 기능뿐만 아니라 디자인이나 감성(感性)이 중요시 되고 있으며, 폐기 처리, 리사이클성 등 환경 친화적인 재료에 대한 요구도 증대되고 있는 추세이다.

본서는 이러한 상황에 맞추어 자칫하면「나무는 보고 숲은 보지 못한다」는 경향에 빠질 수 있는 일진월보의 신소재 기술에 대해 초보자도 쉽게 이해할 수 있도록 간결하게 정리하였다.

이 책이 신소재 마스터의 입문서로서 여러 분야에서 이용·활용된다면 편집에 관계한 자로서 매우 다행으로 여기는 바이다. 아무쪼록 신소재에 흥미를 가진 독자들의 간편한 참고서로서 유용하게 이용해 주길 바란다.

신소재 R&D 스터디 그룹 간사.
(전 통상산업성 기초산업국 기초신소재 대책실)
山中 唯義

목   차

3 대표적 신소재

4 액정입문

A

신 소 재 입 문

「보다 강하게」「보다 가볍게」「보다 싸게」—인류는 20세기의 역사에서 끊임없이 이 명제에 도전하고 있고 시대의 요청에 응해 잇달아 새로운 소재를 개발해 왔다. 분야에 따라서는 「보다 작게」「보다 빠르게」「보다 얇게」「보다 쾌적하게」도 우리들이 해결해야 할 영원한 과제라고 할 수 있다.

두 번에 걸친 석유 가격의 폭등, 자원 내셔널리즘의 대두, 또는 「마이크로컴퓨터 혁명」으로 대표되는 일렉트로닉스 혁명의 끝없는 진전 등, 근래 수년간의 경제·사회의 격변은 신소재의 수요를 더욱 가속시키고 있다. 이러한 배경에서 1990년대는 「신소재 혁명」 시대로까지 일컬어지고 있다. 그래서 「신소재」의 윤곽을 파악하기 위한 하나의 자료를 정리해 보았다.

신소재의 종류와 용도는 대단히 방대하지만, 여기서는 신금속재료, 전자재료, 파인 세라믹스, 고기능성 고분자 재료, 복합재료의 5분야로 줄이고, 이중에서 대표적인 신소재에 관해 해설하였다.

제 1 장

기술개발에 있어서의 신소재의 역할

1. 기술혁신과 신소재

(1) 재료가 뒷받침하는 신산업

1990~2010년은 신기술이 일제히 개화하는 시대이다. 그중에서도 신소재는 신산업을 뒷받침하는 새로운 재료라는 점에서 특히 중요한 역할을 갖는다.

우선, 재료와 새로운 산업의 관계를 과거의 예로 생각해 보자.

장기적인 경기 순환을 설명하는데 콘드라티에프 사이클이 있다(그림 1). 이것은 55년을 주기로 경기의 상승, 하강을 되풀이 하는 것으로 슘페터는 이것을 기술상의 신기축(이노베이션)으로 결부시켜 생각하였다. 슘페터의 신기축 파동에서는 제1의 물결을 19세기 전반의 방적업을 중심으로 해서 일어난 산업혁명과 그것의 침투 과정, 제2의 물결을 19세기 후반의 철도 건설을 축으로 한 증기기관과 철강업의 시대, 제3의 물결을 20세기 전반의 전기·화학·자동차의 시대로 구분하고 있다. 이들의 신기축을 새로운 재료의 출현으로 뒷받침하고 있는 것이다.

예를 들어 제1파동에서는 와트의 증기원동기 발명이 핵이었는데 이것은 목재로부터 철이라는 재료의 변혁이 있었기 때문에 가능하였다. 제2파동에서는 근대 제철기술(철로부터 강철로)이 탄생함으로써 기선, 철도 등을 뒷받침하였고, 제3파동에서는 철 이외의 신재료—특수강이나 알루미늄, 레어 메탈(rare metal) 등의 출현으로 자동차·항공기·로켓 등의 개발이 가능하게 하였다.

그리고 제4파동은 1950년대부터 2010년대까지로 이 시기는 제2차 대전후의 고분자 화학이나 일렉트로닉스 기술을 핵으로 한 신기축으로, 앞으로도 계속해서 등장할 신소재가 중요한 역할을 담당할 것이다. 예로서 일렉트로닉스 분야라면 초고속 컴퓨터에는 초전도 소재, 에너지 분야에서는 핵 융합이나 MHD 발전과 같은 초전도 소재, 광기술에는 광파이버, 라이프 사이언스에는 인공막과 같은 것이다.

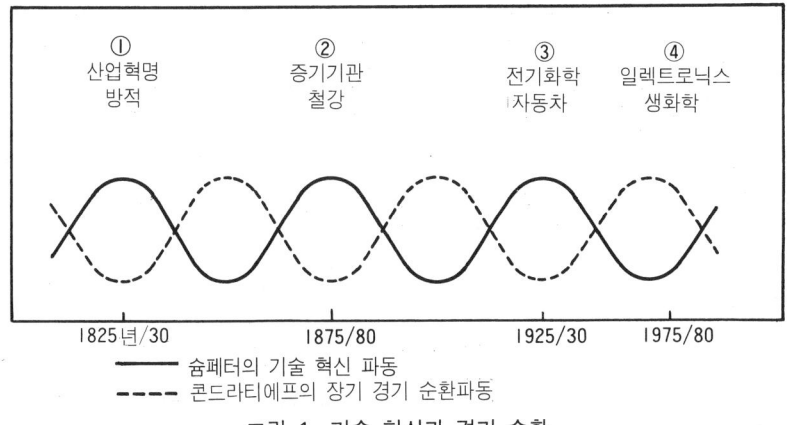

그림 1. 기술 혁신과 경기 순환

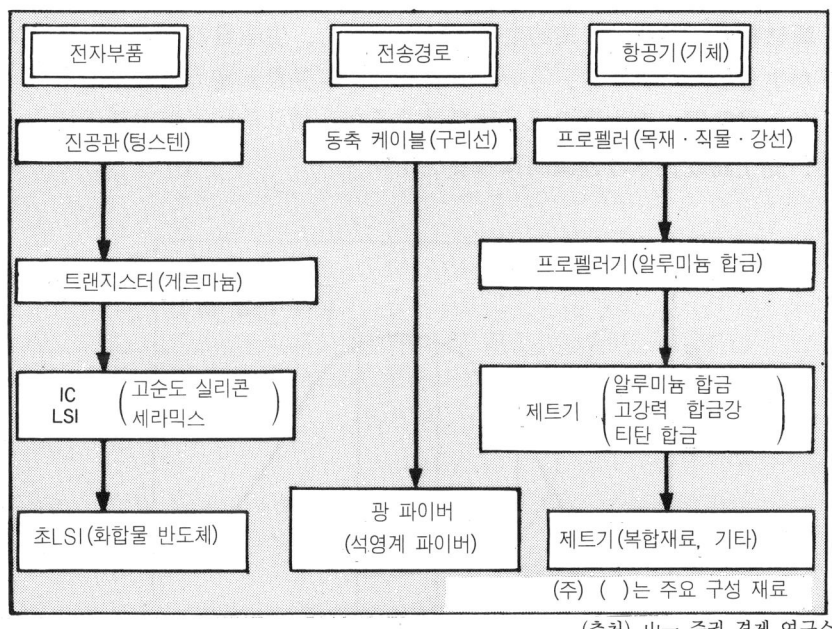

그림 2. 기술혁신 추이와 신소재의 관계

(2) 소재의 라이프 사이클

신소재와 신기술의 관계에는 라이프 사이클의 개념을 적용할 수 있다. 양자의 관계는 차의 두바퀴과 같아 한쪽만으로는 진전하지 못하고 시간적 지체는 있너라도 동일한 라이프 사이클을 깆는다. 제품의 라이프 사이클은 다음의 5

단계로 나누는데 이것을 재료의 라이프 사이클로 바꾸면 다음과 같다.

① **도입기** : 제품은 시장에서 신발매되지만, 지명도와 수용도는 대단히 낮다.

신재료의 잉태기 : 새로운 재료의 발견에서부터 최초로 공업적 생산 기술이 등장, 응용되기까지의 기간

② **성장기** : 도입기 판매활동의 누적효과로 제품의 판매 이익은 급속히 증가하기 시작한다.

신재료의 성장기 : 공업적 생산기술이 확립되고, 생산량의 급증·가격의 저하가 생긴다. 이른바 런닝 커브 효과가 작용한다.

③ **성숙기** : 매상고의 성장은 계속되지만 잠재적 고객수의 감소에 의해서 매상고 성장률은 체감적(遞減的)으로 된다.

신재료의 성숙기 : 생산에 관한 기본적인 기술에 덧붙여 주조·용접·가공기술 등의 기술적인 과제를 극복하는 과정이지만, 생산의 신장률은 떨어지게 된다.

④ **포화기** : 매상고는 정상에서 그대로 머물고 교체 수요가 발생한다.

신재료의 포화기 : 생산의 신장이 멈추고 코스트의 저하도 없어져, 새로운 대체 재료와의 경합문제가 발생한다.

⑤ **쇠퇴기** : 제품이 다른 제품으로 대체되고 매상고의 절대액은 감소한다.

신재료의 쇠퇴기 : 자원의 결핍, 생산 기술개발의 정체 등의 문제가 발생하여 경합재료로 수요가 대체되며, 생산량은 상대적으로 감소한다.

기존의 재료를 이 라이프 사이클의 그림(그림 3)에 맞춰보면 철강은 19세기 후반에 성장기를 맞이한 뒤 현재는 이미 성숙기 후기, 또는 포화기 단계에 와 있다. 티탄은 1948년에 듀퐁사가 공업 생산을 개시한 것을 계기로 성장기에 들어가 특히 근래에는 항공 우주산업용의 수요가 급증하고 있다.

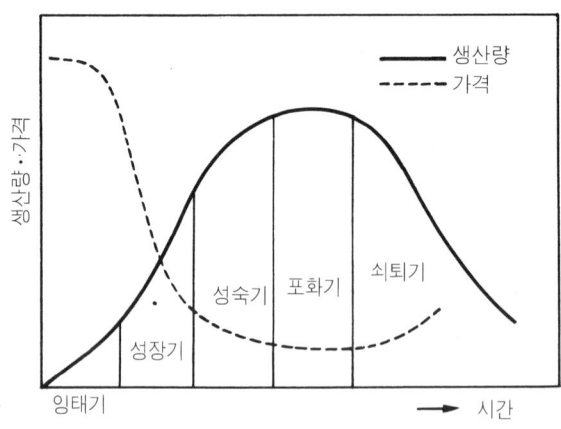

그림 3. 재료의 라이프 사이클

한편, 신소재라는 것은 이 라이프 사이클의 잉태기 또는 성장기에 있는 신소재를 말하며, 새로운 소재 산업으로서도 금후 10~20년간에 본격적으로 비약적인 진전을 기대하는 단계에 있다.

신소재 재료가 성장기에 있다는 것은 양산 → 가격저하 → 수요증가 →양산이라는 좋은 순환의 시기에 있다는 것으로, 신소재를 중심으로 한 신산업을 뒷받침하는 큰 요인이 된다.

(3) 양산에 의한 코스트 다운

누적 생산량의 증대에 따라 코스트는 급속히 저하된다. 이 관계는 경험 커브 또는 런닝 커브라고 한다. 양 대수 그래프의 세로축에 가격, 가로축에 누적 생산량을 잡아 플롯하였을 때 커브의 경사가 급할수록 가격의 저하가 큰 것을 의미한다. 가격의 저하로 생산량이 증대하는 것이 신소재가 공업재료로서 쓰이게 되는 조건이다.

2. 신소재의 개략

(1) 신소재란

위에서 설명한 바와 같이 신소재는 21세기를 선도하는 첨단 산업의 하나로서 크게 기대되어 온 하이테크놀로지이다.

오늘날 신소재라는 말은 널리 쓰여 정착됐지만, 그 범위 및 정의에 있어서는 반드시 공통된 이해가 확립된 것은 아니다. 이 때문에 시장 규모를 파악할 경우, 각자가 다른 이미지에 따라서 신소재의 범위를 상정하는 경향이 있지만 원료로부터 최종 제품에 이르기까지의 과정에서 원료 → 소재·재료 → 부품 → 제품의 각 단계를 고려하여 소재 단계에 한정하지 않고 시야를 넓혀 이들 각 단계도 고려한다. 나아가 신소재란 원료 그 자체가 종래에 없었던 새로운 획기적인 특성(기능·성능)을 잠재적으로 가진 것일 뿐만 아니라 종래의 원료라도 새로운 가공 기술, 상품화 기술이 가해짐으로써 수요에 대응한 새로운 사회적 가치(용도)를 만들어 내는 것도 포함시키기 때문에 일본의 통산성에서는 신소재에 관해서「신소재란 금속계·무기계·유기계의 원료 및 이들을 조합한 원료를 기초로 고도의 제조·가공기술(예를 들면 원자·분자 레벨의 극소한 구조제어·고순도화·복합화 등) 또는 상품화 기술을 선택함으로써 종래에 없던 획기적인 특성 및 새로운 가치를 만들어 내는 부가가치가 높은 소재」라고 정의하고 있다.

표 1. 신소재가 미치는 영향

항 목	예측할 수 있는 영향
소 재 산 업	고부가가치화, 새로운 수익원으로서 신소재 개발에 적극적으로 나선다(신소재에 기존제품이나 소재가 대체되는 경우도 있다. 신소재 개발에 뒤떨어진 기업과 그렇지 않은 기업의 수익 교차가 크다).
에너지 산업	어모퍼스 실리콘을 이용한 태양 전지로 가정이나 사무실의 전력을 조달할 수 있게 된다. 수소흡장 합금의 개발로 전기·가솔린에 이어 미래 에너지로서 수소의 유효 이용이 진행된다. 파인 세라믹스에 의한 고효율 가스터빈, 초전도 소재에 의한 MHD 발전 등, 새로운 에너지 기관이 실용화된다.
자동차 산업	탄소 섬유강화 플라스틱을 비롯한 복합 경량 소재는 대폭적인 연료 소비율 향상을 가져와 연료 소비율에 혁명이 일어난다. 수소흡장 금속의 개발로 수소 자동차가 등장한다. 신소재의 채택으로 자동차 회사는 새로운 설비투자·가공 라인의 재구성이 필요하게 된다. 또한 해외로도 신소재의 조달원을 구한다.
반도체 공업	실리콘에 이어 갈륨·비소 반도체가 등장하며, 이어서 조셉슨(Josephson) 소자가 포스트 IC로서 등장. IC의 고집적화가 가속된다.
통신·정보기기공업	광파이버(석영, MMA 수지)의 저손실화, 저코스트화가 추진되고 동축 케이블에 대신하는 광파이버 시대가 된다. 가정에는 CATV, 버튼 전화, 가정 팩시밀리 등이 들어와 퍼스널 미디어 시대가 된다.
정밀가공공업	여러 가지 산업에 신소재를 응용하기 위해서는 가공성의 향상이 필요하기 때문에 정밀가공 공업이 발달한다.
항공우주공업	내열타일(세라믹스) 등의 개발로 로켓의 재사용이 가능하게 되었다. 우주공장에서 신소재를 만들어 낼 수 있다.
자 원 소 비	동력기관의 주요 부품을 세라믹스화하면 현재보다 연료 소비율은 15% 정도 저하하여, 국가 전체의 석유연료 소비를 3% 저하시킬 수 있다. 내열재료는 고가인 레어 메탈에서 자원이 풍부한 세라믹스로 바뀐다.
설 비 투 자	신소재 산업은 범용소재라고 하기 보다 특수 소재인 면이 강해, 다품종 소량 생산, 고부가가치 산업으로 설비·장치도 콤팩트해진다.
국가안전보장	신소재는 첨단산업(일렉트로닉스, 항공우주, 빛, 에너지 등)의 기반이 되기 때문에 자체적으로 기술화를 하지 않으면 국가 안보상 위험하게 된다. 선진국과의 경쟁력을 갖기 위해 신소재 개발이 필요하다.
문 화	신소재에 의해 생산 구조는 에너지 절약화·자원 절약화 방향으로 진행되고, 사람들 가치 의식의 밑바탕에 에너지 절약·자원 절약 의욕이 정착하게 된다. 금속재료와 같은 유한한 자원에서 세라믹스와 같은 풍부한 재료에 대한 사람들의 사고방식이 변한다.
복 지	의료기기에 엔지니어링 플라스틱, 인공 신장에 고기능막, 생체재료로 알루미나나 사파이어 등이 쓰이며 의료 기술이 진보된다. 신소재의 가공단계는 실내 작업으로 신체 장애자에게 새로운 고용 기회를 가져다 준다.

(2) 대표적 종류별 신소재

신소재는 금속계, 무기계, 유기계 및 복합계의 네가지로 대별되며, 각각 아래와 같이 정리되어 있다(표 2).

(a) 금속계 신소재

금속계 신소재란 금속·합금 및 금속간 화합물이 가지는 특성 중, 특정한 기능 또는 성능에 착안하여 이것을 최대한으로 발휘할 수 있도록 조성·결정구조·미세조직 혹은 원자배열을 제어하여 제조 가공한 합목적적인 금속계 재료

(b) 무기계 신소재

① 파인 세라믹스

파인 세라믹스란 세라믹스가 갖는 여러 가지 기능 중 특정한 기능에 착안하

표 2. 신소재의 분류

재료 / 용도	무기재료	유기 고분자 재료	금속재료	복합재료
전자재료	갈륨비소, 어모퍼스 실리콘, 탄화지르코늄, 규소화몰리브덴, 붕화란탄, 티탄산지르콘산납	폴리아미드, 폴리아세탈, 폴리카보네이트, PBT, 변성PPO, 폴리옥시벤질렌 (에코놀)	어모퍼스 금속	
자성재료	가돌륨·갈륨·가닛, 페라이트	도전성 필름	니오브 티탄 합금, 센더스트 금속, 희토류 자석, 수퍼	도전성 접착제
광학재료	석영 광파이버, 황화카드뮴	MMA 수지, 클로로필 폴리머		칼코게나이트 글래스
고온내열	질화실리콘, 탄화규소, 질화규소, 사이아론, 질화붕소	플루오르수지, 실리콘수지, 폴리이미드	알로이 (니켈, 코발트 등)	탄소섬유, 탄화규소섬유, 알루미나 섬유
초경재료	질화붕소, 탄화티탄, 탄화규소, 탄화붕소, 붕화지르코늄		코발트 합금, 초미립자 금속(크롬계 니켈계)	
구조재료	탄화티탄	폴리카보네이트	수소흡장 금속, 마르에이징강, 고장력강	스틸 섬유, 소결 스테인리스강 섬유
기 타	인조보석, 규소화붕소(원자로 제어재)	킬레이트 수지, 이온교환수지, 고분자촉매	초소성 금속, 다공질 금속, 형상기억 합금	특수 유리 섬유

여 이것을 최대한 발휘할 수 있도록 정제·조정된 원료를 이용하여 제어된 화학조성을 가지며 재료의 미세조직·형태 등을 제어하여 제조 가공한 합목적적인, 주로 다수의 결정 입자가 결합하여 미세구조를 갖는 무기재료

② 뉴 글래스

뉴 글래스(new glass)란 무정형 물질이 갖는 기능 중, 특정한 기능에 착안하여 그 기능을 최대한 발휘할 수 있도록 화학조성·순도·미세구조·형태를 제어하여 제조 가공된 무기질의 무정형 재료 및 이들 무정형 재료를 결정화하여 얻은 재료

(c) 유기계 신소재

유기계 신소재란 유기계 소재가 갖는 특성 중, 특정한 기능 또는 성능에 착안하여 신규·기존 소재의 중합·화학결합·재결합·혼합 또는 신규 성형·가공 방법 등에 따라 화학구조 또는 고차 구조를 제어한 기존 소재에 없는 신기능·고성능을 가지는 합목적적인 유기계 소재

(d) 복합재료

두가지 이상의 이질(異質)로 이형(異形)의 소재를 조합함으로써 단체(單體)에는 없던 고도의 요구에 적합한 뛰어난 복수의 기능 또는 성능을 실현하는 소재

(3) 신소재 실용화의 진전 상황을 알아 본다
　　　　　—이미 인공 신장, 흡수성 수지는 실용화!!

현재 진전되고 있는 것으로는 인공신장·IC 패키지 등 6품목을 들었는데 어느 사례에 관해서도 소재 그 자체의 개발 시기는 10~20년 이전으로 기술적으로도 상당히 성숙해 있다. 또한 경합 제품과의 관계를 보면 중공사막을 이

표 3. 신재료에 대한 요구

재　료	분　야	특　성
구 조 재 료	에　너　지 에 너 지 절 약	내열성, 내식성, 내저온성 경량 최강도
기 능 재 료	에　너　지 에 너 지 절 약 정　　　보 의　　　학 화　　　학	광전교환, 축열재 분리막, 열교환, 촉매 감광성 재료, 광전송, 자성 재료 인공 장기 분리막

(출처)공업기술원 기술진흥과 편「혁신기술에의 도전」

용한 정수기는 활성탄을 이용한 것에 비해 잡균의 번식이 없고, 세라믹제 IC 패키지는 수지제에 비해 열전도성이 높으며, 흡수성 수지를 이용한 종이 기저귀는 목재 펄프를 사용한 것에 비해 흡수 능력이 비약적으로 높다. 이와 같이 어느 것이나 가격면에서는 불리하더라도 기능면에서 우수하다는 것이 검증되어 있다. 덧붙여 중요한 것은 인공 신장의 경우에는 확실한 수요의 존재, 정수기의 경우에는 맛있는 물·깨끗한 물에 대한 요구의 증대, 종이 기저귀의 경우에는 가사 생력화에의 수요 증대 등, 시장 환경이 이들 제품을 받아들이기 쉬운 방향으로 변화된 것이다. 또한 형상기억 합금을 이용한 브래지어나 제진 강판을 이용한 저소음 전기 세탁기는 통상 소재 메이커로서는 용도 개발이 쉽지 않다는 점에서 신소재가 필요했으며 그 실용화에는 메이커 수요자의 긴밀한 협력 관계가 크게 기여한 것으로 지적되고 있다.

또한 패션화, 차별화라는 사용자측의 새로운 요구 또는 시장환경에 적합한 상품개발은 특히 국민 생활에 밀착한 분야에서의 실용화가 필수적이라고 말할 수 있다.

반면에 장래성은 기대되지만 현재 상황으로 실용화의 진전이 없는 것으로는 FRM(섬유강화 금속), 수소흡장 합금, 트랜스용 어모퍼스 합금, 자동차 외판용 엔지니어링 플라스틱 등이 있다.

이들 소재의 개발시기는 비교적 빠르지만, 대개 그 기술의 성숙도는 낮다. 또한 경합품과의 관계를 보면, FRM에 있어서는 합금의 성능이 급속히 향상되고 있는 동시에 수지계 복합재료 FRP(섬유강화 플라스틱) 쪽이 성형성에서 우수하고, 트랜스용 어모퍼스 합금에 있어서는 규소강판의 성능이 향상된다는 것, 자동차 외판용 엔지니어링 플라스틱에 있어서는 일본의 자동차용 강판이 세계 최고급의 품질인 것 등, 기존 소재가 가격면에서 뿐만 아니라 성능면에서도 신소재에 뒤떨어지지 않는다는 점이 지적되고 있다.

또한, 시장 환경에서도 수소흡장 합금, 트랜스용 어모퍼스 합금의 예에서 볼 수 있는 바와 같이 근래의 에너지 사정의 완화로 신소재의 메리트가 종래만큼 평가받지 못한다는 사정도 있다. 또 처음부터 이들 신소재에 대한 성능면에서의 신뢰성이 확립되어 있지 않았고 가격이 높다고 하는 점이 실용화의 진전을 늦추는 요인이 되고 있다.

(4) 신소재 개발 성공의 포인트

신소재의 실용화를 추진하기 위해서는 다음과 같은 점이 중요하다.

신소재 개발 성공 포인트 1 : 기존의 경합 소재보나 가격년 및 기능·성

표 4. 신소재 기능의 정의

1. 기계적 기능	
강도	재료가 파괴될 때까지의 변형저항을 표현하는 총칭
비(比)강도	단위 중량당 강도 예. 인장강도 kgf/mm² 또는 MPa
인성	인성(靭性)강도, 파괴에 대한 저항력
경도	재료 표면의 국부하중에 대한 변형의 난이도 예. 비커즈 경도
탄성	외력에 의해 변형된 재료가 처음 상태로 돌아가려는 성질 함이 작용으로 그 형, 치수를 바꾸고, 함을 제거하였을 때 원래의 형태로 회복하는 성질. 변형하더라도 원래의 형태로 돌아가는
형상기억성	영구 변형하더라도 열 등을 가하면 처음 형태로 되돌아가는 성질
조소성	엿과 같이 재료가 크게 늘어나는 성질
제진성	소리나 진동을 흡수하는 능력
내마모성	마찰에 대하여 마멸되기 어려운 성질
마찰력	그 물체를 접촉면을 따라 상대 변화시킬 때 운동을 방해하는 방향으로 작용하는 힘
윤활성	마모나 마찰을 감소시키는 성질
절삭성	금속 등을 하는데 우수한 성질
과절삭성	절삭되기 쉬운 성질
2. 화학적 기능	
내식성	부식에 견디는 성질
내후성	대기온도·습도·자외선 등에 변색·퇴색·부식되기 어려운 성질
분리성	화합물 등에서 목적 성분과 불필요 성분을 나누는 성질
선택 투과성	화합물 등에서 목적 성분만을 투과시키는 성질
촉매성	화학반응에 있어서, 자기자신은 화학변화를 하지 않고 반응속도를 빠르게 하거나 또는 지체시키는 성질

흡·탈착성	계면에 다른 물질을 흡·탈착하는 성질
수소 저장성	금속이 수소를 흡장하여 금속 수소화물로 저장하는 것
흡수·흡습성	일반적으로 온도변화로 저장·방출을 가역적으로 반복할 수 있다.
투수성	물이나 기름을 흡수하는 성질
	물을 투과시키는 성질
산소 차단성	산소와의 접촉을 차단함으로써 산화 등을 방지하는 성질
이온 전도성	이온이 물질 속을 쉽게 흐르는 성질
산화 환원성	산소와 화합하거나 산소를 해리하는 것
전기화학 특성	전기 에너지와 화학 에너지에 관한 성질. 용액 속에서의 산화·환원 전위, 부식 현상을 지배한다

3. 전자·전기적 기능

도전성	전기를 전하기 쉬운 성질
초전도성	극저온에서 전기 저항이 0으로 되는 성질
절연성	전기의 전도를 막는 성질
반도전성	금속과 달이 전기가 흐르기 쉬운 도체와 고무와 달이 전기가 흐르지 않는 절연체의 중간적인 성질
압전성	결정체 등을 압축 또는 늘리면 전위차를 일으키는 성질
초전성	열에 의해서 놓으면 전위차를 일으키는 성질
유전성	전장 속에 놓으면 분극하고, 대전한 물질을 다른 물질에 가까이 하면 대전하는 현상을 매개하는 성질
열전 변환성	열 에너지를 전기 에너지로 변환하는 성질
광전 변환성	광 에너지를 전기 에너지로 변환하는 성질
내아크성	절연 재료의 아크(발광 방전)에 대한 저항성
광전자 방사성	물질에 전자파가 입사하였을 때 그 물질이 전자를 방출하는 성질
열전자 방사성	특수한 조건하에서 열에 의해 전자·광전자 등의 전자를 방출하는 성질
전자파 흡수성	전자파를 흡수하여 전파 장해 등을 방지하는 성질
레이저 발진성	특정 주파수의 레이저를 방출하는 성질
일렉트로크로미	전류에 의해 발색과 무색을 반복하는 가역적 반응

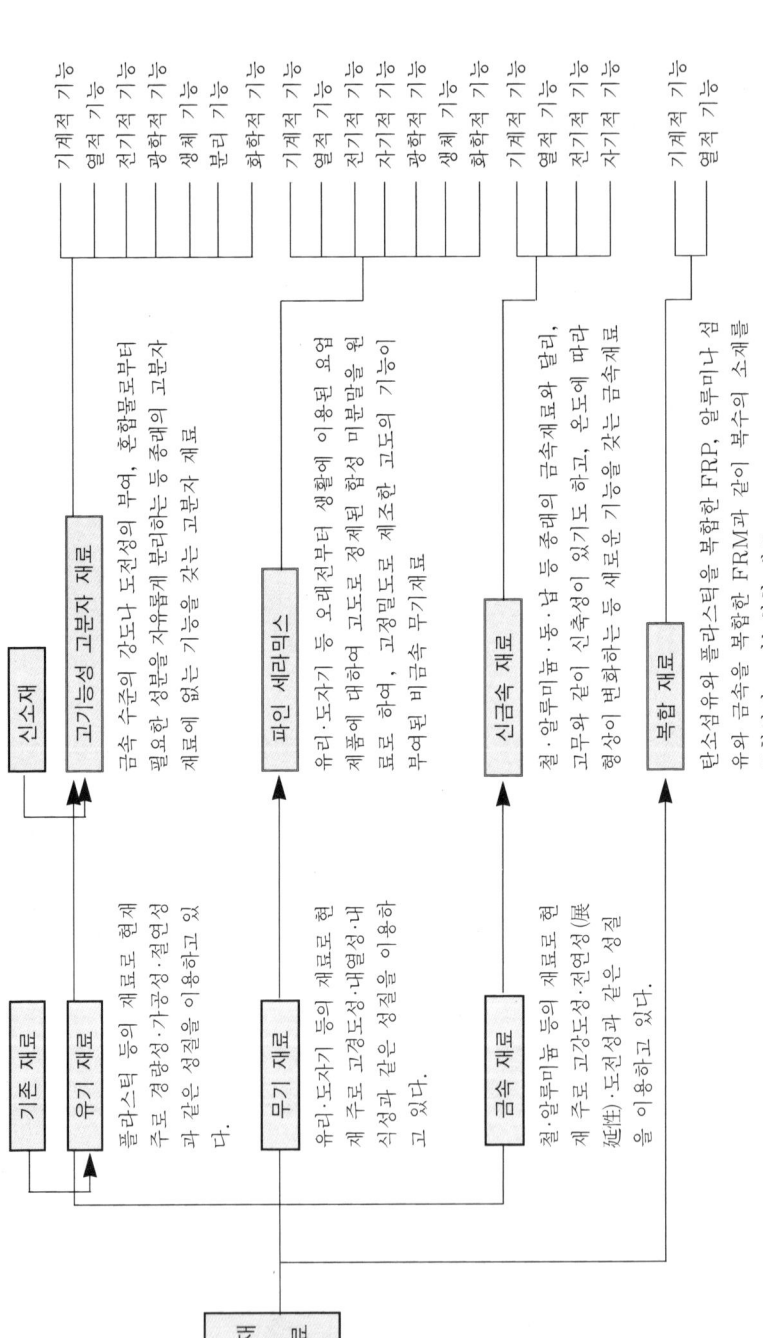

그림 4. 신소재의 체계도　　　(출처) 일본 통상산업성 산업구조연구회 보고서에서

능면에서 우위성을 가질 것, 또는 가격면에서는 다소 불리하더라도 그것을 커버할 만큼 기능·성능면에서 우위성을 가질 것

신소재 개발 성공 포인트 2 : 구체적인 수요의 파악 및 사용자와 메이커의 긴밀한 유대를 바탕으로 수요에 적합하고 또한 시장 창조적(market creative)인 상품을 개발할 것

신소재 개발 성공 포인트 3 : 성능면에서 신뢰성 확립, 특히 안전성면에서 신뢰성에 관하여 충분한 확증을 얻을 수 있을 것

표 5. 신소재 성공사례 연구〔진보하고 있는 예 : 일본〕

	소재의 개발시기	기술의 성숙도	제품개발의 경위	
인공신장(인공투석)	·1944년 : 셀로판막(미국) ·1967년 : 중공사막, 정밀 여과막의 시판개시	충분히 성숙	·1967년에 건강 보험에서 인가	
분리막 이용의 정수기	·1919년 ·1960년~ : 대량 사용(미국) ·1970년 이후 : 일본에서 보급	상당히 성숙	·1984년 일본 후생성의 경고에 의해 막방식 이용으로 진전되었다	
파인 세라믹스제 IC 패키지	·1965년 이후	성장기와 성숙기의 중간	·알루미나와 금속과의 접합기술, 기밀 밀봉기술의 개발이 추진역	
형상기억 합금을 이용한 브래지어	·1963년 : 니켈·티탄 합금의 기억형상 특성 발견(미국) ·1980년 : 니켈·티탄 합금이 형상기억 합금으로서 판매	상당히 성숙	·1981년 안경 프레임으로 최초로 사용. 그 뒤 에어컨, 커피 메이커 등에 사용 ·1985년 치열 교정 와이어로서 일본 후생성 인가 ·1984년부터 브래지어용으로 공동 개발	
고흡수성수지의 종이 기저귀	·1974년 : 고흡수성 폴리머를 발견(미국)	상당히 성숙	·1981년 유니참 (무니)이 처음으로 채택 ·1983년 카오(메리즈)가 본격 채택	
제진강판 이용의 전기 세탁기	·1960년대 후반	거의 성숙	·1970년~교량 하면 방음재 ·1983년 ~ 자동차 (오일팬)에의 이용	

경합 제품과의 관계	시장 환경	진척된 요인	금후의 대응 과제
• 신장이식 수술 이외에는 없다	• 환자수는 매년 5~6천명 증가	• 수요의 존재 • 대체품이 없다 • 공중사 제조기술 • 건강 보험상의 인가	
• 활성탄형 정수기는 저가이지만 잡균번식 가능성이 있다	• 맛있는 물에 대한 요구 고조 • 건강 의식의 고조 • 집합 주택의 저수탱크의 증가	• 수돗물의 수질 악화 • 양산화, 가격저하	• 효능적인 실증 데이터 축적
• 플라스틱에 비하여 고신뢰성, 단, 고가격	• IC 고집적화, 고속화에 따른 전기적, 열적, 특성 향상의 요구가 높다	• 경제적인 가격으로 공급할 수 있는 기술 개발 • IC의 수요 증가	
• 스틸 와이어제는 단단해서 불편하며 굽으면 되돌아오기 어렵다	• 소프트 터치에 대한 요구 발생	• 참신함 • 메이커와 사용자간의 긴밀한 협력관계 • 양이 모이고 가격이 저하되었다	• 코스트 다운 • 데이터 축적
• 목재 펄프에 비하여 흡수 능력 70배, 유지 능력 9배	• 기저귀 사용량 급증 • 가사 생력화에 대한 요구 증대	• 가사 생력화 경향에 부합 • 요구에 기능이 부합 • 사용자가 상품 개발에 의욕적	• 새로운 용도 개발 (노인용 기저귀, 토양보수(保水))
• 고무가 부착된 강판에 비하여, 코스트, 생산성, 내구성이 유리(클러치 케이스) • 플라스틱에 비하여 내구성은 유리하지만 디자인 자유도는 낮다(외부 케이스)	• 집합 주택에서 저소음화에 대한 요구 발생 • 제품 차별화 • 참여 기업의 잇달은 경쟁 격화	• 코스트·내구성·생산성이 좋음(클러치 케이스) • 내구성이 좋음(외부 케이스) • 메이커, 사용자의 협력 • 구별이 용이	• 제진 수지의 개량 • 코스트 다운

제 **2** 장

신소재의 실현시기 예측

1. 신소재 테크놀로지 발전의 원동력은 "꿈"

전기는 다른 에너지와 비교해서 콘센트에 연결만 하면 언제 어디서나 간단하면서도 안전하게 이용할 수 있는 기동성과 편리성을 가진 에너지이다. 조명에서 열, 동력, 또한 일렉트로닉스 기술의 집합체인 정보 관련기기에 이르기까지 매우 다양한 이용 형태로 날도 확대되고 있다.

이것은 말할 필요도 없이 지금까지의 수많은 연구자, 기술자의 노력과 이용자의 끝없는 요구라는 쌍방의 힘에 의해서 수많은 기술의 벽이 돌파된 결과이다.

우리들이 지금 「이렇게 되면 좋겠구나」라고 생각하는 것과 마찬가지로 옛날 사람들도 원대한 꿈을 품고 그 꿈을 실현하기 위해 노력하였다. 그 시점에서는 단지 꿈이었던 것이 시간이 지나 되돌아 보면, 그 창조력은 실현 가능으로 이끄는 미래꿈의 원동력이었다는 것이 많은 신기술의 역사가 증명하고 있다.

그래서 옛사람들의 창조력 "「20세기의 예언」1901년, 호치(報知)신문에 게재"를 검증하여 보는 동시에, 미래의 자손을 위해 지금 살고 있는 우리들의 '미래 창조력'에 관해서 주시해 보기로 한다.

(1) 선인들의 예측과 현재 테크놀로지

(a)「사진 전화」는 텔레비전 전화로

지금은 실용화 단계에 있는 텔레비전(동 화상)전화(정지 화상 텔레비전은 이미 본격적으로 실용화되어, 간편하게 쓸 수 있는 전화로 가정에서도 사용되고 있다)는 아직 브라운관이 등장해 있지 않아서 타이틀 자체가 「사진 전화」라고 되어 있지만 그 내용은 『전화국에는 대화자 얼굴이 나타나는 장치여야 할 것임』이라고 예측하고 있다. 그야말로 현재는 그 예측대로 된 것이다.

(b)「전기 연료」는 본격적인 전력에너지 이용으로

당시의 에너지원이라고 한다면 석탄이나 신탄 등이 중심이었기 때문에 전기 이용에 대한 그 후의 발전 가능성은 예측하기 어려웠을 텐데, 이미 그 시점에서 『20세기에는 신탄, 석탄 모두 고갈되어 전기가 이를 대신하는 연료가 될 것이다』라고 하였다.

확실히 전기가 에너지의 이용 형태로서 동력원 등의 파워 소스이지만 연료라는 위치이기 보다는 오히려, 석탄, 수력, 화력, 원자력으로부터 만들어지는 2차 에너지라고 보는 것이 현실적이다.

석탄 등의 1차 에너지원이 없으면 전기는 만들 수 없으며 또한 적어도 20세기중에는 석탄 등의 1차 에너지가 고갈되지 않을 것으로 보기 때문에 적중률은 50% 정도라고 해야 할 것이다.

(c) 「쇼핑 편법」은 전화 쇼핑으로

쇼핑의 기본은 옛날이나 지금이나 "손으로 만져보고 잘 확인하고서 산다"로 되어 있지만, 한편 떨어져 있더라도 충분히 상품을 음미할 수 있고, 간단히 집으로 보내준다면 얼마나 편리할까라고 생각하는 것도 또한 옛날이나 지금이나 변하지 않는 소망이다.

20세기의 선인들은 이점을 「쇼핑 편법」이라는 호칭으로 『사진 전화에 의해 원거리에 있는 물품을 감정하고 또한 매매 계약을 거쳐 그 물품은 지하 철관 장치를 통해 순식간에 낙하할 것이다』라고 하였다.

이것을 현대식으로 바꾸어 말하면 텔레비전 전화로 주문을 하고 단지내 쓰레기 팩 반송 등에서 이미 실용화되어 있는 진공 반송장치로 신속하게 배달된다고 하지만, 실현화 단계에서 보면 그 직전 단계로 TV 전화 쇼핑이나 통신 어댑터를 갖춘 패밀리 컴퓨터 등으로 주문을 하여 당일 내지 다음날에는 집으로 배달된다는 것이다.

(d) 「원거리 사진」은 컬러 팩시밀리로

화상이나 문자를 원거리로 간단히 송수신할 수 있는 것이 팩시밀리로 이미 가정용으로도 퍼스널 타입이 등장하여 국내뿐만 아니라 해외에 있는 사람들과 언제나 교신할 수 있게 되었다. 또한 최근에는 보다 고속으로 고밀도 송신이 가능한 ISDN(서비스 통합 디지털 통신망)의 구축도 진행되어 컬러 화상 등의 대용량 정보도 쉽게 취급할 수 있게 되었다.

선인들은 『수십년 뒤 유럽의 하늘이 전운으로 뒤덮일 때, 동경의 신문 기자는 편집국에 있으면서 전기력으로 그 상황을 빠르게 사진촬영할 수 있고 그 사진은 천연색 현상을 할 것이다』라고 보았지만 지금은 사진뿐만 아니라 살아 있는 화상도 보낼 수 있다. 현실은 선인들의 예상을 훨씬 넘어 나타났다.

(e) 「전기의 수송」은 대송전망 정비시대로

전기 그 자체를 축적하기는 쉽지 않으며 발전하면 곧 송전선을 통하여 소비

된다. 전기가 없이는 하루도 살 수 없을 정도로 우리 실생활에 널리 보급되어 있는 전기를 이용하기 위해서 국토 안에 그물과 같이 송전선이 쳐져 있고, 또한 정전 등의 사고가 없도록 전국적으로 고도의 계통 연대 관리가 이루어지고 있다.

선인들은, 『일본은 비와 호수의 물을 이용하여, 미국은 나이아가라 폭포에 의해 수력 전기를 일으켜 각각 국내로 수송한다』라고 예측하였다. 이제는 원자력발전, 화력발전도 이용한 국내 송전 체제가 가동되고 있다.

(f) 「시가철도」는 모노레일, 지하철, 리니어 모터카로

철도는 문자 그대로 '강철제의 레일 위를 달리는 것'이 일반적이라는 것에는 지금도 변함이 없다. 더불어 건설 코스트, 승차감, 고속성 등의 새로운 수송 요구에 응하도록 모노레일이나 고무 차륜을 사용한 지하철, 또한 궤도로부터 수십 cm 부상시켜 고속 주행을 가능하게 하는 리니어 모터카가 등장하는 등 현재에는 여러 가지의 철도형태로 분화 진화하고 있다. 선인들은 이점을 『마차 철도 및 강삭(鋼索)철도가 있었다고 하는 것은 노인의 옛이야기로만 남을 뿐이고, 전기차 및 압착 공기차도 개량하여 차륜은 고무 성질을 갖게 되고 또한 문명국의 대도시에서는 거리 위로 떠서 공중 및 지중을 달린다』라고 한 것처럼 희미하지만 현재와 같은 형태를 예상하였다.

그야말로 공중 → 리니어, 지중 → 고무 차륜 지하철이라고 보면 꼭 들어맞는다.

(g) 「전기 의학」은 레이저 치료로

병이라고 하면 「병원＝주사＝고통」과 같이 어린시절의 이미지가 강하지만 이제는 신소재 기술의 진보에 의해 「병원＝조사(照射)＝무통」이라는 패턴으로 변화하고 있다.

그 대표적인 것이 레이저 치료이지만 레이저 같은 건 알 수도 없었던 90년 전의 선인들은 『약제의 복용은 중지되고 전기침으로 고통없이 환부에 물약을 주사하며 또한 현미경과 X광선의 발달로 병의 원인을 밝힘으로써 응급 치료도 자유로와질 것이다. 또한 내과 의술의 영역은 대부분 외과술로 옮겨져 나중에는 폐결핵과 같은 것도 폐장을 꺼내어 부패를 막고 바칠루스(Bazillus)를 죽일 것이다. 그리고 절개술은 전기를 이용해 조금도 고통을 주지 않을 것이다』라고 예측하였다. 말할 필요도 없이 해마다 증가하는 체력이 약한 고령자에 있어서는 지금까지의 외과적 요법으로는 대응하기 어렵고 "의(醫)는 전술(電術)이다"라고 해도 좋을 정도로 옵토 일렉트로닉스(opto electronics) 기술의 진보에 힘입은 바가 크다. 예를 들면 출혈이 적으면서 무혈 수술이 가능한 레이저 메스, 요로 결석용 레이저 쇄석기, 레이저 청진기 등이다.

또한 레이저 진단으로서 갑자기 주목받고 있는 셀 소터 도플러(cell soter doppler) 효과를 이용하여 혈액의 속도를 측정하는 레이저 도플러 혈류계 등도 등장하게 되었다.

그리고 마침내 암세포를 염색하여 이것에 레이저광을 조사 흡수시킴으로써 암세포만을 사멸시키는 것도 가능하게 되었다.

(h)「식물과 전기」는 바이오 식물 공장으로

식물의 육성이라고 한다면, 비료와 물과 태양광+노동력밖에 생각할 수 없었던 당시에 20세기중에는『전기력을 가진 야채를 성장시킬 수 있을 것이다. 그렇게 하여 완두는 등자 크기로 커지고 국화, 모란, 장미는 초록, 흑색 등 여러가지 꽃을 피우게 되며, 또한 북방 한대의 그린랜드에 열대 식물이 생장하게 될 것이다』라고 하였다.

전단계의 크기나 빛깔은 아는 바와 같이 근래에 급속히 진보하고 있는 바이오 테크놀로지에 의한 세포융합이나 유전자 재배열기술 등이다. 그리고 이 기술에 의해서 포마토(토마토와 포테이토를 융합시킨 것) 와 같은 새로운 품종을 만들 수도 있게 되었다.

또한, 후단계는 그야말로 전기에 의한 인공 광원과 인공의 공기조절 환경하에서 재배되고 있는 식물 공장 그 자체이며, 이것으로 언제 어디서나 어떠한 품종이라도 만들 수 있게 되었다.

(2) 현대인은 어떤 예측을 하고 있는가?

과거에 선인들이 미래를 예측했듯이 현 세대의 우리들도 미래를 향한 끝없는 꿈을 꾸며 그것을 실현하기 위해 노력하고 있다.

'현대인의 예측'이라는 경우에도 여러 가지가 있지만 그 집대성이라 할 수 있는 각 방면의 전문가를 총동원하여 작성한 일본 과학기술청의 미래기술예측에 의하면 다음과 같다.

에너지 신소재 분야에서는「50만 kW급 고체 전해질 연료 전지 발전소의 실현」이 2015년경, 「신형 변환상지를 이용한 1000kV급 식류송전의 실용화」가 2005년경, 「초전도 발송전의 실용화」가 2010년경, 「마그마 레저버 (magma reservoir) 의 열을 직접 전력으로 변환하는 기술의 개발」이 2020년 이후, 「상용 규모의 해양 온도차 발전소의 실용화」가 2010년경, 「효율적인 에너지 저장법의 개발에 의한 전력공급의 안정화, 발전소의 부하변동 격감」, 「얼진 변환 소자가 개발되이 널리 공업용 폐얼회수 시스템으로서의 이용」이 2005년경에 각각 실현된다고 보고 있다.

또한 의료 신소재의 분야에서는, 「페이스메이커(pacemaker) 등 생체 내에 넣어 인공 장기의 동력원이 되는 생체 전지의 실용화」가 2005년경에, 또한 「신경, 능세포 등과 접속 가능한 전자 회로가 개발되고, 그것을 통해 신경 제어가 가능해진다」라는 것이 2020년경으로 예측되고 있다.

이 밖에도 「거대한 태양 전지판을 갖춘 우주간 태양광 발전소의 건설」이 2010년경에, 「식물의 생장, 성숙도 등을 자동적으로 계측하고, 또한 수확에서 포장까지의 조정작업도 기계로 이루어지는 완전무인 야채공장의 실용화」도 2000년경에는 달성한다고 되어 있다.

단지, 옛날과 달라 신소재 기술의 범위도 한층 더 확대, 세밀화되고 있으며 예측 항목도 다방면에 걸쳐 있는 반면, 타깃 기간은 점점 짧아지고 있다. 현대인이 예측할 수 있는 범위(21세기 전반)만 보아도 신소재 기술에 의해 한층 더 쾌적하고 편리한 생활이 된 것만은 틀림없다.

이렇게 생각하면, 앞으로 그 실현이 즐거움이기도 하다.

지금부터 20년 후 2010년에 이 책을 다시 읽어볼 때 당신은 어떤 인상이나 감상을 가슴에 품게 될는지?

2. 경제심의회 2010년 기술예측연구회에서 보는 신소재 및 신소재 응용기술 실현 예측

일본의 경제기획청 경제심의회에서 2010년경의 일본의 경제사회를 전망하는 가운데 1990년대 후반부터 2010년에 걸쳐 산업·경제에 주는 영향력이 크다고 기대되는 신소재를 비롯해 일렉트로닉스, 바이오 테크놀로지, 교통 등 주요 분야의 101의 미래기술에 관하여 그 실용화 예측과 산업·경제에 주는 영향에 관해서 과거에 사례가 없었던 새로운 방법으로 분석하고 「2010년 그 기술예측」으로 1992년말에 정리하여 그 공적 예측 데이터를 공표하였다.

(1) 주요 신소재 관련 하이테크놀로지 기술의 실현 시기

주요 하이테크놀로지 기술의 실현 예측을 일람표에 정리한 것이 표 6이며, 이 중에서 신소재에 관한 것은 2000년까지 고성능 CFRP(2000년), 세라믹스 가스 터빈(2000년)의 실현을 예측하고, 그 다음의 10년간 2010년까지에는 자성 재료(2010년), 수소 흡장 합금(2010년), 광 IC(2010년), 반도체 초격자 소자(2010년), 뉴 글래스(2010년), 어모퍼스 합금(2010년), 고성능 C/C 콤퍼지트(2010년)를 전망, 또한 그 이후의 2020년경에 비선형 광

표 6. 실용화 시기별 기술제품 분류표

1990~2000년	실용화 시기	2001~2010년	실용화 시기	2011년이후	실용화 시기
VSAT/ 위성 데이터 네트워크	1992	자율 분산 제어	2005	연료 전지	2015
		무중력 실험 지하시설	2005	인공 효소·생체막	2020
텔레비전 회의 시스템	1994	초대형 에어 돔	2005	바이러스 치료약	2020
텔레비전 전화	1994	대심도 지하철도 도로시설	2005	복합가공 센터	2020
서피스이펙트 비클	1995	차세대 자동차	2005	지적(知的) CAD	2020
프레온 대체 가스	1995	애쿼 로봇	2010	자동번역 시스템	2020
프레온 회수처리 기술	1995	자성 재료	2010	초전도 디바이스	2020
광가입자 시스템	1995	수소 흡장 합금	2010	비선형 광전자 재료	2020
퍼스널 통신기계	1995	AI-CNC	2010	인공 현실감 시스템	2020
가솔린 대체연료 자동차	1995	광 IC	2010	광 컴퓨팅 소자·기기	2020
CS/BS-CATV	1995	마이크로 머신	2010	자기증식 데이터베이스 시스템	2020
광LAN	1995	플로팅 시스템	2010		
고효율 히트 펌프 기술	1995	프로덕트 모델	2010	초전도 전력 저장시설	2020
광대역 ISDN 교환기	1995	어드밴스트 트레인	2010	HST	2020
HDTV	1995	컨트롤 시스템	2010	달표면 연구기지	2020
HSST 리니어 모터카	1995	컨커런트 엔지니어링	2010	지하 축열 시스템	2020
자연파괴 플라스틱	2000	반도체 초격자 소자	2010	지하 일반 폐기물 처리시스템	2020
고성능 CFRP	2000	초병렬 컴퓨터	2010		
앞바다 인공섬	2000	태양광 발전	2010	통신 위성 이용 자동차	2020
바이모듈 시스템	2000	지하 배수처리 저장시설	2010	광화학 홀 버닝 메모리	2020
극초고층 빌딩	2000	지하 물류 네트워크	2010	바이오 컴퓨터	2020
해양 목장	2000	뉴 글래스	2010	극초정밀 가공기계	2020
바이오 센서	2000	초고층 빌딩 해체기술	2010	고속 증식로	2025
세라믹스 가스 터빈	2000	CO$_2$ 촉매 고정화 기술	2010	암 치료약	2030
소형 수직 이착륙 프로펠러기	2000	소형 고유 안전 경수로	2010	뉴로 컴퓨터	2030
		해양 유원지	2010	차세대 초전도 리니어 모터카	2030
혁신적 자동차 제조기술	2000	테크노 수퍼 라이너	2010		
소형 수직 이착륙 제트기	2000	초전도 리니어 모터카	2010	인공 장기	2030
		테라 비트 광 파일	2010	초전도 재료	2030
		어모퍼스 합금	2010	면역·알레르기 치료약	2030
		골반 뱅크	2010	테라 비트 메모리	2030
		인텔리전트 배	2010	CO$_2$ 식물 고정화 기술	2035
		CO$_2$ 처분기술	2010	열가소성 분자 복합체	2040
		고성능 C/C 콤포지트	2010	분자 디바이스	2040
		수퍼 인텔리전트 집	2010	지매승 지료약	2050
		테라 비트 광 통신 디바이스	2010	바이오 에너지	2050
				자기증식 칩	2050
		리니어 모터카 더발트	2010	고성능 세라믹스 복합재료	2050
		지능 로봇	2010		
		대량 수송 여객기	2010	고성능 금속계 복합재료	2050
				핵 융합로	2050
	26		38		37

전자 재료(2010년), 광화학 홀 버닝 메모리(2020년), 2030년경에 초전도 재료(2030년), 2040년경에 열가소성 분자 복합체(2040년), 분자 디바이스, 2050년경에는 고성능 세라믹스(2050년), 고성능 금속계 복합재료(2050년)를 각각 예측하고 있다.

또한, 신소재 응용 기술면에서는 1990~2000년의 실용화 기술로서 HSST 리니어 모터카(1995년), 바이오 센서(2000년), 극초고층 빌딩(2000년), 자연 붕괴 플라스틱(2000년)을, 2001~2010년의 실용화 기술로서 수퍼 인텔리전트 칩(2010년), 테라 비트 광통신 디바이스(2010년), 태양광 발전(2010년), 마이크로 머신(2010년), 초전도 리니어 모터카(2010년)를, 2011년 이후의 실용화 기술로써 연료전지(2015년), 초전도 디바이스(2020년), 광 컴퓨팅 소자·기기(2020년), 바이오 테크놀로지 컴퓨터(2020년), 지하 축열 시스템(2020년), 초전도 전력저장시설(2020년), 극초정밀가공기계(2020년), HST(2020년), 인공 장기(2030년), 고속 증식로(2025년), 차세대 고온 초전도 리니어 모터카(2030년)를 각각 예측하고 있다.

(2) 이때 어느 정도의 마켓이 기대되는가

표 7은 중요 하이테크놀로지의 실용화가 시장에 미치는 영향을 나타낸 것이다. 이중, 신소재 분야에서 1조엔/년을 넘는 것에, 뉴 글래스(1조엔)를 들 수 있다. 또한, 1000억엔대의 것으로 반도체 초격자 소자(5000억엔/년), 세라믹스·가스 터빈 엔진(5000억엔/년), 고성능 세라믹스계 복합재료(5000억엔/년), 고성능 CFRP(2000억엔/년), 고성능 금속계 복합재료(1000억엔/년)가 있다. 또한 100억엔대의 것으로 광화학 홀 버닝 메모리(100억엔/년), 고성능 C/C 콤퍼지트(100억엔/년), 열가소성 분자 복합체(100억엔/년), 비선형 광전자 재료(100억엔/년)를 각각 들 수 있다.

한편, 신소재 응용분야로서는 1조엔/년을 넘는 것에, 테라비트 광통신 디바이스(3조엔/년), HDTV(3조엔/년), 테라비트 메모리(3조엔/년), 자기 증식 칩(3조엔/년), 수퍼 인텔리전트 칩(1조엔/년), 초전도 디바이스(1조엔/년), 차세대 고온 초전도 리니어 모터카(1조엔/년)를 들 수 있다.

또한, 1000억엔대의 것으로서 고속 증식로(6000억엔/년), 반도체 초격자 소자(5000억엔/년), 세라믹스 가스 터빈 엔진(5000억엔/년), 고성능 세라믹스계 복합재료(5000억엔/년), 대량 수송 여객기(5000억엔/년), HST(5000억엔/년), 혁신적 자동차 제조기술(5000억엔/년), 자연붕괴 플라스틱(5000억엔/년), 인공장기(4000억엔/년), 고효율 히트 펌프(4000억엔

표 7. 시장규모별 기술제품 분류표

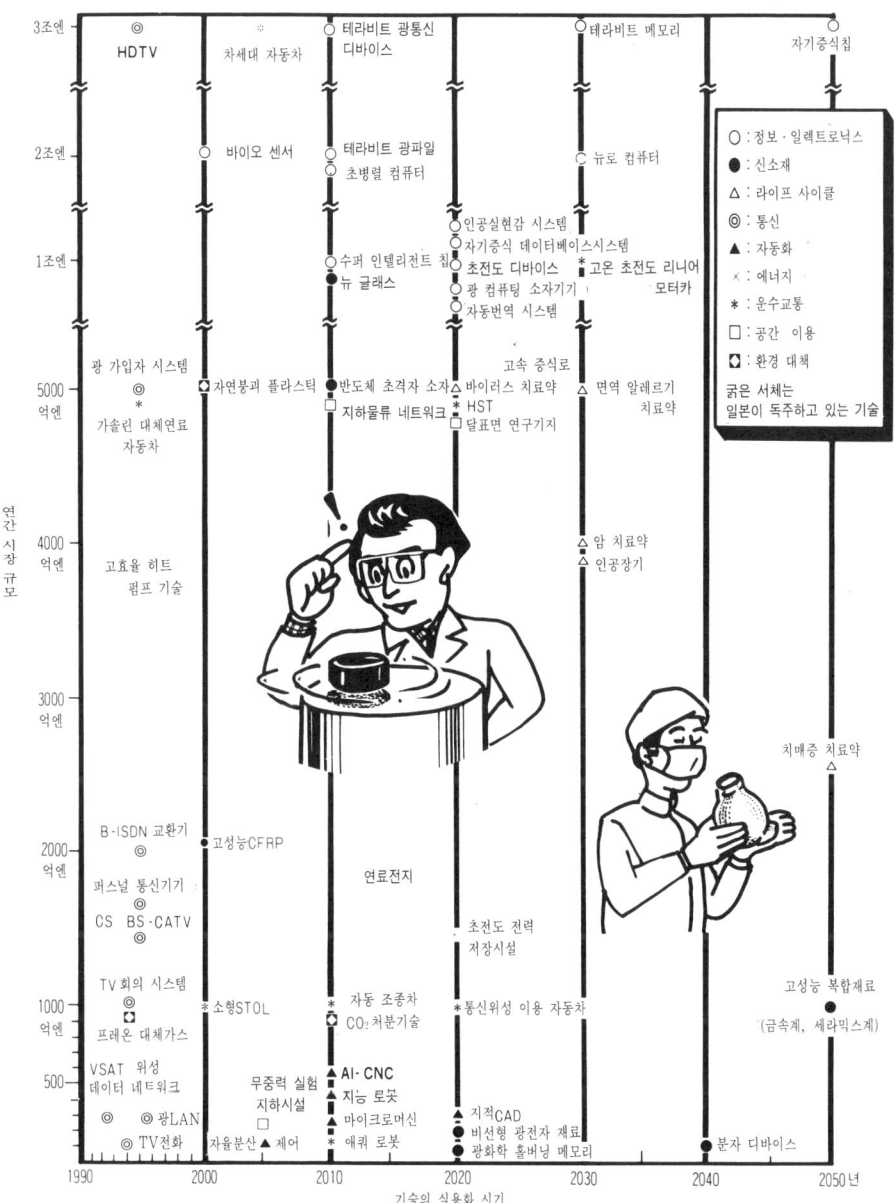

/년), 고성능 CFRP(2000억엔/년), 연료전지(2000억엔/년), 극초고층 빌
딩(2000억엔/년), 고성능 금속계 복합재료(1000억엔/년), 초전도 전력 저

장시설(1000억엔/년), 초대형 에어 돔(1000억엔/년) 등을 각각 들 수 있다.

또한 100억엔대의 것으로 지능 로봇(500억엔/년), 마이크로 머신(300억엔/년) 등을 각각 들 수 있다.

제 **3** 장

폭발적인 신소재 마켓

1. 신소재 시장에 미치는 영향

일본의 통산성 기초 신소재 연구회가 발표한 신소재의 장래 전망(1989년 10월)에 의하면 1987년 현재의 신소재 산업의 시장 규모는 총계 3조1천92억엔이라고 되어 있다(표 8). 신소재 각 분야의 내역은 유기계 신소재가 8천5백42억엔, 금속계 신소재가 6천4백48억엔(이것만 1985년 현재), 무기계 신소재가 1조8백44억엔, 복합재료가 5천3백48억엔이다. 전체 3조엔을 넘는 매상고는 재료와 제품의 차이로부터 단순하게 비교할 수 없지만 비디오기기 출하액(약 3조7천억엔), 집적회로 출하액(약 3조4천억엔) 수준에 이르고 있다.

이에 대하여 2000년의 신소재 산업 시장규모(예측)는 전체 약 9조5천억엔 ~12조6천억엔에 달할 전망이다. 또한, 각 소재 분야별로 본 경우 유기계 신소재가 약 2조2천억엔, 금속계 신소재가 약 2조2천억엔, 무기계 신소재가 약 3조5천억엔~6조5천억엔, 복합재료가 약 1조7천억엔으로 예상되고 있다.

(1) 유기계 신소재(1987년 8천4백52억엔→ 2000년 2조1천7백억엔)

(a) 엔지니어링 플라스틱

  (1987년 2780억엔 → 2000년 7400억엔)

엔지니어링 플라스틱은 1987년 2780억엔에 비해 2000년에는 7400억엔으로 유기계 신소재 전체의 약 3분의 1을 차지하고 있다. 주요 용도 분야는 소위 4대 시장이라고 하는 자동차, 전기, 전자 및 OA 기기의 부품이며, 금후에도 이 분야에서 사용된 것이 리사이클해서 재활용됨으로써 포장, 용기 및 건재 시장의 이용 확대도 예상되고 있다.

(b) 절연성 수지(1987년 620억엔 → 2000년 1300억엔)

절연성 수지의 주요 용도는 에폭시 수지를 중심으로 하는 IC 패키지재이며, 정보화의 진전에 따른 IC의 생산증가에 맞춰 IC 패키지재의 사용 확대가 예상되고 있다.

표 8. 신소재 산업의 시장 규모(실적값 및 장래 예측)

	신소재명	1987년	2000년
유기계	1. 엔지니어링 플라스틱	2,780	7,400
	2. 플라머 알로이	450	1,200
	3. 도전성 수지	220	800
	4. 절연성 수지	620	1,300
	5. 압전·초전도성 수지	2	10
	6. 흡수성 수지	120	400
	7. 감광성 수지	400	1000
	8. 분리막	310	900
	9. 생체 적합 재료	350	800
	10. 기타	3,200	7,900
	합 계	8,452	21,700
금속계	1. 준메탈 합금	250	900
	2. 어모퍼스 합금	1	1,600
	3. 형상기억 합금	5	30
	4. 수소흡장 합금	1	200
	5. 자성 재료	220	1050
	6. 반도체 재료	1,440	5,000
	7. 고비(高比)강도 합금	30	80
	8. 초소성 합금	—	150
	9. 제진(制振) 재료	40	750
	10. 금속박	30	250
	11. 분말야금 재료	1,067	3,950
	12. 초미분 금속	0	20
	13. 초전도 재료	5	100
	14. 생체 적합 재료	600	700
	15. 기타	2,759	7,000
	합 계	6,448	21,800

	신소재명	1987년	2000년
무기계	1. IC 패키지 }	1,556	2,800~4,200
	2. IC 기판	1,220	2,900~4,700
	3. 콘덴서 소자	577	2,800
	4. 압전 소자	182	250~350
	5. 가스 센서 소자	1,823	3,300~5,600
	6. 자성 재료	386	500~600
	7. 촉매 담체	577	2,000~3,500
	8. 내열 내식제	748	1,300~1,600
	9. 공구재	155	250~600
	10. 내마모재	24	800
	11. 생체 적합 재료	—	4,500~15,500
	12. 초전도 재료	430	3,500~9,200
	13. 광파이버	3,166	9,900~15,800
	14. 기타		
	합 계	10,844	34,800~65,300
복합계	1. GFRP	4,890	14,200
	2. 탄소섬유	400	2,000
	3. 아라미드 섬유	50	300
	4. 붕소섬유	7	10
	5. 알루미나 섬유	1	100
	6. FRM	—	50
	7. FRC	—	100
	8. CC 콤퍼지트	—	50
	9. 기타	—	—
	합 계	5,348	16,800
	총 합 계	31,092	95,000~126,000

(c) 폴리머 알로이(1987년 450억엔→ 2000년 1200억엔)

주된 용도 분야는 엔지니어링 플라스틱과 같이 자동차, 전기, 전자 및 OA 기기이지만, 그중에서도 자동차 부품으로 대량사용이 기대된다. 또한 경량이 요구되는 카메라 일체형 비디오 등의 가전제품, OA 기기에서의 사용이 가속화될 것으로 예상된다.

(d) 감광성 수지(1987년 400억엔→ 2000년 1000억엔)

감광성 수지의 주된 것은 인쇄용에 쓰이는 수지 인쇄판 및 IC 제조에 쓰이는 포토 레지스터용 드라이 필름 등이고, 전자는 인쇄의 간편화, 후자는 IC 생산 증가에 따라 증대가 예상된다.

(2) 금속계 신소재(1985년 6448억엔→ 2000년 2조1800억엔)

(a) 반도체 재료(1985년 1440억엔→ 2000년 5000억엔)

반도체 재료는 1985년의 1천4백40억엔이 2000년에는 5천억엔으로 약 3.5배의 시장수요가 증대될 것으로 예상된다. 반도체의 생산이 정보화의 진전에 따라 금후에도 순조로운 신장을 나타낼 것으로 보이며, 반도체 재료도 종래의 중심인 실리콘 이외에 갈륨·비소도 포함해서 상당히 증가할 것으로 보인다.

(b) 분말야금 재료(1985년 1067억엔→2000년 3950억엔)

주된 것은 니켈, 코발트, 은, 백금, 금, 로듐, 티탄, 동, 팔라듐 등의 특수 금속분말이며, 주체는 촉매재료이지만 사출 성형용재 및 항공기용 부재의 분야에서 확대가 예상된다. 또한, 알루미늄도 급냉 알루미늄 합금 분말을 중심으로 높은 신장이 기대된다.

(c) 어모퍼스 합금(1985년 1억엔→2000년 1600억엔)

오디오 비주얼 기기의 자기 헤드 등에 대한 이용은 금후에도 확대될 것으로 기대되지만, 특히 수요의 큰 확대가 예상되는 전력 트랜스의 철심에 대한 사용(규소 강판의 대체)이 실현성의 열쇠를 쥐고 있다. 여기서는 현재 각 메이커에서 추진하고 있는 전력용 트랜스에 대한 어모퍼스 합금 이용 연구개발에 있어서, 그 안전성 확보, 가공기술 등의 기술 과제가 수년 뒤에는 분명해질 것을 전제로 해서 2000년의 수요 예측을 하고 있나(수요규모 2~3만톤, 1만엔/kg).

(d) 자성 재료(1985년 220억엔→ 2000년 1050억엔)

주요 자성 재료는 희토류 자석, 자성 유체이다. 희토류 자석은 모터, 헤드폰 등에 사용되어, 정보화·OA화의 진전에 따라 AV 기기 및 OA 기기를 중심으로 수요의 확대가 예상되는 한편, 자성 유체는 실링용을 중심으로 장래에 여러 가지 분야에서 이용이 기대된다.

(3) 무기계 신소재
(1987년 1조844억엔→2000년 3조4800억엔~6조5300억엔)

(a) 초전도 재료(1987년 없음→2000년 4500억엔~1조5500억엔)

종래의 파인 세라믹스계(산화물계)의 초전도 재료는 이트륨계였지만 비스무트계 및 탈륨계 세라믹스의 발표에 따라 전류 밀도의 제약이 크게 개선되었다. 또한 이트륨계에서는 곤란했던 선재화(線材化)에 대한 전망도 밝다. 원래 파인 세라믹스계 초전도 재료는 기존 소재에 비하여 소요 자재중량이 적기 때문에(예를 들면 동의 약 1/2) 설령 중량당 단가가 높더라도 커버할 수 있다. 또한, 응용제품의 경량화에도 기여할 수 있다. 따라서 금후, 그 용도는 대폭 넓어질 것으로 보이며, 현재의 MRI(자기공명 단층상 촬영장치) 등 일부에서만 사용되던 것이 리니어 모터카(자기부상 열차), 초전도 응용 전력기기 등에도 확대될 것으로 예상된다. 여기서는 앞으로 수년간에 기술 과제의 극복, 용도의 대폭적인 확대가 상당히 순조롭게 진행되는 것을 전제로 하여 예측하고 있다.

(b) 광파이버(1987년 430억엔→2000년 3500억엔~9200억엔)

현재 광파이버의 대부분은 공중통신에 사용되고 있으며, 금후에도 이 추세는 계속될 것으로 보고 있지만, 지선에 광파이버가 본격적으로 도입되는 시기가 수요의 동향을 크게 좌우할 것으로 예상된다.

(c) 자성 재료(1987년 1823억엔→2000년 3300억엔~5600억엔)

세라믹스 자성 재료의 주체는 페라이트이며 주된 용도는 중전(重電)기기, 전자 계산기, 가전제품 등이며 그 신장이 금후에도 순조로울 것으로 보이고, 또한 자기 테이프, 플로피 등 자성(磁性) 미디어의 순조로운 신장이 성장 요인으로 기대된다.

(d) 콘덴서 소자(1987년 1220억엔→2000년 2900억엔~4700억엔)

콘덴서 소자의 주된 용도는 AV 기기, OA 기기이며 현재도 널리 사용되고 있지만, 이들의 분야를 중심으로 금후에도 순조로운 신장이 기대되고 있다.

(4) 복합 재료(1987년 5348억엔→2000년 1조6800억엔)

(a) GFRP(유리섬유강화 플라스틱)
(1987년 4890억엔→2000년 1조4160억엔)

GFRP는 현재에도 개별 품목으로서는 최대의 시장 규모를 갖고 있으며,

그 주요 용도 분야는 욕조 등의 주택 기재, 파이프 등의 공업 기재이지만, 금후 자동차 및 차량 관련 시장의 신장이 기대된다.

(b) 탄소 섬유(1987년 400억엔→2000년 2000억엔)

탄소 섬유는 성형품이 아니라 섬유로서 예측하였다. 수요의 많은 부분을 스포츠용품 등의 민생용 제품이 차지하고 있으며, 금후에도 이들 민생용품 시장에서 순조로운 수요 확대가 예상된다.

2. 뉴 머티어리얼 시장 전망

(1) 2000년은 6조엔의 시장 규모로 ― 파인 세라믹스 시장

1987년 기준으로 일본의 파인 세라믹스 시장은 1조1460억엔이며, 그 내역은 약 72% 8320억엔이 광학·전자기적 부재, 약 13% 1500억엔이 열·공구·기계적 부재이고, 나머지를 620억엔의 화학·의료용 부재와 200억엔의 생활 문화용품 부재로 나누고 있는데 이들 각 시장은 2000년에는 표 9와 같이 전체 약 6조엔으로 크게 확대될 것으로 보인다.

분야별로는 현재 약 72%를 차지하는 광학·전자기적 부재가 IC 기판 등 종래부터의 일렉트로닉스 부재의 신장과 아울러 화합물 반도체, 신규 복합소자 등의 신제품, 압전 소자의 액추에이터, 초음파 모터 등의 신규 용도 확대로 3조6020억엔, 전체의 6할을 나타내는 한편, 구조용 부재의 비율이 대폭 증가하고, 공구·기계적 부재, 열적 부재는 각각 2000년에는 약 5000억엔의 시장을 이룰 것으로 예상하고 있다. 또한 센서, 촉매, 생체 재료 등 화학·의료용 부재도 신시장 창출로 약 4510억엔의 시장이 예상된다.

또한 개별적으로는 초전도 재료 분야로서 온도 레벨, 가공방법 등 여러 문제가 해결된다면 발전기, 송전기 등의 분야에서 비약적인 이용이 기대되며 그 규모는 이용가능한 온도 레벨이 액체 질소 레벨에 도달하면 약 1조5천억엔, 또한 실온 레벨에 달하면 약 10조엔의 시장규모가 된다고 본다.

세라믹스 가스 터빈 분야로서는 금후의 기술개발 동향과 아울러 일본의 자동차·전력 수요 전망을 고려하여, 자동차용 및 발전용으로 실용화되면 2조엔 정도의 시장을 기대할 수 있다고 한다.

또한, 연료 전지의 분야로서는 폐가스가 깨끗하고, 소음이 적으며, 극히 저공해 발전 시스템이기 때문에 금후의 전력수요 전망을 고려하여, 용융 탄산염형 연료전지의 세퍼레이터, 고체 전해질형 연료전지의 전해질에 있어서 파인 세라믹스의 이용이 실현되면, 약 1조엔의 시장규모가 될 것이라고 한다.

표 9. 파인 세라믹스 시장의 장기 수요 전망(2000년)

(단위 : 억엔)

대항목	소 항 목	현황(1987년)	2000년 전망
전자기적 부재	IC 기판, 패키지 등	1,360	3,370
	서미스터, 배리스터, 화합물 반도체 등	420	2,000
	자성 재료	1,520	3,370
	콘덴서	1,800	6,200
	압전 소자, 진동자 등	1,200	6,000
	스파크 플러그	440	730
	전자 절연체등	660	2,100
	기 타	0	5,100
	(소 계)	7,400	28,870
공구·기계적 부재	공구, 고도 부재	690	2,320
	내마모 부재	160	1,370
	기 타	150	1,350
	(소 계)	1,000	5,040
열적 부재	고온 내마모 부재	100	1,170
	고온 내식 부재	150	1,800
	기 타	250	1,970
	(소 계)	500	4,940
화학 의료용 부재	센 서	170	1,020
	촉매, 촉매 담체	390	980
	생체 재료	30	1,950
	기 타	30	560
	(소 계)	620	4,510
광학적 부재	광파이버	670	4,800
	기 타	250	2,350
	(소 계)	920	7,150
기타 부재	원자력 관련 부재, 에너지	0	820
	생활 문화용품	200	1,280
	초전도 재료	0	1,550
	기 타	0	1,000
	(소 계)	200	4,650
소 계		10,640	55,160
다이아몬드		약 820	4,980
합 계			11,460

표 10. 2000년의 파인 세라믹스관련 제품 시장의 수요 예측

(단위 : 조엔)

	부재의 시장 규모	관련 제품의 시장규모
전자기적 부재	2.9	27.0
공구·기계적 부재	0.5	1.0
열적 부재	0.5	4.9
화학 의료용 부재	0.5	4.0
광학적 부재	0.7	5.0
기타 부재	0.5	3.3
소 계	0.5	45.2
뉴 다이아몬드	0.5	4.9
합 계	6.0	50.1

그리고 각 산업의 파인 세라믹스 부재·부품으로서 조립된 제품·장치 등 관련 제품의 2000년 시장규모는 표 10과 같이 약 50조엔에 달할 것으로 예상되며, 관련 산업에 미치는 영향도 대단히 클 것으로 본다.

(2) 2000년은 2조4천억엔의 시장규모로 ― 뉴 글래스

뉴 글래스는 장래의 광정보통신 일렉트로닉스나 옵토 일렉트로닉스, 에너지 등 최첨단 기술을 뒷받침하는 새로운 기능을 갖는 신소재로 더 한층 활발한 응용 전개가 기대되는 중요한 신소재이다.

정확하게 뉴 글래스란「무정형 물질이 갖는 기능 중 특정한 기능에 주목하여, 그 기능을 최대한 발휘하도록 화학조성, 순도, 미세 구조, 형태를 제어하여 제조 가공된 무기질의 무정형 재료 및 이들 무정형 재료의 결정화에 의해서 얻어지는 재료」를 말하며, 광학적 기능을 비롯하여, 전자·전기·자기적 기능, 기계적 기능, 생체·화학적 기능, 열적 기능 각각을 살린 이용이 검토되고 있다(표 11).

그 결과, 뉴 글래스의 금후 시장은 급속히 확대될 것으로 예상되며 2000년에는 표 12와 같이 높은 경우 약 2조4천억엔, 낮은 경우라도 1조6천5백억엔의 시장규모가 예상된다. 품목별로는 광파이버, 광메모리용 글래스 등을 제외하면 많은 품목이 연간 10~300억엔 정도인 것도 다기능 머티어리얼 중심의 전개 특징이라고 할 수 있다.

표 11. 뉴 글래스의 개발과 그 실용

기능	글래스	특징·용도	개발상황	실용상황	사용량
광학적 기능 / 광화학적 기능	글래스·석영계 광파이버	저손실 광전송	완성	실용중	많음
	플루오르화물 광파이버	저손실 광전송	개발중	미	
	칼코겐 화합물 파이버	에너지 전송	개발중	미	
	네오듐 레이저용	핵 융합 연구용	거의 완성	실용	적음
	마이크로 옵틱 렌즈류	마스 렌즈	완성	실용	중간
	포토파로 옵틱 글래스	광도파로(光導波路)	거의 완성	일부 실용	
	포토 도핑 글래스	레지스트	거의 완성	일부 실용	
	포토크로믹 글래스	표시, 장식	거의 완성	선글래스용만 실용	
	광 선택성 글래스	차광, 밝음 창문	완성	실용	적음
	IC 포토 마스크	IC 제조용	완성	실용	적음
	고굴절·고분산 필터레	IC용 기타	완성	실용	많음
	다공질 글래스	필터, 분리 모듈	거의 완성	미	
전기·전자·자기적 기능	광전도 할코겐 글래스	전자 사진·인쇄	거의 완성	실용	적음
	저변선 글래스	텔레비전·비디오	완성	실용	적음
	하이브리드 IC 기판	후막·박막 IC	완성	실용	중간
	후막·박막 IC 기판	디스플레이	완성	실용	중간
	자기 기록 기판	자기기록 디스크용	거의 완성	미	적음
	고이온 전도성 글래스	고체 전지	완성	실용	
	무·저알칼리 글래스	디스플레이·접업용	완성	실용	
	극박판 유리	태양 전지 커버	거의 완성	미	
	포라디네 회전 유리	광 셔터, 광 아이솔레이터	개발중	실용	중간
	투자성 글래스	고성능 자기 헤드	개발중	미	중간
기계적 기능	고탄성률 유리	접소함유, 고(高) 영율 유리	개발중	미	
	고강도 유리	기계부품·구조재	개발중	미	적음
	정밀가공용 유리	쾌삭성 유리	완성	실용	
생체·화학 적기능	방사성 폐기물 고화용 유리	고방사성 폐기물 처리용	거의 완성	미	
	신소 담체용 유리	생화학 담체용 유리	거의 완성	실용	적음
	바이오 유리	빼.이	거의 완성	미	
열적 기능	저팽창 유리	디스플레이, 내열 유리	완성	실용	중간
	밀봉 부착 유리	IC, 기타	완성	실용	많음
	초고순도 석영공구	도가니, 판	완성	실용	중간

표 12. 뉴 글래스 시장 규모

(단위 : 억엔)

뉴 글래스의 종류	낮은 예상			높은 예상		
	1990년	1995년	2000년	1990년	1995년	2000년
① 광학적기능						
광 파이버	2,000	4,200	7,000	2,000	4,600	8,500
광 메모리용 유리	210	900	1,200	420	1,800	2,400
선택 흡수반사 유리	300	480	610	380	760	1,220
굴절률 분포 유리	120	350	450	150	460	510
레이저 유리	30	100	340	50	300	510
광 회로용 유리	90	180	300	160	340	710
IC 포토 마스크	340	630	880	690	1,160	1,700
소 계	3,090	6,840	10,780	3,850	9,420	15,550
② 자기적 기능						
패러데이 회전 유리	10	20	50	10	30	60
투자성 유리	10	30	70	20	60	80
소 계	20	50	120	30	90	40
③ 전기·전자 기능						
지연선 유리	240	290	320	240	290	320
하이브리드 IC 기판	150	280	390	310	520	760
투명 전도막 붙이 유리 기판	300	650	900	350	750	1,000
자기 기록 기판	130	250	330	250	500	650
이온 전도성 유리	0	5	30	0	5	30
소 계	820	1,475	1,970	1,150	2,065	2,760
④ 열적기능						
제로 팽창 결정 유리	50	100	190	50	110	250
밀봉 부착용 유리	90	170	240	190	320	470
초고순도 석영 유리	280	520	730	570	960	1,410
(관·도가니 등)						
⑤ 기계적 기능						
고강도 유리	440	710	1,150	440	710	1,150
정밀가공용 유리	40	150	400	80	300	800
소 계	480	860	1,550	520	1,010	1,950
⑥ 화학, 생체 직합 기능						
방사성 폐기물 처리용 유리	60	130	490	60	130	490
촉매 담체	70	80	90	140	170	210
인공뼈, 이, 뿌리 등	130	210	340	170	340	680
소 계	260	420	920	370	640	1,380
합 계	5,090	10,435	16,500	6,730	14,615	23,910

(출처) 뉴 글래스 상업기본 문제 간담회

(3) 2000년에는 7천700억엔의 시장규모로 ─ 뉴 카본 시장

뉴 카본이란「물질로는 종래의 탄소 재료와 아무런 차이가 없지만, 그 성질을 100% 살리는 것을 목표로 조성·구조·조직을 충분한 제어하에서 제조한 카본 재료」를 말하며 기계, 전자기, 열, 화학, 생체 등의 면에서 뛰어난 기능을 갖는 신소재이다.

그중에서도 뉴 카본재는 고온에서 기계적 강도가 증대하는 금속이나 세라믹스와는 반대의 성질을 갖고 있으며, 다른 머티어리얼로는 불가능한 고온 영역의 우주(로켓 등), 항공기, 원자로, 핵 융합로로 그 이용이 특히 기대되고 있다.

구체적인 이용 형태로는

① 일반적인 탄소 섬유, 기상(氣相) 성장 탄소 섬유 및 활성 탄소 섬유와 같은 섬유 카본

② 탄소 섬유/탄소 복합재, CFRP 및 층간 화합물 등의 복합재료

③ 등방성 흑연 및 카본 폼 단열재 등의 블록 모양의 흑연

④ 팽창 흑연 및 필름상 흑연 등 배향성 카본

⑤ 고배향 석출 경질 탄소 및 기상 합성 다이아몬드 등의 석출 카본

⑥ 유리상 탄소

⑦ 분립상 카본

등이 있다.

이상과 같은 뉴 카본 기술은 금후 크게 비약할 것으로 예상하며, 2000년에는 기상 합성 다이아몬드를 제외하더라도 7700억엔, 기상 합성 다이아몬드를 포함시키면 1조엔을 넘는 시장 규모로 발전할 것으로 예상된다(표 13).

표 13. 뉴 카본의 시장 규모 예측

구 분	품 명	국내시장규모예측 2000년
미립 탄소 입자	탄소 초미분 메소카본	10~500 20~100
활성 탄소 입자	표면 수식 탄소 분자 스크린 카본	500~1,000
탄소 섬유	내염 섬유 탄소·흑연 섬유 기상 성장 탄소 섬유 기타	30 250~3,000 30 —
표면처리 탄소섬유	활성 탄소 섬유	400~1,000
CVD 카본	열분해 탄소 흑연 HOPG	1.2 2.4
배향 탄소재	팽창 흑연 필름상 탄소 흑연 재결정 흑연	24~200 — 0.7
비결정 탄소	유리상 탄소	6~150
블록 형상 탄소재	등방성 흑연(CIP) 초고순도 흑연 단열재 카본 폼 기타 탄소재	180~500 — 20~60 —
피복 함침재	피복 처리재 함침 처리재	40~200 16~90
층간 화합물	흑연 층간 화합물 기타 층간 화합물	12
섬유 강화재	CFR 플라스틱 CFR 카본 CFR 세라믹 CFR 메탈	75~1,000 12~500 — 30~50
입자 강도재	C in Polymer C in Ceramic C in Metal	10~70 ~40 ~80
기 타	그 밖의 뉴 카본	500
합 계		~7,680

(출처) 일본 세라믹 협회

B

기능별로 본 신소재

　근래에 LSI를 비롯한 일렉트로닉스 기술의 급속한 진보는 OA기기 등의 일렉트로닉스 산업 자체뿐만 아니라 다른 산업에도 매우 큰 영향을 미치고 있으며, 그 범위는 금후 점점 더 광범위화, 고도화될 것으로 기대되고 있는 가운데, 이들의 기술 진전을 도모하는 데에 재료는 중요한 역할을 하며 그 중요성은 해마다 증대되고 있다.

　예를 들면 에너지 관계에서는 석유의 대체 에너지원으로서 태양 전지, 연료전지 등의 기술개발이, 또한 이용면에서는 에너지 절약화를 도모하도록 자동차의 경량화, 고능률 발전 시스템 연구가 진행되고, 수송면에서는 일본의 신간선으로 리니어 모터카의 연구 등 각 방면에서 많은 중요한 기술개발 연구가 이루어지고 있지만, 이들 중요 기술의 목표달성을 위해서는 더욱 고성능·고기능을 갖는 「신소재」와 같은 재료가 각 이용분야에서 강력히 요구되고 있다. 이 「신소재」에 관해서 "기능"이라는 점에 착안하여 정리해 보았다. 신소재를 이해하는데 참고가 되기를 바란다.

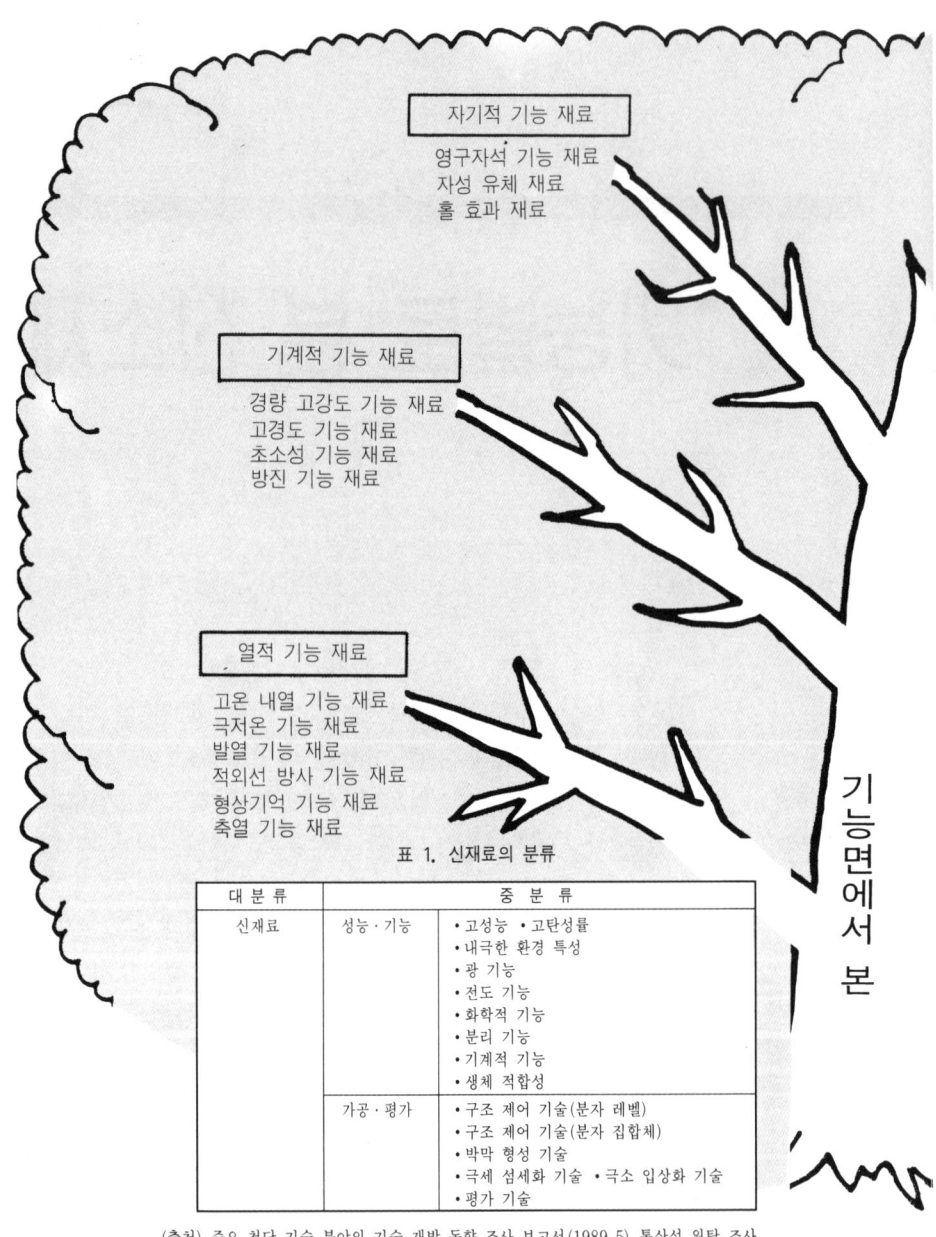

자기적 기능 재료

영구자석 기능 재료
자성 유체 재료
홀 효과 재료

기계적 기능 재료

경량 고강도 기능 재료
고경도 기능 재료
초소성 기능 재료
방진 기능 재료

열적 기능 재료

고온 내열 기능 재료
극저온 기능 재료
발열 기능 재료
적외선 방사 기능 재료
형상기억 기능 재료
축열 기능 재료

기능면에서 본

표 1. 신재료의 분류

대 분 류	중 분 류	
신재료	성능·기능	• 고성능 • 고탄성률 • 내극한 환경 특성 • 광 기능 • 전도 기능 • 화학적 기능 • 분리 기능 • 기계적 기능 • 생체 적합성
	가공·평가	• 구조 제어 기술(분자 레벨) • 구조 제어 기술(분자 집합체) • 박막 형성 기술 • 극세 섬세화 기술 • 극소 입상화 기술 • 평가 기술

(출처) 중요 첨단 기술 분야의 기술 개발 동향 조사 보고서(1989. 5) 통산성 위탁 조사

기능면에서 분류한

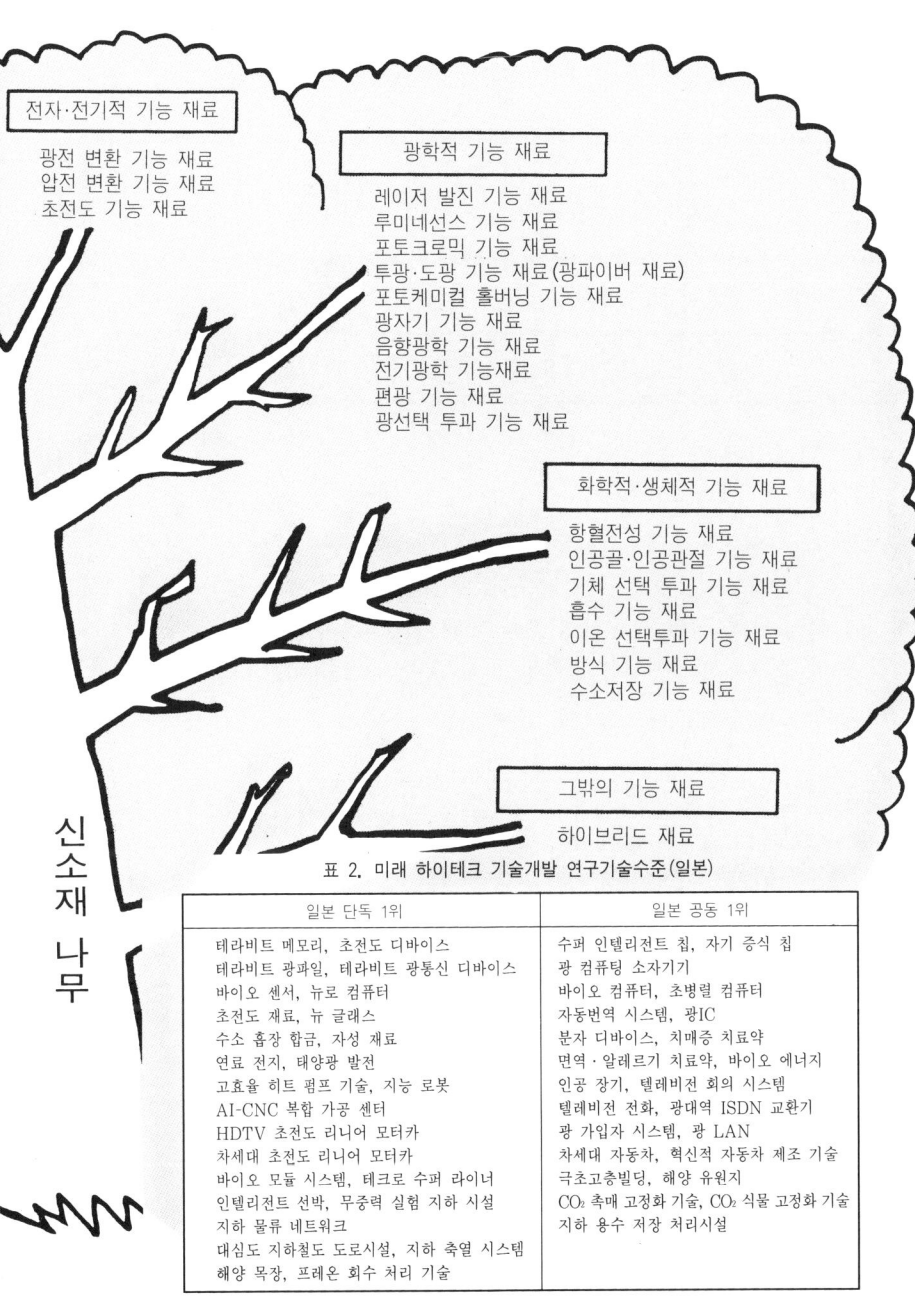

전자·전기적 기능 재료

광전 변환 기능 재료
압전 변환 기능 재료
초전도 기능 재료

광학적 기능 재료

레이저 발진 기능 재료
루미네선스 기능 재료
포토크로믹 기능 재료
투광·도광 기능 재료(광파이버 재료)
포토케미컬 홀버닝 기능 재료
광자기 기능 재료
음향광학 기능 재료
전기광학 기능재료
편광 기능 재료
광선택 투과 기능 재료

화학적·생체적 기능 재료

항혈전성 기능 재료
인공골·인공관절 기능 재료
기체 선택 투과 기능 재료
흡수 기능 재료
이온 선택투과 기능 재료
방식 기능 재료
수소저장 기능 재료

그밖의 기능 재료

하이브리드 재료

신소재 나무

표 2. 미래 하이테크 기술개발 연구기술수준(일본)

일본 단독 1위	일본 공동 1위
테라비트 메모리, 초전도 디바이스 테라비트 광파일, 테라비트 광통신 디바이스 바이오 센서, 뉴로 컴퓨터 초전도 재료, 뉴 글래스 수소 흡장 합금, 자성 재료 연료 전지, 태양광 발전 고효율 히트 펌프 기술, 지능 로봇 AI-CNC 복합 가공 센터 HDTV 초전도 리니어 모터카 차세대 초전도 리니어 모터카 바이오 모듈 시스템, 테크로 수퍼 라이너 인텔리전트 선박, 무중력 실험 지하 시설 지하 물류 네트워크 대심도 지하철도 도로시설, 지하 축열 시스템 해양 목장, 프레온 회수 처리 기술	수퍼 인텔리전트 칩, 자기 증식 칩 광 컴퓨팅 소자기기 바이오 컴퓨터, 초병렬 컴퓨터 자동번역 시스템, 광IC 분자 디바이스, 치매증 치료약 면역·알레르기 치료약, 바이오 에너지 인공 장기, 텔레비전 회의 시스템 텔레비전 전화, 광대역 ISDN 교환기 광 가입자 시스템, 광 LAN 차세대 자동차, 혁신적 자동차 제조 기술 극초고층빌딩, 해양 유원지 CO_2 촉매 고정화 기술, CO_2 식물 고정화 기술 지하 용수 저장 처리시설

「신소재 수형도」

제 1 장

열적(熱的) 기능 재료

고온 내열 기능 재료

● 어떤 것일까 ?

문자 그대로 「고온에서 사용할 수 있는 재료」라는 뜻이지만, 최근에는 재료의 사용 온도의 상승과 동시에 과혹한 환경에서 사용되는 일이 많기 때문에 고온에서 산화나 부식(특히 황에 의한 황화 부식)에 견딜 것, 서서히 일어나는 변형(크리프)에 견딜 것, 열 변형에 의한 균열(열 피로)이 잘 발생되지 않을 것 등의 조건을 만족시키는 것을 뜻하는 경우가 많다.

● 주요 용도

고온이라 하더라도 다루는 대상에 따라 구체적인 온도영역은 다르지만, 우선 고온 재료용의 용도로서 대표적인 것에 가스 터빈용이 있다. 가스 터빈은 고온의 연소 가스를 회전 날개에 충돌시켜 동력을 얻는 장치이며 고성능인 가스 터빈용에 Ni기 초내열 합금 등 우수한 재료 특성을 갖는 고온 내열 재료가 요구된다. 또한, 금속 분야뿐만 아니라 고분자 분야에서도, 항공기, 차량용 모터 H종 절연 재료로 폴리이미드 필름이나 방향족 폴리아미드 종이가 쓰이며, 컴퓨터에서는 고밀도 집적회로(LSI)용의 프린트 배선판으로서 폴리이미드 다층회로 기판이, 또한 세라믹스도 전자 재료, 내연기관 부품 등에 이용된다.

● 대상이 되는 재료

금속계 내열 재료에는 700~1100℃의 온도범위에서 사용되는 초내열 재료로서, 철-Ni기 초내열 합금, Co기 초내열 합금, Ni기 초내열 합금, 공정(共晶) 1방향 응고 합금 등이, 또한 500~700℃의 범위에는 페라이트계 내열강, 오스테나이트계 내열강 등이 있다. 또한 고분자 재료로는 폴리이미드, 폴리아미드이미드, 방향족 아미드 등이, 세라믹스 재료로는 Si_3N_4, BN(6방정계) 등이 있다.

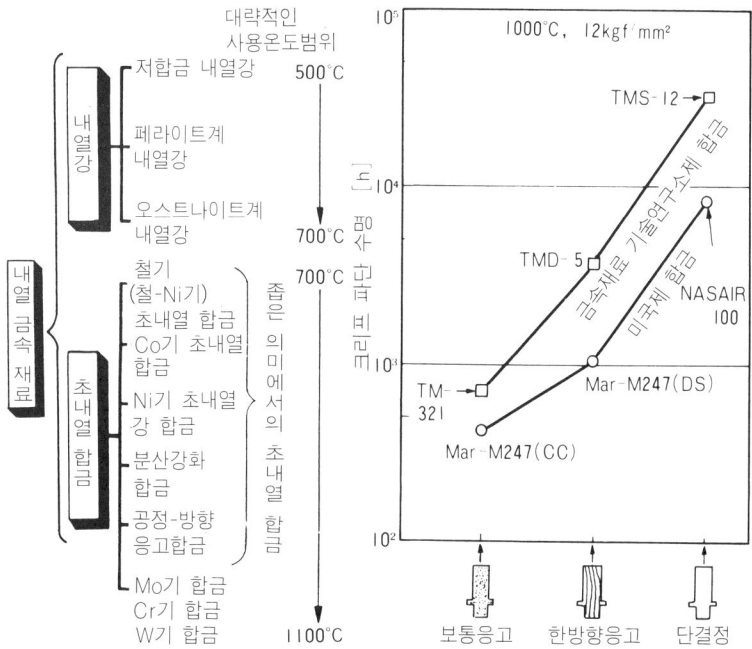

그림 2. 내열 합금의 분류

그림 3. 3종 제법에 따른 Ni기
초내열합금의 강도

표 3. 고융점 금속의 특성

금속의 종류	용융점 〔℃〕	비 중 〔g/cm³〕	장 점	단 점
텅스텐(W)	3,410	19.3	융점이 가장 높다. 산화물은 1370℃까지 기화하지 않는다.	무겁다. 산화한다. 저온에서 무른다.
탄탈(Ta)	2,996	16.6	융점이 높다. 산화물은 기화하지 않는다. 연성이 있다.	무겁다. 급속히 산화한다. 자원이 부족하다.
몰리브덴(Mo)	2,610	10.2	융점이 높다. 비교적 가볍다. 비교적 연성이 있다.	대단히 산화하기 쉽다 (산화물은 기화한다.)
니오브(Nb)	2,468	8.57	융점이 높다. 산화물은 기화하지 않는다. 연성이 있다. 비교적 가볍다.	급속히 산화한다.

극저온 재료

● 어떤 것일까 ?

액체 질소(−195℃), 액체 수소(−253℃), 액체 메탄가스(−163℃), 액체 헬륨(−269℃) 등의 보존·이용을 가능하게 하는 재료이며 통상의 보통강이나 고장력강은 이러한 극저온하에서는 소위 저온 취성(강이 상온부터 −100℃ 정도의 사이에서 급격히 무르는 현상)을 일으키지만 극저온이라도 충분한 구조 강도를 유지할 수 있는 기능을 갖는다.

● 주요 용도

극저온 재료는 오늘날의 에너지 공급확보, 하이테크놀로지의 진전에 있어서 필수적인 재료이며, 에너지 분야에서는 오일쇼크 이후 대체 에너지로서 중요한 자원으로 되고 있는 LPG(액화 석유가스), LNG(액화 천연가스) 등의 액체 탱크 재료로서, 또한 시베리아 등의 극한지에서의 자원 개발용 기재 등으로서 불가결한 재료이다.

한편, 금후 개발이 급속히 진행될 것으로 보이는 하이테크 기술 분야에서는 기전도) 코일에 의한 전력 저장, 조셉슨 효과 소자에 의한 초고속 컴퓨터, 초

표 4. 대표적인 극저온 재료와 그들의 특징

극저온 재료		극저온에서 기계적 성질 (4.2K) [1]	특징
종류	대표적인 극저온재료		
철강재료	18% Cr 강	σ_B =160, σ_Y =160 γ =3 (4 K)	극저온에서 압축강도 크고 내마모성이 양호
	18%Cr −8% Ni 강	σ_B =169, σ_Y =89 γ =31 (4 K)	입수 용이
	25% Mn −5% Cr− 1% Ni 강	σ_B =125, σ_Y =75 γ =35 (77K)	극저온에서 완전 오스테나이트(비자성), 열팽창계수 작음.
알루미늄, 알루미늄 합금	순Al	σ_B =32, σ_Y =19 γ =44 (4K)	극저온에서 열전도율 및 전기 전도율이 큼
	Al−6% Cu	σ_B =65, σ_Y =41 γ =20 (20K)	극저온에서 비강도 큼
동, 동합금	순Cu	σ_B =54, σ_Y =42 γ =48 (4K)	극저온에서 열전도율 및 전기 전도율이 큼
	70% Cu −30% Ni	σ_B =98, σ_Y =86 γ =22 (20K)	가공성 양호, 판재 등으로 사용.
티탄합금	Ti−5% Al−2.5%Sn ELI	σ_B =174, σ_Y =161 γ =13 (20K)	극저온에서 비강도 큼
	Ti−6% Al−4% V ELI	σ_B =179, σ_Y =174 γ =3 (20K)	극저온에서 비강도 큼

(注) [1] σ_B :인장강도 [kg/㎟], σ_Y :내력 [kg/㎟], γ :신장 [%]

저온 송전시스템, 초전도 송전시스템, MHD(Magneto Hydro Dynamics) 발전, 액체 수소를 연료로 액체 산소를 산화제로 이용하는 고성능 로켓개발 등의 구성 재료로서 중요한 역할을 다하고 있다.

● 대상이 되는 재료

극저온 재료에는 표 4~5와 같은 것이 있으며, 합금, 동, 동합금, 알루미늄, 알루미늄 합금, 스테인리스강 등이 각각의 좋은 특징을 살려 각 방면에서 이용되고 있다. 금후의 과제로서는 수요의 본격화와 동시에 코스트 다운이 중요하며 그밖에 더욱 열팽창 계수가 작은 것, 비(比) 강도가 큰 것이 요구되고 있다.

표 5. 각종 액화가스의 온도와 적용강종

(온도단위 : 비점, ℃, atm)

암모니아	−33.4	
프로판	−45	고장력강
프로필렌	−47.7	알킬드강
황화카르보닐	−50	
황화수소	−59.5	21/2% Ni 강
탄산가스	−78.5	
아세틸렌	−84	31/2% Ni 강
에탄	−88.3	
에틸렌	−104	
크립톤	−104	8% Ni 강
메탄	−163	
산소	−183	
아르곤	−186	9% Ni 강
플루오르	−187	
질소	−195.8	
네온	−246	
중수소	−249.6	스테인리스 강
수소	−252.8	
베릴륨	−269	
	−273	

(출처) 과학기술청편 [재료기술 현재 전망]

발열 기능 재료

● 어떤 것일까?

기계 에너지, 화학 에너지, 전기적 에너지, 태양 에너지, 핵 에너지 등을 열 에너지로 변환하는 기능을 나타내는 것을 말한다.

이중 가장 널리 이용되고 있는 것은 연료에 의한 연소이지만, 이 방법으로 얻을 수 있는 온도에는 한계가 있고, 또한 연소 과정에서 연료 자체의 성분 물질, 산소, 가열 장치의 구성재료 물질 등이 가열 목적 대상물로 바뀌어 오염되는 것은 피할 수 없다. 그 때문에 보다 깨끗하고 고온을 얻기 위한 방법으로 화학 에너지, 전기 에너지, 핵 에너지 등을 변환하는 방법이 쓰이게 되었다. 단, 플라스마나 이온빔은 개선해야 할 점이 있으며, 전자빔은 에너지 코스트적으로 비싸며, 태양로도 아직 대량의 고온열을 안정적으로 얻을 수 없기 때문에, 현재는 2000℃ 이상되는 고온의 깨끗한 열을 공업적·실용적으로 얻는 방법으로는 전열법이 일반적이다.

● 주요 용도

공업용으로 알루미나의 용융, 전기제철, 전기제강, 무정형 탄소의 흑연화, 카바이드, 페로실리콘 등의 합금철류, 카보런덤, 코런덤의 연마 등에 쓰이거나, 민간용으로서 탄소 등을 플라스틱 필름 등에 도포하고 주택의 바닥이나 벽에 넣어 난방용으로 쓰이거나 족온기, 헤어 드라이 등의 서미스터로서도 이용이 확대되고 있다.

그림 4. 발열 기능 재료의 원리

● 대상이 되는 재료

발열 기능 재료에는 금속계와 세라믹스계가 있으며, 「금속계」로는 니켈·크롬계, 철·크롬계(안전 사용 온도 1200℃)와 백금이나 고융점 금속계(안전 사용 온도 1500℃)가 있고, 한편 「세라믹스계」로는 탄화규소·규화몰리브덴의 혼합 소결체(1600℃), 규화몰리브덴(1700℃), 지르코니아(2000℃) 등이 있어서, 금속계보다도 고온을 낼 수 있고, 내식성도 높기 때문에 이용이 확대되고 있다.

표 6. 발열 기능 재료의 특성

금속 및 합금	융 점 [℃]	대기 산화에 안정한 온도[℃]	파단강도를 나타내는 온도 *1 [℃]	환 경	발열체로서는	
					부적격	적 격
W	3 410	100	1 100	수소	백금, 백금 합금	Ni, Fe, W, Ni-Cr, Mo (1 000~2 800℃)
W-ThO₂	—		—			
Ta	2 990	800	550	산소 (공기)	Mo, W, 이외 다른 순비(卑) 금속	Ni-Cr, Cr-Fe 선 (1 200~1 350℃)
T-222	2 980		1 650			
Mo	2 625	550	1 100			
TZM	2 610~2 620	—	1 200	질소	Al, Cr이 많은 합금	Ni-Cr (Fe 불포함) (1 200℃)
Nb	2 415	700	—			
FS 85	2 600	—	1 150		Fe 합금 많은 것 백금, 백금 합금	Ni-Cr (80:20) (1 000℃)
Cr	1 890	900	—			
Cr 41	—	—	1 100	Co, 탄화수소		
Ti	1 820	550	400			
Ti Al V	1 540~1 650	—	550			
Zr	1 750	400	—	H₂S SO₂	Ni 함유량이 많은 것	Fe-Cr Ni-Cr (Ni< 30%) (900~950℃)
Zircaloy	—	—	350			
V	1 735	650	—			
V-60Nb-Ti	—	—	—			
Fe	1 539	500	—	암모늄 화합물 도시가스 발생가스 수성가스	Fe의 함유량 많은 것 Fe 함유량 큰 것 (특히 Al 많다)	Ni-Cr, (Ni함유량 많다) (1 100℃) Ni-Cr선(80:20), Fe, Cr 선 (1 000~ 1 100℃)
N-155	1 270~1 360	1 050	800			
Co	1 495	800	—			
W 152	1 315~1 345	1 100	300			
Ni	1 455	800	—			
Mar M200	1 340~1 370	1 050	1 000			

(주) *1 : 1000℃, 14kgf/mm² 에서의 값
(출처) 일본 기계학회지 70(1976), 화학편람 Ⅱ (1966)

적외선 방사 기능 재료

● 어떤 것일까?

적외선이란 파장 0.76μm에서 1mm까지 눈에 보이지 않는 상당히 넓은 파장역을 차지하고 있는 것으로, 이것을 적외선 가열 분야에서는 근적외 (0.76~2.5μm)와 원적외(2.5~1000μm)와의 2파장역으로 나누어 부르는 경우가 많다. 열의 전도에는 「전도」와 「대류」, 「방사」의 3형식이 있지만, 이 중에서 적외선 가열이라고 하는 것은 열에너지 방사로 가열하는 방식이며, 이 것을 발생하는 재료를 적외선 방사 기능 재료라고 한다.

● 주요 용도

적외선 가열의 공업 이용은 1938년 미국 포드 차체의 도장 건조용에서 시작된다. 적외선에 의한 가열은 조작이 간단하고 비접촉으로 클린 히팅이 가능하며, 고온·고속으로 열관성이 적어 제어성·신뢰성이 우수하기 때문에, 일본에서도 1945년대 이후 급속히 발전하였다.

오늘날에는 적외선 가열의 이용은 「기계·금속 분야」에서는 기계 기구의 금속 부분이나 차량, 차체, 선박의 도장건조, 주형의 건조 등에, 「화학공업 분야」에서는 열가소성 수지의 건조화·염화비닐수지 등의 겔화, 인쇄 잉크의 건조, 펄프, 약품 건조, 유리, 도기의 예열·소성 등에, 「의료 분야」에서는 혈액 순환, 땀 분비 촉진, 외상 치료 등에, 「식품공업 분야」에서는 냉동 곡류의 포장전 탈수, 냉동식품 해동, 쌀과자 굽기 등에 또한 「섬유 공업 분야」에서는 합섬 세팅, 섬유의 건조, 피혁 제품 등 폭넓은 분야에 이용되고 있다.

● 대상이 되는 재료

적외선 방사 기능 재료에는 표 7과 같은 재료가 있으며, 특히 세라믹스 히

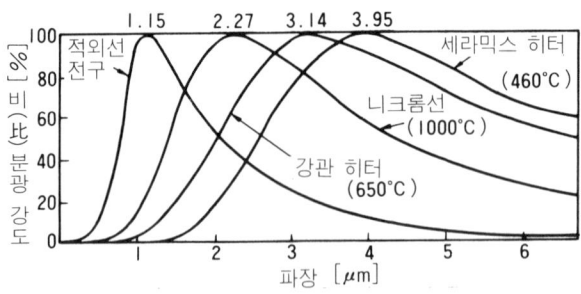

그림 5. 각종 히터의 분광 방사 강도

터(장파장 방사율이 큰 산화 지르코늄과 산화규소가 주성분인 세라믹스관 안에 전열선을 넣은 것이나 금속관의 표면에 두께 0.1~1.0mm정도로 세라믹스 코팅을 용착한 것)는 최근 원적외 방사원으로서 주목받고 있다.

표 7. 적외선 가열 장치의 방사체 일람

	방 식	방 사 체	실용 장치명	방사파장영역[μm]
온도 방사	전류에 의한 저항 가열	텅스텐	적외선 전구 관형 전구	1~2.5
		니크롬, 철 크롬, 칸탈	전열기(히터)	2~10
		탄화규소	글로버	1~50
	다른 열원에 의한 2차 가열	세라믹스	네른스트 글로어	1~50
		금속(불수강 등)	시즈 히터	2~10
		(ZrO, SiO_2+점토)	원적외선 히터	5~25
			가스· 레이디언트 버너	1~8
	저항가열과 2차가열의 병용	W, 니크롬+석영유리	석영관 히터	1~20
	방전에 의한 가열	카본	카본 아크 등	0.8~5
냉방사	기체 방전 이용	수은, 세슘 크세논 이산화탄소	수은 램프 크세논 램프 CO_2 레이저	0.8~2.5 10.6

표 8. 전기식 적외선 히터 일람

	적외선 램프	석영 램프	석 영 관	세라믹스관	금 속 관	유리패널
가 열 강 도	약함~중간	강함	중간~강함	약함~강함	중간~강함	약함~중간
내 수 성	약함	강함	강함	좋음	강함	중간
가 시 광	중간	강함	약함	없음	약함	없음
수 명	어느 것이나 500시간 이상					
승온·냉각시간	수 초	수 초	2분 이상	약 5분	약 2분	5~20분
방사체온도[℃]	~2,200	~2,200	~980	~650	650~	~250
내 진 성	약함	중간	중간	크다	크다	중간

형상기억 기능 재료

● 어떤 것일까?

형상기억이란 재료가 원래(고온상태)의 형상을 기억하고 있어, 실온 이하에서 변형하더라도 가열하면 순식간에 원래의 형상으로 되돌아가는 현상을 나타내는 재료를 말한다.

형상기억 효과의 메커니즘은 **그림 6**과 같이 고온에서 모상(母相) 상태(a)인 것이 냉각에 의해 실온에 가까운 마텐사이트 변태 개시온도를 통과시키면 결정구조가 변하여 마텐사이트상(b)으로 되고, 이것을 가열하면 다시 모상(a)으로 되돌아가지만, 마텐사이트 상태에서 응력이 가해지면 (b)에서 (c)와 같이 원자간의 결합은 그대로 유지한 채 결정 방향이 바뀜으로써 변형이 생긴다. 이렇게 해서 변형된 마텐사이트를 가열하여 역변형시키면, 원자간의 결합을 유지한 채 원래의 모상으로 되돌아가기 때문에, 결정 전체도 원래의 형태로 되돌아가고 변형 응력이 해소된다고 보는 것이다.

● 주요 용도

가장 널리 사용되고 있는 것은 가열에 의한 수축을 이용한 파이프 이음이다. 접속하고자 하는 파이프의 외경보다 약간 작은 내경의 것을 만들고, 이것을 접속 전에 저온에서 확관하여, 양 끝에서 파이프를 삽입한 후, 방치하면, 실온으로 승온하는 사이에 파이프를 강하게 고정시키는 방법이며, 이미 제트전투기의 유압계에 10만개 이상 사용되고 있지만, 오일누설이나 파손 등의 사고는 발생하지 않았다. 또한 온도 제어용 디바이스로 형상기억 재료를 이용한 서모스탯, 자동개폐 온도 창문, 방화문 등도 개발되고 있고 그밖에 의료용으로 부러진 뼈를 생체내에 고정하거나 굽은 척주를 회복하는 재료에 대한 이용도 고려되고 있다.

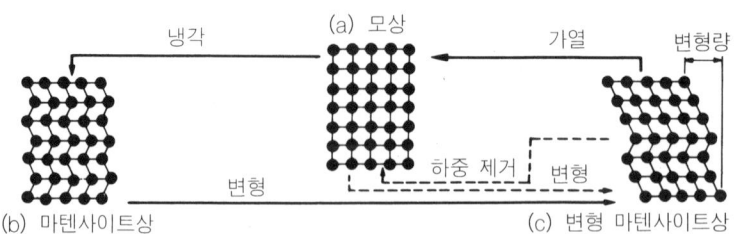

그림 6. 기억의 원리

● 대상이 되는 재료

형상기억 재료는 꽤 많지만 실용화되어 있는 것은 니티놀(Ti-Ni 합금), 베타로이(Cu-Zn-A1 합금)으로 전자는 성능면에서는 뛰어나지만, 가격면에서는 후자쪽이 유리하다.

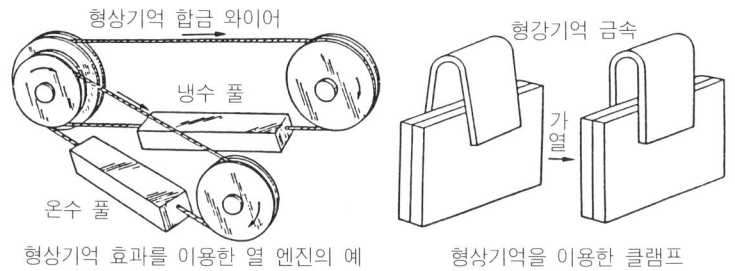

형상기억 합금 와이어
냉수 풀
온수 풀
형상기억 효과를 이용한 열 엔진의 예

형강기억 금속
가열
형상기억을 이용한 클램프

형상기억 효과를 이용한 응용 예

표 9. 완전한 형상기억 효과를 나타내는 합금명

합금	조성	Ms 온도	As와 Ms의 차 [℃]	규제구조의 유무
Ag-Cd	44~49 원자 % Cd	-190~-50℃	~15	규칙
Au-Cd	46.5~50 원자 %Cd	30~100℃	~15	규칙
Cu-Al-Ni	14~14.5중량 % Al	-140~100℃		
	3~4.5중량 % Ni	-190~40℃	~35	규칙
Cu-Au-Zn	23~28원자 % Au		~ 6	규칙
	45~47 원자 % Zu	-120~30℃		
Cu-Sn	~15원자 % Sn	-180~-10℃		규칙
Cu-Zn	38.5~41.5 중량 %Zn	-180~100℃	~10	규칙
Cu-Zn-X (X=Si,Sn,Al,Ga)	수중량 % X	60~100℃	~10	규칙
In-Tl	18~23 원자 % Tl	-180~100℃	~ 4	불규칙
Ni-Al	36~38 원자 % Al	-50~100℃	~10	규칙
Ti-Ni	49~51원자 % Ni	~-130℃	~30	규칙
Fe-Pt	~25원자 % Pt	~-100℃	~ 4	규칙
Fe-Pd	~30원자 % Pd	-250~180℃		불규칙
Mn-Cu	5~35 원자 % Cu		~25	불규칙

(주) Ms 온도 : 마텐사이트 변태온도, As : 역변태온도

축열 기능 재료

● **어떤 것일까?**

열에너지를 잠열, 현열, 화학에너지 등의 형태로 일시 저장하고, 필요에 따라 용이하게 원래의 열에너지로 바꿔 이용할 수 있는 기능 재료를 「축열기능 재료」라 한다.

축열기능에는 크게 태양열 등을 물, 모래 등의 축열재료에 비축해 두고, 이들이 갖는 온도 그 자체(현열)를 끌어 내어 이용하는 「현열적 형태」와, $Na_2SO_4 \cdot 10H_2O$와 같은 수화염이나 유기 축열재의 고상－액상·기상 등의 변화에 따른 융해열, 기화열 등의 「잠열을 이용하는 형태」, 탄산염이나 수산화물 등의 축열재에 가역적인 흡열－발열 반응으로 화학 에너지나 농도차 에너지로 변환함으로써 축열하는 「화학 반응열적 형태」의 세가지로 나누어진다.

● **주요 용도**

축열기술은 두 번에 걸친 석유 파동으로 에너지 절약 기술 중의 하나로 중요한 역할을 하고 있다. 특히, 무한정 에너지인 태양 에너지를 시간적, 지역적, 계절적, 날씨 등의 변화를 조절하는 기술로서 축열 기능 재료는 필수적이다.

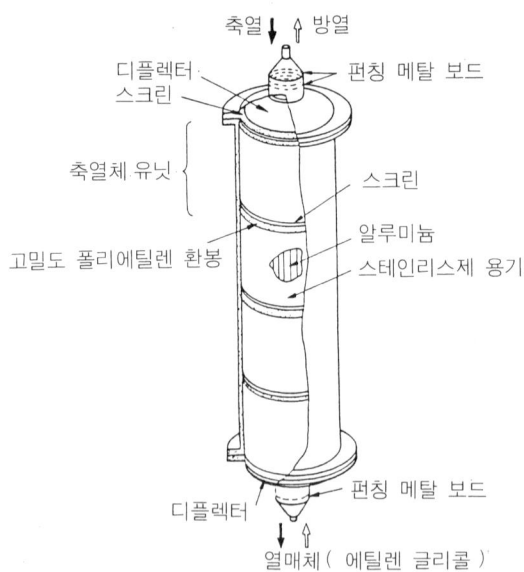

그림 7. 30kWh의 축열기(시험제작)

● 대상이 되는 재료

「현열형 축열 재료」는 물 이외 액체로서는 액체 금속(나토륨, 칼륨 및 나트륨·칼륨의 합금), 유기 열매체(디페닐에테르, 타페닐), 용융염, 또한 고체로서는 내화 벽돌, 쇄석, 모래, 금속이 있으며 「잠열 축열 재료」로서는 단순염(LiH, $NaOH$, LiF), 혼합염($LiF/LiOH$, $NaNO_3/NaOH$) 등이 있으며, 「화학반응 축열재」로서는 $MgOH_2$, $CaOH_2$, $MgCO_3$, $CaCO_3$, BaO_2, $H_2SO_4 \cdot H_2O$, SO_3나 금속 수소화물(MgH_2, TiH_2, LaH_3, ZnH_2) 등이 있다.

표 10. 몇가지 잠열형 축열재 후보물질

물질명	융점 [℃]	축열량 [cal/g]	축열량 [cal/cc]	용도
$ZnCl_2 \cdot 3H_2O$	10	—	—	축냉
$K_2HPO_3 \cdot 6H_2O$	13	—	—	〃
$NaOH \cdot 3.5H_2O$	15	—	—	〃
$Na_2CO_3 \cdot 10H_2O$	~33	34	—	난방
$Na_2SO_4 \cdot 10H_2O$	~32	35	—	〃
$Na_2S_2O_3 \cdot 5H_2O$	48.5	47.7	82	〃
$NaCH_3COO \cdot 8H_2O$	58	60	87	〃
$Na_2B_4O_7 \cdot 10H_2O$	69	50	87	〃
$Al(NO_3)_2 \cdot 9H_2O$	77	49	84	〃
$Ba(OH)_2 \cdot 8H_2O$	78	70	153	냉동기용
$Sr(OH)_2 \cdot 8H_2O$	88	84	160	〃
$Mg(NO_3)_2 \cdot 6H_2O$	89	38	56	〃
$KNO_3 - LiNO_3$	100	33	79	〃
$MgCl_2 \cdot 6H_2O$	117	—	—	〃
파라핀 $C_{16} - C_{18}$	45	44.9	—	난방
스테아린산	60	53	—	〃
나프탈렌	79	25	—	냉동기

제 **2** 장

기계적 기능 재료

경량 고강도 기능 재료

● 어떤 것일까?

경량이면서 구조 강도, 인장 강도 등을 유지하는 재료로 근래에 건축물의
고층화, 대형화, 선박의 대형화, 고속화 등이 진행됨에 따라 점점 더 중요하
게 되었다. 일반적으로 인장 강도가 보통 강이 $20 \sim 40 kg/mm^2$인데 비하여
이보다 큰 것을 말하며, $40 \sim 100 kg/mm^2$일 때 「고장력강」, $100 \sim 300 kg$
$/mm^2$의 높은 인장 강도를 갖는 경량 고강도 재료를 「초강력강」이라고 한다.

● 주요 용도

「고장력강」은 당초는 전차나 잠수함 등의 군사 목적으로 개발, 이용되어 왔
지만, 그 후 초대경간의 교량, 초고층 빌딩, 탱커 등의 대형 수송선의 선체,
수력 발전소의 수압 철관 등에 쓰이게 되었고 이밖에, 특히 오일쇼크 이후는
에너지 절약화를 추진하기 위해서 자동차 차체용으로도 쓰이고 있다. 한편,

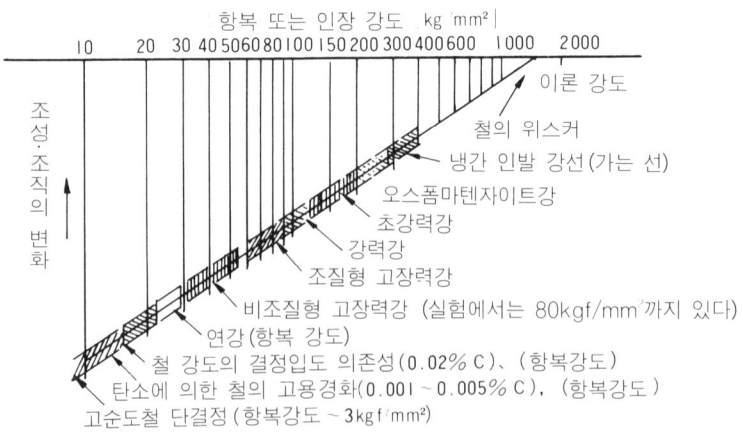

그림 8. 철강재료의 강도 스펙트럼

「초강력강」은 항공, 우주, 핵연료 농축, 일렉트로닉스의 각 분야에서 중요성을 더해가고 있고, "항공 분야"에서는 점보 제트와 같은 대형 비행기용 다리 재료로서(다리는 착륙시 충분한 강도를 갖는 것이 필수이지만 비행중에는 사용하지 않기 때문에 경량이 요구된다), "우주 분야"에서는 로켓의 연료 연소로 인해 발생하는 강대한 내압을 받는 모터 케이스에, 또한 "해양 분야"에서는 심해 탐사용 잠수함 구조재료 등에 이용될 것이다.

● 대상이 되는 재료

고장력강은 티탄, 니켈, 망간 등의 합금 성분을 미량 첨가한 것과 담금질 등의 열처리나 조직을 개선한 것이 있다. 한편, 초고력강은 탄소와 탄소 이외의 합금 성분의 배합에 따라 표 11과 같은 재료가 있다.

표 11. 대표적인 초강력강의 조성과 강도

분류	성분계	합금명	화학성분　[wt.%]										인장강도 [kg/㎟]
			C	Si	Mn	Ni	Cr	Mo	Co	V	Ti	Al	
저합금	Ni-Cr-Mo	4340 (SNCM8)	0.40	0.30	0.70	1.85	0.80	0.25					180
		300M	0.40	1.60	0.80	1.85	0.80	0.40		0.05			200
중합금	5Cr-Mo-V	H-11 (SKD6)	0.37	1.0	0.30		5.0	1.5		0.40			200
	5Ni-Cr-Mo-V	HY-130	0.12	0.27	0.75	5.0	0.55	0.5		0.07	0.02		100
고합금	9Ni-4Co	HP-4-20	0.20	<0.10	0.30	9.0	0.75	0.75	4.50	0.10			135
		HP-4-30	0.30	<0.10	0.20	7.5	1.00	1.00	4.50	0.10			170
	10Ni-8Co	HY180	0.12	0.15	0.20	10.0	2.0	1.0	8.0				135
		HY240	0.16		0.15	10.0	2.0	1.0	14.0				170
	고Ni 마르에지	18Ni 200	<0.03	<0.10	<0.10	18.0		3.25	8.5		0.2	0.1	140
		18Ni 250	<0.03	<0.10	<0.10	18.0		4.90	8.0		0.4	0.1	175
		18Ni 300	<0.03	<0.10	<0.10	18.5		4.90	9.0		0.6	0.1	210
		18Ni 350	<0.01	<0.10	<0.10	18.0		4.50	12.0		0.4	0.1	245
		400급	<0.01	<0.10	<0.10	13.0		10.0	15.0		0.2	0.1	280

(출처) 河部義邦 「초강력강」 (「극한에 도전하는 금속재료」, p. 34)

고경도 기능 재료

● 어떤 것일까?

가공·굴착 등의 공정에서 가공 대상물보다 높은 경도를 가지며 그것에 큰 기계적 에너지를 가하여 파괴, 파쇄, 변형시키는 기능 및 반대로 딱딱한 물건의 강대한 기계적 에너지에 장시간 견디는 기능을 가진 재료를 가리킨다. 「고경도 기능 재료」는 19세기 후반에 탄소 이외의 합금 성분을 가한 특수강의 개발로 시작되었고 탄화 텅스텐(WC)과 코발트를 결합한 합금의 출현을 비롯하여 제2차 대전 후 다이아몬드, 탄화규소, 알루미나 등 잇달아 성능이 높은 것이 개발되어 왔다.

● 주요 용도

고경도 기능 재료는 근래의 기계장치 등과 같은 대상물의 고경도화, 작업의 고속화, 절삭, 연삭 등의 가공동작, 계측 등의 정밀화, 미세화, 고정밀도화 등에 따라서 더욱 고경도가 요구되는 절삭, 다이스, 구멍뚫기 공구, 압연롤 등의 가공 공구나 굴삭기의 날끝, 구름 베어링, 직선 미끄럼 베어링, 볼펜의 볼 등 폭넓은 분야에서 이용되고 있다.

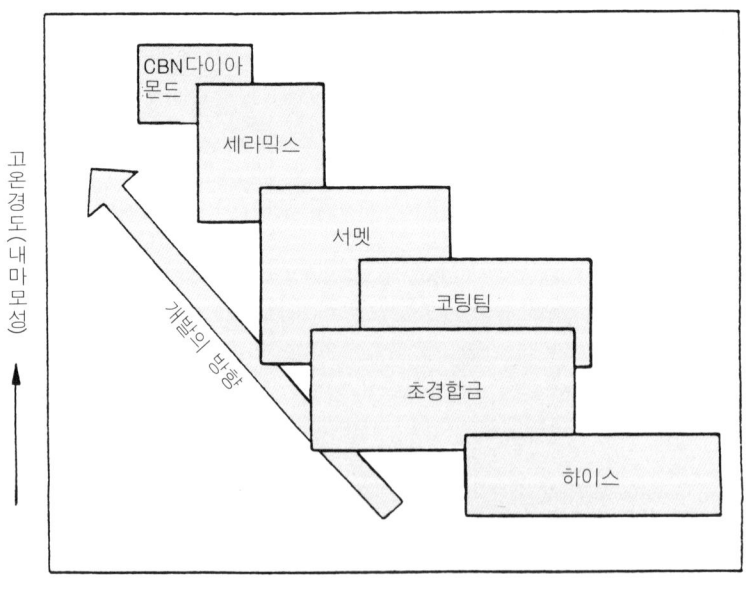

그림 9. 각종 공구 재료의 인성과 내마모성의 관계

● 대상이 되는 재료

고경도 기능 재료를 사용한 공구 재료에는 내마모성, 인성, 높은 경력, 내열충격성, 내용착성, 내산화성 등의 특성이 요구된다. 그러나 이들 여러 가지 특성은 경도가 늘면 인성이 떨어지고 인성이 높아지면 경도가 떨어지는 등 양립하기 어려운 경우가 많다. 따라서 현실적으로 고경도 기능 재료는 이들 특성을 사용 목적에 따라 구별지어 사용하고 있다. 고경도 기능 재료에는 일반적으로는 탄소분이 $0.6 \sim 1.3\%$, 고융점 금속인 Cr, Mo, W, V, Co 등이 여러 가지 비율로 포함된 탄소 공구강, 고속도 공구강, 합금 공구강 등이나 초경합금(탄화텅스텐 분말을 코발트를 결합재로 소결한 것), 서멧(탄화티탄과 니켈이나 코발트로 결합한 것), 세라믹스, CBN(입방정 질화 붕소), 인조 다이아몬드 등이 있다.

표 12. 절삭 공구재료의 특성

	NTK 재료명	경 도 HRA	밀 도 (g/cm^3)	항절력 (kg/mm^2)	비 고
세라믹스(Al_2O_3계)	CX3	93.5	4.0	55	백 색
세라믹스(Al_2O_3-TiC계)	HC2	94.5	4.3	80	흑 색
세라믹스(Si_3N_4계)	HX3	92.0	3.3	100	
서멧(TiC-TiN계)	T4N	92.5	7.2	150	
서멧(TiN계)	N4O	91.5	6.6	190	
초경합금(P20)		91.5	11.8	160	단체로 사용되는 이외에 코팅 팁의 모재로서도 사용된다.
초경합금(K20)		91.0	14.8	200	

초소성 기능 재료

● 어떤 것일까?

저응력에서 거대한 연성(탄성 한도를 넘는 응력에서도 물체가 파괴되지 않고 늘어나는 성질)을 나타내는 기능을 가진 재료를 말한다.

초소성을 나타내는 재료는 50년 이상 전에 이미 발견되었만, "거대한 연신 (延伸)은 약함"이라는 선입관도 있어서, 거의 관심을 갖지 않았지만 피어슨 (pearson)(1934년) 및 제2차 대전 후 소련에서의 계통적 연구 발표에 의해 수백 % 정도의 거대 연신에도 불구하고 결정입자가 늘어나지 않고 등축정 (等軸晶)을 유지한다는 현상이 발견되어 세계적으로 연구하게 되었다.

● 주요 용도

초소성 현상을 이용하면 재료를 파단(破斷)하지 않고 작은 힘으로 복잡한 형상으로 성형할 수 있으므로 초소성 가공은 금형 강도가 작아도 되며 또한, 얇은 막을 열성형 가공할 경우에도 같은 박판을 금형 위에 놓고 공기압으로 가공할 수 있기 때문에 금형은 한 쪽만 필요하게 되어 금형값도 반액으로 삭감된다. 더구나 성형은 작은 힘으로 가능하기 때문에 대형 제품의 일체 성형도 용이하다는 특징을 갖고 있다. 이러한 특성을 살려 초소성 기능 재료는 경량화가 요구되는 항공기 재료나 자동차 구동장치 부품 등으로 이용이 기대된다.

● 대상이 되는 재료

초소성 재료는 크게 「항온 초소성(절대 온도로 나타낸 융점 T_m의 1/2 이상에서 일정 온도로 유지하여, 어떠한 조건이 갖추어지면 작은 하중에서도 거대한 연신을 나타내는 것)」과 「동적 초소성(동소 변태를 포함하는 재료로 변태

그림 10. 초소성 재료 「알루미늄 합금」

점 이하로 열 사이클을 가하면서 부하를 걸면 작은 하중에서도 거대한 연신을 나타내는 것」으로 나누어진다.

대표적인 재료에는 Zn-22Al공석 합금이 있지만 일반적으로 이것뿐만 아니라 어떤 재료라도 조건만 갖추어지면 초소성 거동은 가능하며 이밖에 각종의 A1합금, Pb합금, Sn합금, Ti합금, 철강재료 등이 있다.

표 13. 주요 초소성 재료

합금명	신장 [%]	초소성 온도 [℃]
알루미늄 / 33 Cu 알루미늄 / 11.7 Si	500 —	445~530 550
비스무트 / 44 Sn	1 500	20~30
카드뮴 / 27 Zn	350	20~30
코발트 / 10 Al	—	1 200
크롬 / 27.5 Co 크롬 / 24 Ru	160 120	1 230 1 260
동 / 10-12 Al 동 / 40 Zn (β황동)	500 450	540 900
저탄소동 인코넬 744X	350 500~1 000	725~900 980
납 / 38 Sn 납 / 복합재료	1 500~2 000 >300	20~70 20~30
마그네슘 / 33.5 Al 마그네슘 / 30.7 Cu	2 000 250	350~400 450
니켈 니켈 / 39 / 10 Fe / 1.75 Ti / 1 Al	225 1 000	820 900
주석 / 1 Bi 주석 / 5 Bi	500 1 000	20~30 20~30
티탄 IMI 318 티탄 / 6 Al / 4 V	— 1 000	850~1 000 900~980
텅스텐 / 22 - 33 Re(내화합금)	300	1 800~2 000
아연 (시판) 아연 22.0 Al	200~400 500~1 500	20~75 250~270
지르코늄 지르코늄 / (지르카로이 4)	— 250	750~950 900

방진 기능 재료

● 어떤 것일까?

큰 진동 감쇠 기능과 필요한 구조 강도를 갖는 기능 재료이다. 공장설비, 교통 운수기관 등에서 발생하는 진동이나 소음은 생활 환경을 해치고 기기가 사용되는 작업환경을 열화시킴과 동시에 기기자체의 수명을 단축시켜 정밀기기의 작동, 정밀작업에 지장을 초래하는 등 폐해의 원인이 되기 때문에 이 재료에 대한 관심은 많다.

● 주요 용도

재료의 사용 예는 표 14에 있으며, 이밖에 자동차 관계(체인지 레버, 선 팬션 등), 컴퓨터의 단말장치 부품, 정밀기계 부품(베어링 관계, 정밀 측정 장치의 부품), 공작기계(슈터 용품), 광학기기 관계(셔터, 오토 와인더), 컴프레서 펌프류 부품, 레코드 플레이어 축, 타이프라이터의 활자 암 등이 있으며, 가격의 저하로 금후 교량이나 원동기 등의 분야로도 이용이 확대될 것으로 보인다.

● 대상이 되는 재료

방진 기능 재료는 ① 강자성 금속(12% 크롬강, 3% 알루미늄강, 13% 크롬)과 같이 외부 응력에 응하여 변화하는 과정에서 발생하는 에너지 손실에

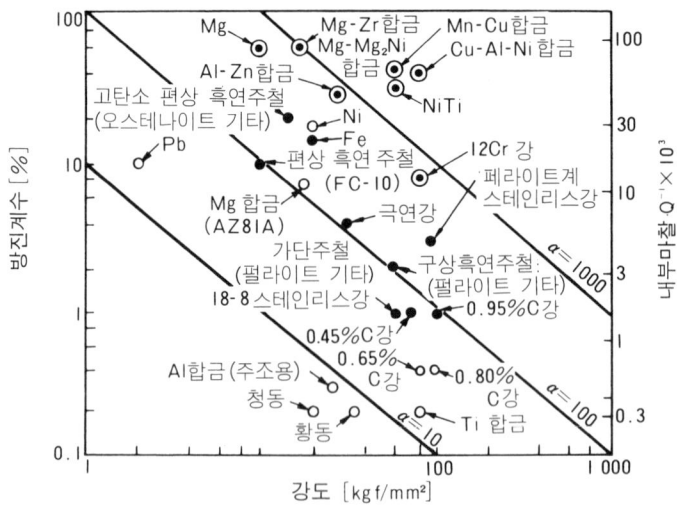

그림 11. 금속재료의 강도와 방진계수

의한 것, ② 마그네슘 합금과 같이 금속내에 존재하는 전위(轉位)가 외부 응
력에 대하여 히스테리시스를 갖고 운동하는 것에 의한 것, ③ 동망간 합금,
니켈·티탄합금 등의 쌍정 합금과 같이 마텐사이트 변태를 갖고, 쌍정부가 외
부 응력에 응해 이동할 때 일어나는 히스테리시스에 의한 것으로 나누어진다.

방진 재료에 내재한 가동 부분의 운동이 저해될수록 감쇠효과는 저하되는
데, 그 저해 인자로서 온도, 주파수, 진폭, 자장이 영향을 끼치고 있어 고
온, 고압, 고전(高電)·자장 등의 환경 조건하에서도 감쇠 효과가 있는 재료
의 개발이 요구되고 있다.

표 14. 대표적인 방진 기능 재료와 그 용도

합 금 명	사 용 예	효 과
소노스톤	잠수함의 스크류 체인 컨베이어 고속 테이블 펀처 메커니컬 필터 프레임 착암기 드릴 볼 베어링 방음 차륜	수십년간 사용 92폰→87폰 −14dB 111dB→98dB −6dB(타음)
인크라뮤트	핫 코트렐 해머 원판 톱 디스포절	−13∼−30dB
사이렌탈로이	DC 솔레노이드 플런저 철도 선로의 보수기 대전력 직류 개폐기 피스톤 헤드 문, 셔터, 사무 기기	−4dB −2∼−4dB
압연 구상 흑연 주철	원판 톱	−10dB
Fe-Cr-Al 합금	M113형 장갑차	−10dB(80km/h일 때)

제 3 장

자기적 기능 재료

영구자석 기능 재료

● 어떤 것일까?

영구자석 재료란 잔류 자화(자성체에 작용하는 자장을 0으로 했을 때 남는 자화) 및 보자력(자기 포화 상태의 강자성체에 자화에 역방향으로 자장을 작용시켜 자화를 0으로 했을 때의 자장 강도)이 크고, 외부의 자기적 요란에 의해서도 잔류 자화의 강도가 쉽게 변하지 않는 강자성체 재료를 말하며, 전자석이나 솔레노이드 코일과 달리 전력의 공급없이 자계를 발생할 수 있다. 대표적인 것으로는 알니코 자석, Fe-Cr-Co, 페라이트, 희토류 자석 등이 있다.

● 주요 용도

헤드폰, 소형 스피커, 아날로그 클록의 스텝 모터, 테이프 레코더용 직류 코어리스 모터용 등에 널리 쓰이고 있다.

● 대상이 되는 재료

「알니코 자석」은 니켈, 알루미늄, 코발트, 철 등을 주성분으로 한 고잔류 자속 밀도 합금으로 안정한 온도 특성과 고에너지를 특징으로 하고, 각종 모터로부터 통신기기, 계측기, 전자 레인지용 마그네트론 등에 쓰이고 있다. 「페라이트 자석」은 원료가 비교적 염가로 대량생산에 적합하기 때문에 영구자석의 주력제품이다. 산화제2철을 주성분으로 스트론튬, 바륨 등을 첨가하여 만든다. 페라이트 자석의 잔류 자기는 낮지만 보자력, 전기 저항이 크다는 특징이 있다.

「희토류 자석」은 알니코, 페라이트에 이은 제3의 공업용 자석으로 사마륨 등의 희토류와 코발트의 금속간 화합물이다. 최대 에너지적(積), 보자력, 잔류 자속밀도 등 자기특성이 뛰어나고, 컴퓨터 주변기기용으로도 이용이 확대되고 있는 자석이다.

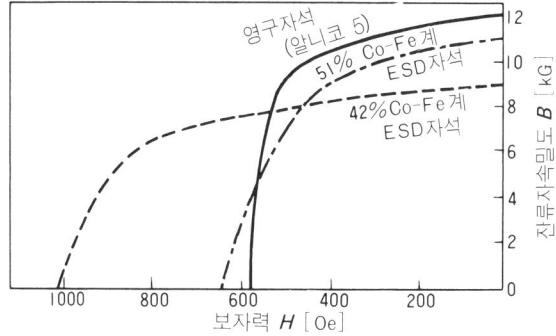

그림 12. 영구자석(알니코 5)와 Co-Fe계 자석의 비교

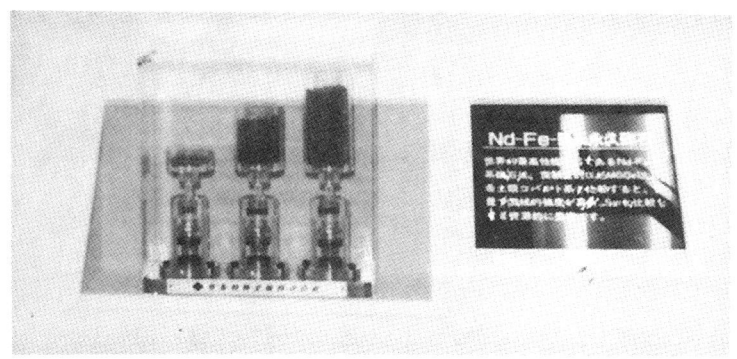

그림 13. 세계최고성능(45 MGOe)을 가진 Nd-Fe-B계 영구자석

표 15 각종 영구자석 재료의 특성 비교

	자기특성			물리적 특질			
	잔류 자속밀도 Br [KG]	보자력 IHc [KOe]	최대 에너지적 (BH)max [MGOe]	비중	비저항 [$\mu\Omega\cdot$cm]	경도 Hv	휨 강도 [kg/㎟]
Nd – Fe 계자석	12.5	11.1	36.0	7.4	144	600	25
Sm_2CO_{17} 계자석	11.2	6.9	31.0	6.4	85	550	12
페라이트 자석	4.4	2.9	4.6	5.0	$>10^4$	530	13
알니코 자석	11.5	1.6	11.0	7.3	45	650	—

자성 유체 기능 재료

● 어떤 것일까?

자성 유체란 액체 상태에서 자성을 나타내는 재료이다. 자성 유체는 액상속에 콜로이드 크기(지름 10만분의 1mm 정도의 마그네타이트 입자)의 강자성 미립자를 안정 분산시킨 용액으로, 자성 재료 특유의 히스테리시스(잔류자기) 현상이 없고, 원심력이나 자계를 작용시켜도 응집이나 침강이 일어나지 않으며 외관상 액체 자체가 자성을 갖는 듯한 성질을 나타내는 것이다.

● 주요 용도

자성 유체는 미국 항공우주국(NASA)이 우주의 무중력 상태에서 로켓 연료의 공급계통에 활용한 것을 최초로 그 이후 민생분야에서도 이미 회전축 실(seal) (그림 14와 같이 회전축 실에서는 기구부의 회전축 부분은 베어링 구동 때문에 틈새가 생겨 회전중에 액체나 가스가 누설하므로, 지금까지는 실(seal)재를 쓰고 있었지만, 이 틈새 사이에 자성 유체(액상)를 쓰면 내외가 완전히 차단 밀폐되고 동시에 마찰도 거의 없는 이점이 있다), 물질의 비중선별(자성 유체에 자장을 가하면 고(高)자장쪽으로 끌려 이 안에 각종 금속을

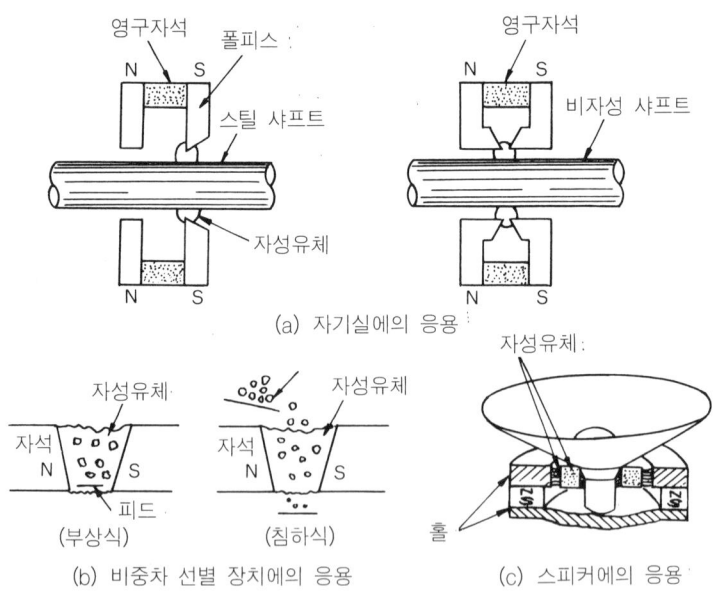

(a) 자기실에의 응용

(b) 비중차 선별 장치에의 응용

(c) 스피커에의 응용

그림 14. 자성유체의 응용 예

넣으면 비중 분리를 일으키는 것), 자기 잉크(자성 유체를 프린터 등의 잉크 속에 넣고 전장을 가해 인쇄지쪽으로 흡인하여 문자를 쓰게 되는 것), 약제의 제조(에멀션 입자에 자성을 가한 다음 이것에 미세한 약제 물질을 결합시켜 자계를 사용하여 환부에 정확하게 투여하는 것) 등의 용도에 이용된다.

● 대상이 되는 재료

옛날부터 Fe_3O_4의 미립자를 분산시킨 것이 있지만 그 입자의 크기는 약 100Å, 포화 자화는 $200\sim600\text{G}$로 자화는 아직 작으며, Fe, Co, Fe-Co 합금 등을 분산시킨 것이 연구되어 있다. 또한 최근에는 흡수한 열에너지를 급속히 전도 방산시키는 열전도성 자성 유체가 있으며 Hg 안에 Fe, Co 의 미립자를 분산시킨 것 등이 있다.

표 16. 자성유체의 일반적 성질

	자성유체의 종류					
	W-35	HC-50	DEA-40	DES-40	NS-30	PX-10
외 관	흑색액체	흑색액체	흑색액체	흑색액체	흑색액체	흑색액체
비 중 (25℃)	1.35	1.28	1.40	1.40	1.20	1.24
점도 [cP] (25℃)	25	20	150	300	600	1 300
자 화 [가우스, 8kOe]	360	420	400	400	300	100
사용온도범위 [℃]	0~90	-20~150	-20~150	-20~150	-10~150	-10~150
비 점 [℃]	100	180~212	335	377		
응 고 점 [℃]	0	-27.5	-72.5	-62	-10	-10
인 화 점 [℃]	—	65	192	215	225 이상	240
증 기 압[mmHg]	—		0.15 (150℃)	0.5 (200℃)	7×10^{-2} (200℃)	
저 장 안 정 성	양호	양호	양호	양호	양호	양호

홀 효과 기능 재료

● 어떤 것일까 ?

전류 및 자장에 직교하는 방향으로 전압이 발생하는 현상을 홀 효과(Hall effect)라고 하며, 1879년 E. Hall에 의해서 발견되었다. 이 원리는 다음 식과 같으며 이 원리를 이용하여 홀 전압의 크기, 음양을 측정함으로써 자계의 강도, 방향을 알 수 있다.

$$V_H = R_H I_H B \cos\theta / t$$

(단, V_H : 홀 전압, R_H : 홀 계수, I_H : 입력 전류, B : 자속 밀도,
  t : 반도체의 두께, θ : 판면과 자계의 각도)

● 주요 용도

홀(hall) 소자의 일정한 전류를 통해 인가 자계에 비례한 홀 전압을 얻을

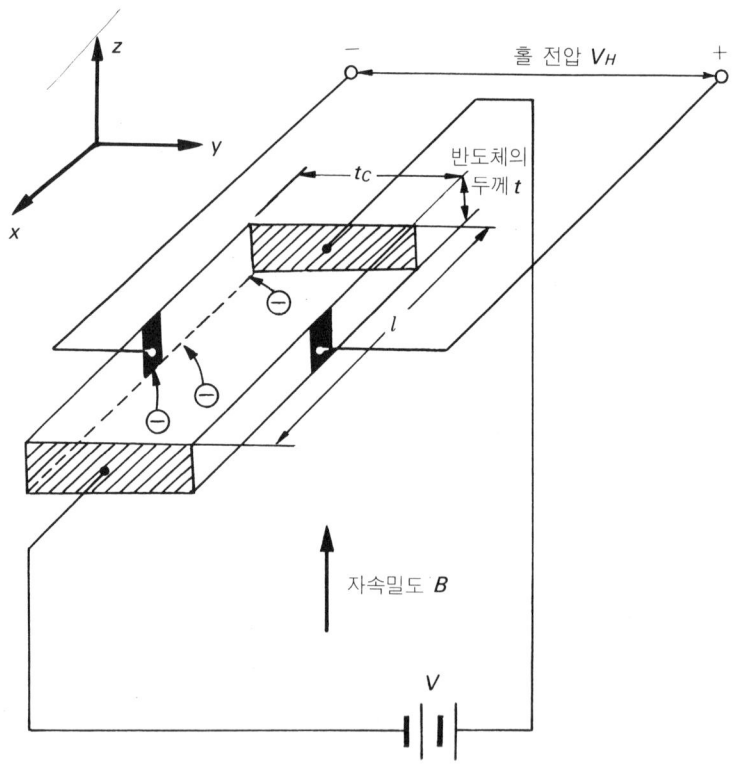

그림 15. 홀 효과(n형 반도체)의 개념

수 있는 점에서 전류계, 방위계, 토크계, 속도계, 비디오 리코더의 재생 헤드, 초저주파 발생기, 리코드 플레이어 등에, 또한 입력 신호를 가한 전류와 자계의 곱에 비례한 출력 전압을 이용한 것에는, 마이크로파 전력계, 주파수 성분 분석기, 홀 상승기, 벡터곱, 무접점 커버 등에, 한편 자기 센서로서는 물리량을 기계적 변위로 변환하여 검출하는 것으로 각도 변환기, 자동차 엔진용 무접점 이그나이터의 회전수 검출 등에, 자기를 검출하여 출력하는 것으로 가우스 미터, 홀 미터, 홀 헤드 등이 있다.

● 대상이 되는 재료

홀 소자로 이용하기 위해서는 일반적인 특성으로 어느 정도 이상의 적감도(積感度, 홀 소자의 감도를 나타내는 계수)가 있을 것, 홀 전압이 소자 사이에서 균일하고 온도 변화가 적을 것, 홀 전압-자속 밀도의 직선성이 좋을 것, 불평형 전압(자장을 인가하지 않은 경우의 출력 전압)이 작고 온도에 따라 변화하지 않을 것 등이 필요하고, 또한 생산면에서는 수율이 좋고, 고양산성 등의 조건을 만족하는 것이 요구된다. 이러한 조건을 만족시키는 홀 효과 기능 재료로는 표 7과 같이 Si, Ge, InAs, InSb, GaAs 등이 있다.

표 17. 주요 홀 효과 기능재료

	출력전압	온도차에 따른 성능 변화	코스트	직선성
Si	대	양호	저가	나쁨
Ge	소	양호	고가	저자장, 양호
InAs	소	양호	저가	
InSb	대	나쁨	중간	나쁨
GaAs	대	강자계만 양호	고가	양호

제 4 장

전자·전기적 기능 재료

광전 변환 기능 재료

● 어떤 것일까 ?

빛을 전기로 변환하거나 그 역변환을 하는 기능으로 광 에너지를 직접 전기 에너지로 바꾸는 것과 광 신호와 전기 신호를 상호 변환하는 것으로 나누어진 다. 일반적으로 광자와 물질의 상호 작용에 의해 물질의 전기적 성질이 변화 하는 효과를「광전 효과」라고 하며, 이것은 광 기전력 효과(이종 물질의 접촉 부 등에 광자가 입사하였을 때 양 물질 사이에 기전력이 발생하는 현상), 광 전자 방출 효과(입사한 광자에 의해 물질내의 전자가 여기(勵起)되고 물질 표 면에서 광전자로 되어 방출되는 현상), 광도전 효과(광자의 입사에 의해 물질

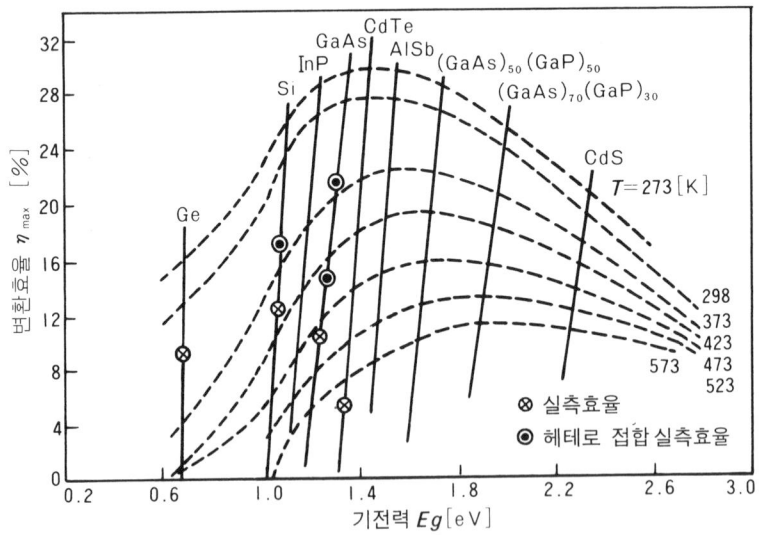

그림 16. 각종 반도체 p-n 접합의 태양에너지 변환효율

의 전기 저항이 변화하는 현상)로 나누어진다.

● 주요 용도

「광 기전력 효과」를 이용한 것에는 태양 전지·광화학 전지 등이, 「광전자 방출 효과」를 이용한 것에 광전관이, 「광도전 효과」를 이용한 것에 반도체형 광 센서 등이 있다.

● 대상이 되는 재료

광전 변환 기능 재료 중에 「태양 전지용 재료」로서는 단결정 실리콘, 다결정 실리콘, 어모퍼스 실리콘, $II-VI$족 화합물 반도체(CdS, $CdTe$, $CdSe$, PbS, $PbSe$, Cu_2S 등), $III-V$족 화합물($GaAs$, $AlAs$ 등) 외에 유기 재료(폴리프탈시아닌, 메로시아닌 등)가 있다. 「광 센서용 재료」로서는 반도체 재료로는 가시광역에서 Se, $CdSe$, ZnO 등이 있으며, 적외광역에서 Ge, PbS, $PbTe$, $InSb$ 등이 있고, 또한 「유기계 재료」에는 안정적으로 사용할 수 있는 것으로 폴리비닐카바졸 등이 있다. 이 밖에 어모퍼스 실리콘은 불순물의 도핑에 의해서 전도형(傳導型) 제어가 이루어지고 광흡수 계수가 높아 높은 암저항과 높은 광도전율을 가지며 박막화·대면적화 가능 등의 특징이 있다.

표 18. 유기 태양전지의 진보

물질	박막화 방법	사용전극	사용광의 종류 광강도	에너지변환 효율[%]	발표년도
테트라센	증착막	Al, Au	백색전구	10^{-4}	1973
마그네슘 프탈로시아닌	〃	Al, Ag	백색광 690nm	10^{-3} 10^{-2}	'74
클로로필	전착막	Cr, Hg	745nm 0.76mW/cm²	1.6×10^{-2}	'75
PVK-TNF*¹	캐스트막	SnO₂, Au	600nm	$\sim10^{-3}$	'75
히드록시	증착막	각종 금속	AMO 0.14mW/cm²	0.1	'76
스크아륨	캐스트막		AMO 135mW/cm²	0.02	
메로시아닌색소	증착막	Al, Ag	AMI 78μW/cm²	0.7	'78
프탈로시아닌 폴리비닐아세테이트	캐스트막	Al, SnO₂	670nm 6μW/cm²	6.6	'79

(주) *1 : 폴리비닐카르바졸과 트리니트로플루오레논 1대 1착물

압전 변환 기능 재료

● 어떤 것일까 ?

특정한 재료에 인장력·압력 또는 응력 등을 받아 변형함으로써 결정에 유전 분극을 일으키거나 전계(電界)가 발생하는 성질, 또는 반대로 재료에 전계를 가하여 분극을 일으킴으로써 재료를 변형시키거나 응력을 일으킬 수 있는 기능을 갖는 재료를 말한다.

● 주요 용도

「세라믹스계」는 압전(壓電) 점화 플러그 외에 최근에는 초음파 진동자, 탄성 필터용으로, 또한 「플라스틱계」는 고주파역에서 음향 임피던스와 잘 적합하는 성질을 이용하여 인체의 단층 촬영장치, 혈 유동 검사장치용으로, 또한 해중에서는 초음파 펄스 반사를 이용하여 소나(해중 청음기), 어군 탐지기로 이용되며, 한편 구조물 보안면에서는 구조물 속의 미소한 균열이나 위험 장소를 외부에서 검사할 수 있는 비파괴 검사와 검지 재료로도 이용이 넓어지고 있다.

이러한 기능 재료는 1880년 큐리 형제에 의해 전기석에서 발견되었다. 이 시대의 것은 생산면에서도 실용화가 불가능했지만, 제2차 대전중에 고유전재료로서 티탄산 바륨(BaTiO$_3$) 세라믹스가 발견되어 주목받게 되었다.

또한, 유기 고분자의 분해에서 폴리플루오르화비닐리덴과 같이 무기 강유전

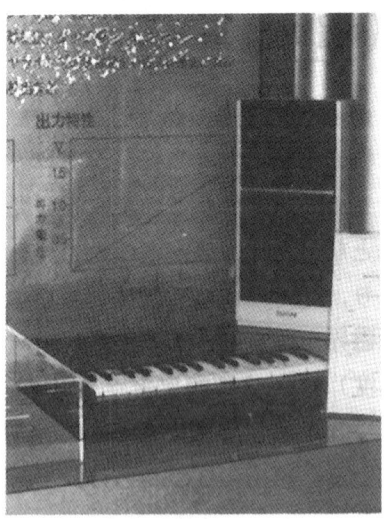

그림 17. 전압 변화 소자를 사용한 피에조 플라스틱과 응용제품 「피에조 피아노」

체에 가까운 압전율을 나타내는 재료가 발견되어 금후 발전이 기대되고 있다.
● 대상이 되는 재료

세라믹스계에는 수정, 로셸염($NaKC_4H_4O_6 \cdot 4H_2O$), $BaTiO_3$계, PZT
계($PbTiO_3 - PbZrO_3$), CdS, ZnO, SiO_2 등이 있으며, 유기 고분자계
에는 PVDF(폴리플루오르화비닐리덴), 폴리플루오르화비닐, 플루오르화에
틸렌폴리머, 2-초산셀룰로오스 등이 있다.

표 19. 주요 압전 기능 재료 성능

	조 성	압전율d_{31}(C/N)
유기고분자	폴리플루오르화비닐리덴 폴리플루오르화비닐 폴리플루오르화비닐리덴/3플루오르화에틸렌(51대49)	30×10^{-12} 7×10^{-12} 95×10^{-12}
복합재료	PVDF/티탄산납 PVDF/PZT=15/85	2.7×10^{-12} 10.0×10^{-12}
세라믹스	PZT $BaTiO_3$	110×10^{-12} 78×10^{-12}

표 20. 고분자 압전 필름의 종류와 압전 특성

제1 종류		제2 종류		제3 종류	
광학성 고분자계		유기성 고분자계		고분자와 무기압전체의 혼합물	
품종	압전율 d_{14}(C/N)	품종	압전율 d_{13}(C/N)	품종	압전율 d_{32}(C/N)
셀룰로오스 콜라겐 (뼈·힘줄) 합성폴리펩티드	-0.1×10^{-12} -0.2 -4	PVDF PVF PVDF/3플루 오르화에틸렌 51대49	30×10^{-12} 7×10^{-12} 9.5×10^{-12}	PVDF/$PbTiO_3$ PVDF/PZT (15/85wt.%)	2.7×10^{-12} 10.0×10^{-12}

초전도 기능 재료

● 어떤 것일까?

극저온 영역에서 전기 저항이 0인 재료를 말하며, 1911년 네덜란드의 온네스가 이 현상을 발견하였다. 초전도 재료는 전기 저항이 0으로 되기 때문에 고밀도 대전류를 전력 손실없이 흘려 보낼 수 있고 코일로 통전하면 전력 소모없이 영구 전류가 흘러 고자계(高磁界)를 얻을 수 있다. 초전도 상태에서는 임계 온도(초전도가 일어나는 온도) T_c, 상부 임계 자계 (자계에 의해 초전도성이 없어지는 자계) H_c 및 경계 전류 밀도 J_c의 3가지 임계값이 있으며 이들은 서로 관련을 갖고 있다. 실용면에서는 T_c, H_c 모두 높은 쪽이 좋다.

● 주요 용도

초전도 재료의 용도는 대전류의 수송, 강자계의 이용, 소자의 이용 등 3가지로 대별된다.

「전력 수송」에서는 현재와 같은 동 케이블을 이용한 송전 형식에서 발생하는 송전 전력 손실(장거리 송전의 경우 5~10%나 된다)을 대폭 감소시킬 수 있다. 「강자계의 이용」의 경우, 일본의 국철이 개발을 추진하고 있는 리니어 모터카(자기 부상 열차)를 비롯하여 핵 융합로, 에너지 저장, NMR(핵 자기 공명), MHD 발전, 초고압 전력 현미경용 자석 등으로 이용이 고려되고 있다.

「소자」분야에서는 현재의 실리콘 바탕의 LSI 보다 수십~100 배의 고속 연산 속도를 갖는 포스트 초LSI로서 기대되는 조셉슨 소자에의 적용이 추진되고 있다.

● 대상이 되는 재료

초전도 현상을 나타내는 재료 자체는 1000종 이상이지만 실용적인 것은 한정되어 있다. 특히 개발·실용화가 진행중인 것으로 Nb-Ti 합금, Nb_3Sn, V_3Ga 금속간 화합물이 있지만 액체 헬륨(비점 4.25K)이 필요한 것이 최대의 결점으로 금후는 액체 수소(20K), 액체 네온(27K), 액체 질소(77K)를 사용할 수 있는 고온 초전도 재료의 개발이 요망되고 있다.

그림 18

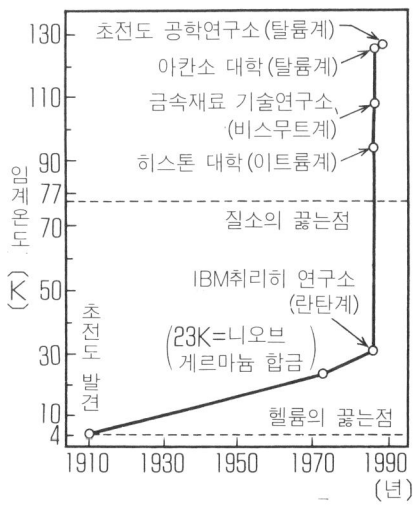

그림 19. 초전도 합금의 진보

그림 20. 초전도선의 외관

제 5 장

광학적 기능 재료

레이저 발진 기능 재료

● 어떤 것일까?

레이저(LASER)란 유도 방출에 의한 광증폭이라는 의미의 영어(Light Amplification by Stimulated of Radiation)에서 만들어진 말이며, 본래는 빛의 증폭과 그 증폭 방법을 나타내는 말이지만, 오늘날에는 품질이 좋은 특정한 주파수의 광파를 내는 발진기라는 의미로 사용되고 있다.

이때의 유도방출이란 물질내 전자의 에너지 준위를 보면, 열평형 상태에서는 아래의 준위에 전자가 많이 분포하지만, 어떠한 여기(勵起) 방법으로 위의 준위에 전자가 많이 분포하는 반전 상태로 할 수 있다면, 준위간의 에너지와 동등한 파장의 빛이 입사할 경우, 전자는 그 영향으로 아래의 준위로 떨어지고 입력광과 동일한 파장, 위상의 빛을 방출하고 증폭 작용을 갖게 된다.

● 주요 용도

레이저광은 빛의 직진성과 전파가 갖는 파동성이라는 두가지 면을 가지며 또한 주파수가 매우 크기 때문에 통신용으로는 1개의 광선에 다량의 정보량을 담을 수 있어 우주통신, 레이더, TV 전송, 사진 전송 등의 광통신이나 광컴퓨터, 입체 텔레비전, 홀로그램 메모리 등에 이용되며, 또한 에너지 이용면에서는 절단, 용접 등의 가공, 우라늄 동위 원소의 분리, 핵 융합 등을 들 수 있다. 또한 의학용으로는 레이저 메스로서 암 파괴 연구, 망막 박리의 치료 등에 이용되고 있다.

● 대상이 되는 재료

레이저 매질(재료)은 기체, 액체, 고체로 물질의 3가지 상태를 모두 갖고 있다. 구체적으로 기체로는 He-Ne, Ar, CO_2 등이, 액체로는 로다민 6G 등을 이용한 파장이 가능한 것이, 또한 고체로는 루비, YAG나 GaAs 등의 반도체 레이저용이 있다.

표 21. 레이저의 종류와 이용

종류		주요 파장 [μm]	특 징	출력 개략값	실용화된 이용	연구 또는 미래의 이용
가스 레이저	He-Ne 레이저	0.63 (적)	안정된 연속 출력, 뛰어난 가(可)간섭성, 취급용이, 소출력	0.1~50mW	측량, 정밀한 길이 측정, 평면도 측정, 팩시밀리 광원, 통신, 정보처리, 비디오 디스크용 광원	각종 계측, 홀로그래피, 광원, 물성연구, 분광분석용 광원
	Ar 이온 레이저	0.51 (녹) 0.49 (청)	안정한 연속출력, 비교적 큰 출력, 뛰어난 가(可)간섭성	0.1~10W	라만 분광계 광원, 홀로그래피, 계측용 광원, 의료용	물성 연구, 합성수지·종이 등의 어떤 가공, 정보처리
	He-Cd 레이저	0.44 (자) 0.33 (자외)	자외선의 연속 출력	1~50mW		홀로그래피 광원, 라만 분광계의 광원, 감광 재료의 연구, 물성 연구
	CO₂ 레이저	10.6 (적외)	적외선(주로 연속 출력) 고능률(입력 전력에 대하여 레이저 출력 10~20%), 고출력, Q 스위치 발진가능	1W~10kW	가공(금속·세라믹스, 합성 수지 등), 의료용	통신, 핵융합 플라스마 발생, 물성 연구
고체 레이저	루비 레이저	0.69 (적)	고에너지 펄스, 대출력 펄스	0.1~100J 1MW~1GW	거리 측정, 레이저 레이더, 가공 (구멍뚫기, 용접)	플라스마 측정, 고속도 홀로그래피
	유리 레이저	1.06 (적외)	고에너지 펄스, 대출력 펄스	~1000J ~1TW	가공	물성 연구, 플라스마 발생
	YAG 레이저	1.06 (적외)	고출력 연속 출력, 고속 반복 Q스위치, 제2 고조파 펄스	1W~1kW(연속) ~10kW (반복~5kHz)	가공(IC의 스크라이빙, 트리밍, 베어링 루비의 구멍뚫기), 레이저 레이더	색소 레이저의 광원, 라만분광계의 광원
반도체 레이저		0.9 (적외)	고능률, 소형	펄스~10W 연속~수mW	오락용 광원	통신, 정보처리, 거리 측정
색소 레이저		—	파장 가변			분광 분석, 물성 연구

(주) 〔제조회사〕 (가스 레이저)일본전기, 도시바, 일본 과학공업, (고체 레이저)일본전기, 일본전자, 도시바, (반도체 레이저)일본전기, 도시바, 히타치 제작소, 산요 전기, (레이저 응용장치)일본전기, 도시바, 오키 전기공업, 일본 광학공업, 동경 광학기계, 마쓰시다 전송 기기 등

루미네선스 기능 재료

● 어떤 것일까 ?

어떤 특정한 파장의 빛을 흡수·반사 또는 투과하고 외부의 자극에 의해 흡수, 반사, 혹은 투과 파장으로 변화할 수 있는 기능을 갖는 재료를 말하며, 이 때 에너지를 주는 자극의 종류에 따라서 포토 루미네선스, X선 루미네선스, 음극선 루미네선스, 일렉트로 루미네선스(EL), 열 루미네선스, 화학 루미네선스, 마찰 루미네선스, 소리 루미네선스 등으로 구분된다.

● 주요 용도

루미네선스 재료는 표 22와 같이 이용되고 있으며 발광 다이오드(LED), 액정 표시 소자(LCD), 텔레비전용 음극선관(CRT), 플라스마 디스플레이(PDP)를 비롯하여 현대 첨단 기술을 뒷받침하는 다양한 용도가 있다. 이 밖에 민생용으로는 시계나 전자 계산기의 표시판 등에 많이 쓰이고 있다.

● 대상이 되는 재료

물질에 빛을 조사할 때 그 물질에서 빛을 발생하는 포토 루미네선스 재료는 UV광에서 여기하는 것으로 $Y_2O_3 : Eu^{+3}$, $CaWO_4 : Pb$, $Zn_2 SiO_4 : Mn$ 등이 있으며, 빛에서 여기하는 것으로는 $YAG(Y_3Al_3O_{13} : Nd^{+3})$로 다민 6G, $(Sc, Nd)P_5O_{14}$ 등이나 에폭시 수지, PMMA 등의 수지에 유기 레이저 색소(로다민계, 쿠마린계) 등을 도핑하여 박막화한 것이 있다.

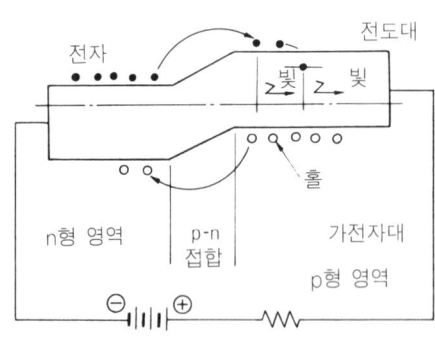

그림 21. 발광 다이오드 재료의 발광기구

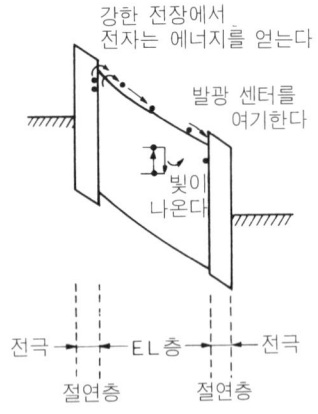

그림 22. EL 재료의 발광기구

또한, 물질에 전류나 전압을 가했을 때 발광하는 일렉트로 루미네선스에는 고 전계로 가속된 캐리어의 운동에 의해서 여기 발광하는 것으로서 ZnS, ZnSe, ZnS : Mn 등이 있으며, 고체 내에 만든 전자의 퍼텐셜 에너지차를 이용하여 캐리어를 주입 발광시키는 것으로서 GaN(청), SiC(청), GaAs(근적외) 등이 있다.

표 22. 발광 재료의 주요 용도

발 광 재 료	용 도
UV 포토 루미네선스	플라스마 디스플레이(방전 UV광에 의한 컬러 DP), CRT, 표시, 레이저 발진(Nd 글래스)
전자선 여기 재료	CRT, 컬러 수상관, 형광 표시관 (예를 들면 전자 계산기의 숫자 표시 등)
진성 EL	분산형 EL 디스플레이, 박막형 EL 디스플레이, EL텔레비전
분산형 EL	평면 램프, 메모리부착 캐릭터 디스플레이, EL텔레비전
주입 EL	발광 다이오드(LED), LED를 사용한 숫자 표시(시계, 전자 계산기, 트랜시버, 자동 판매기), 평면 표시(소형 벽걸이 텔레비전 다색의 캐릭터 표시), 광통신용 광원, 포토 커플러
화학 발광	화학 레이저
라만 효과	라만 레이저
광주파수 체배	빛의 파장 변환
포토크로믹	선 글래스, 광 기억 소자, 컬러DP, 데이터 DP
일렉트로크로믹	시계, 전자 계산기, 주가나 행선지 표시판, 레벨 미터, 플랫 패널 TV, 패널형 표시 장치
전기 광학 효과	액정 표시, 광 메모리, 온도 센서, PLZT ; 광 셔터 소자, 화상 축적 표시 소자

포토크로믹 기능 재료

● 어떤 것일까 ?

포토크로믹 재료란 빛의 조사에 의해 물질의 광흡수 스펙트럼이 가역적으로 변화하는 현상을 가리키며, 물질 A가 복사 에너지를 받아 B로 변화하고, 또 B에서 A로의 변화가 별도의 복사 에너지에 의해, 혹은 자연적으로 열적으로 일어나는 재료를 말한다. 이 때 A에서 B로의 진동수는 자외역 파장일 때가, 또한 그 반대는 가시영역 파장인 경우가 많다.

● 주요 용도

포토크로믹 재료가 가역적으로 변화하는 원리를 이용한 것으로 최근에 각광을 받고 있는 것에는 현재의 자기 기록 재료의 수십~1000배의 고밀도 기록이 가능한 광메모리 재료가 있다. 특히, 장래 핵심이 될 기입·소거 가능한 기록 재료의 분야에서는 광자기 기록 재료와 더불어 실용화가 기대되고 있다. 또한, 이밖의 용도로는 광량자동조정 선글래스나, 빛의 가감에 의해 빛깔이 변하는 카멜레온 섬유나 태양광 에너지를 저장하는 재료, 광량계 등 폭넓은 이용이 기대되고 있다.

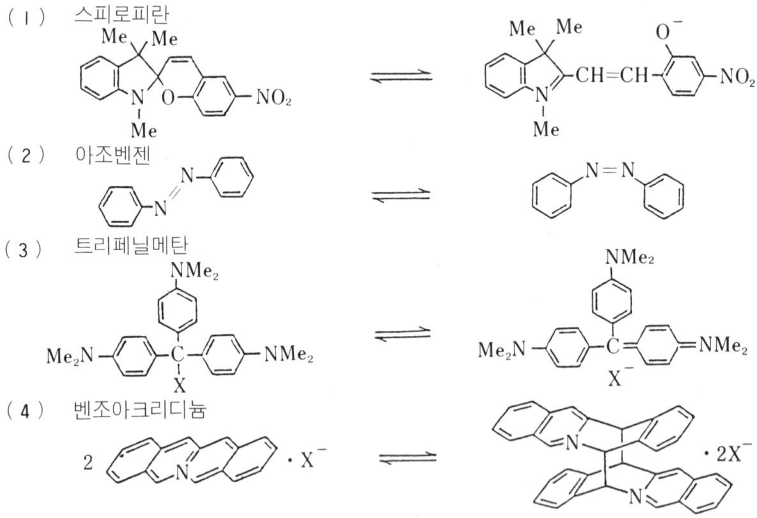

(1)　스피로피란

(2)　아조벤젠

(3)　트리페닐메탄

(4)　벤조아크리디늄

그림 23. 대표적인 포토크로믹 화합물

● 대상이 되는 재료

포토크로미즘 현상을 갖는 재료는 유기물계, 무기물계, 글래스계의 셋으로 대별된다.

「유기물계」에는 광이성화반응을 하는 것으로 아조벤젠, 스틸벤과 같은 시스 트랜스형, o−니트로벤젠과 같이 수소 이동형, 스피로피란과 같이 가역적으로 이온 개열(開裂)하여 발색하는 것 등이 있다. 「무기물계」는 플루오르화칼슘류(CaF_2, BaF_2, SrF_2)에 Sn과 Eu를 함께 첨가한 것이 있으며, 또한 할로겐화은과 같이 광흡수에 의한 결정 격자 중의 전자 이동을 일으키는 것이 있다. 「글래스계」에는 환원 분위기하에서 용융되는 Ce, Eu 또는 Zr를 포함하는 글래스, TiC1을 활성제로 하는 글래스, CdO를 다량 포함하는 글래스 등이 있다.

표 23. 포토크로미즘계의 응용

이용 성질	응용 형태	특 징	응 용 예	화합물 예
감광성	화상 형성	반복 사용, 또는 화학적, 물리적 처리에 의해 안정상으로 한다.	사진 재료, 마스킹, 듀프 마스터, 팩시밀리	스피로피란류 아닐류 Hackmanite
	영구상	비가역계로 변화시킨다	사진 재료	
	광중합	라디칼 생성을 이용	포토 레지스트, 제판	
가역성	일시적 화상		기록 재료	무기화합물
	투과율 변화 매체	가역 변화가 느린 것~20sec, 가역 변화가 빠른 것 100μsec	안경, 창, 보호 필터	시아닌색소 시도논류 스피로피란류
	디스플레이		장식, 완구	
	화학 스위치	2상태간의 이행을 이종 파장광으로 검출	메모리 요소	
색변화	컴플라즈 데코레이션		페인트, 염료, 섬유 제품, 건축 재료	

투광·도광 기능 재료(광파이버 재료)

● 어떤 것일까 ?

광파이버(optical fiber) 재료란 경계면에서의 전반사 또는 굴절률 기울기에 의한 사행(蛇行)의 반복으로, 빛을 가두면서 도광(導光)하는 재료이며 재료에는 글래스나 플라스틱이 쓰이고 있다.

광파이버에는 일반적으로 스텝 인덱스형과 그레이디드 인덱스형 2종류가 있다. 「스텝형」은 굴절률이 높은 코어를 코어보다 낮은 굴절률을 갖는 클래드로 씌운 2중 구조이며, 코어에 입사된 빛은 코어와 클래드의 경계면에서 전반사를 반복이면서 전파된다. 한편, 「그레이디드형」은 코어의 중심부에서 외주로 향하여 반경의 약 제곱에 반비례하여 굴절률을 서서히 낮추고, 빛은 렌즈와 같이 광축상의 1점으로 수렴하는 상태를 반복하면서 전파된다.

● 주요 용도

기본적으로 글래스계 파이버는 장거리 통신용이, 또한 플라스틱계 파이버는 위(胃) 카메라용 송상(送像) 케이블, 모니터류, 화학 설비 등의 냉광 조명, 센서 등 단거리 전송용이 주가 될 것이다.

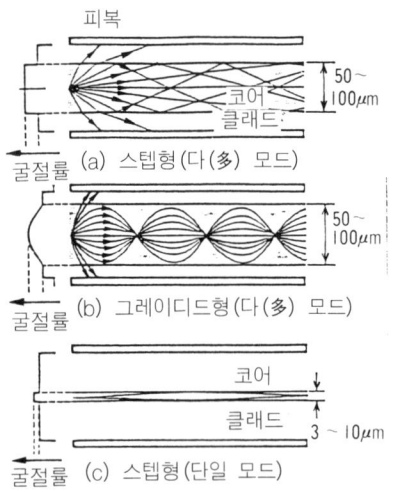

그림 24. 대표적인 광파이버의
종류와 구조

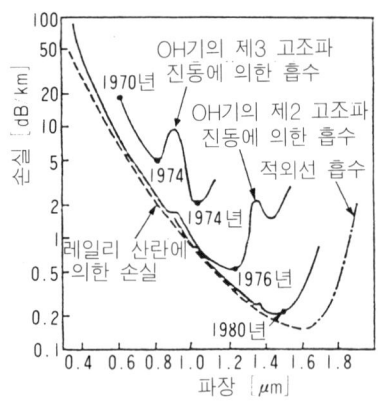

그림 25. 석영 파이버 전송손실의
파장 특성과 저손실비

● 대상이 되는 재료

광 파이버에는 석영 파이버, 다성분 글래스 파이버, 플라스틱 클래드 실리카 코어 파이버 및 플라스틱 파이버 등으로 나누어진다. 「석영 글래스 파이버」는 四염화규소, 四염화게르마늄을 원료로 하고 「다성분 글래스 파이버」는 SiO_2, B_2O_3, GeO_2을 주성분으로, Na_2O, Li_2O, CaO, MgO, BaO, Ti_2O, Al_2O_3를 부성분으로 하고 있다. 또한, 「플라스틱 파이버」는 폴리메틸메타아크릴레이트(PMMA)를 코어, 플루오르화비닐리덴계폴리머(PV−dE)를 클래드로 한 계와, 폴리스티렌(PS)을 코어로 하고 폴리메타크릴산메틸(PMMA)을 클래드한 계가 있다.

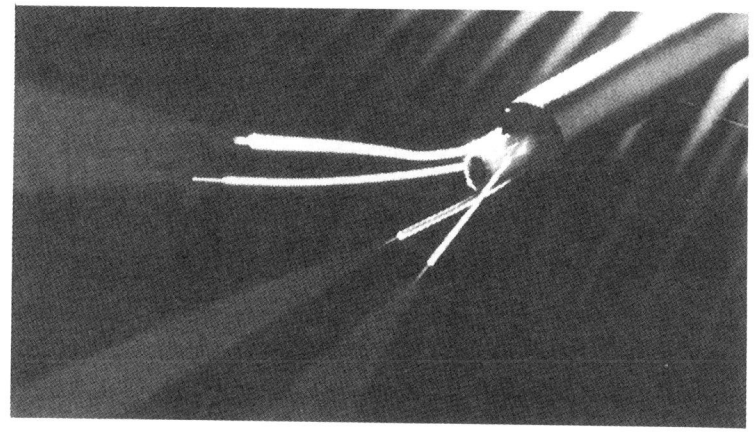

그림 26. 광파이버에서 나오는 레이저 광선

포토 케미컬 홀 버닝(PHB)기능 재료

● 어떤 것일까 ?

포토 케미컬 홀 버닝(PHB) 기능이란, 극저온 부근에서 레이저를 조사함으로써 재료의 흡수 스펙트럼에 홀이 생기는 기능을 갖는 재료를 말하며, 현상 그 자체는 1974년 소련에서 발표되어, 1978년 IBM에 의해 초고밀도 기록에의 제안이 있고 나서 갑자기 각광을 받게 되었다. 이 재료의 이용으로 기록 밀도는 광디스크 메모리의 100배 이상의 고밀도(70 비트/cm^2 이상)를 갖게 되었다.

● 주요 용도

포토 케미컬 홀 버닝 재료의 기억 밀도는 대단히 높기 때문에 장래 컴퓨터의 내부 메모리로서 조셉슨 소자와 병용하여 이용될 것으로 예상되지만, 이를 위해서는 양자 수율이 높고, 버닝 속도가 크며, 홀은 대칭으로 폭이 좁을 것, 다이오드 레이저에 적합할 것, 가역성을 가질 것, 안정성이 뛰어날 것 등의 요건을 만족시켜야 한다.

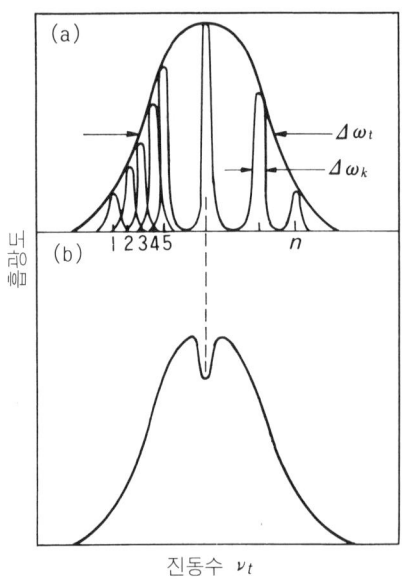

① 흡수대가 n 개이고 좁은 선폭$\Delta\omega_k$를 갖는 흡수선이 집합해 있는 물질에 대하여, 흡수대의 임의 진동수 v_t에 가동조의 레이저광을 조사하면 그 진동수의 빛을 흡수하여 물질이 여기 상태를 지나 준안정 상태로 옮겨지기 때문에, 그 진동수에서의 흡수가 감소 또는 소실되어 물질의 흡수대에 홀이 생긴다.

그림 27. PHB의 개념도

● 대상이 되는 재료

포토 케미컬 홀 버닝 기능 재료로는 광호변이성(光互變異性), 광 해리, 수소 결합의 재배치를 나타내는 것에 포트피린 이외 테트라진, 키니자린 등이 있지만, 현재는 광화학 반응의 효율이 나빠 극저온에서 강한 레이저광을 조사할 필요가 있으므로, 광화학 반응 효율이 높고 액체 질소 온도에서 사용 가능한 재료를 개발하는 것이 현재의 과제이다.

또, 포토 케미컬 홀 버닝 관련으로는 엽록체(chlorophyll)의 광합성이 있지만 클로로필 자체의 태양광 흡수 효율은 좋지 않고, 광증감 색소가 개재한 것으로 생각된다.

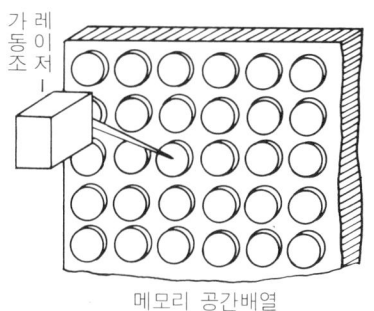
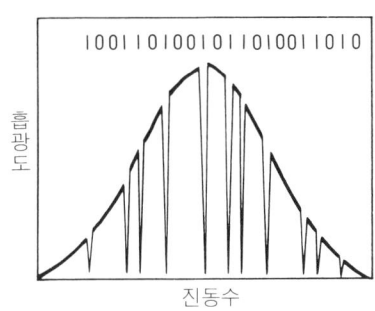

② 이러한 성질을 이용하여 빛(레이저 등)이 닿은 것(홀이 생긴 것)을 1, 닿지 않은 것(홀이 없는 것)을 0의 신호로 해서 2진법으로 정보를 기록하는 방식이다.

그림 28. PHB의 고밀도 기록 개념도

광자기 기능 재료

● 어떤 것일까 ?

「광자기 기능」이란, 광선 방향의 자화 성분의 영향을 받아 강자석체 표면에 입사한 직선 편광이 반사할 때, 그 편광 상태가 변화하거나 자장 내에 광원을 넣을 경우, 스펙트럼선이 수개로 분열하거나, 외부 자장을 가하면 복굴절이 나타나지 않는 물질에 복굴절이 나타나거나 하는 현상을 일으키는 기능이며, 각각 「Kerr 효과」, 「Zeeman 효과」, 「Mouton 효과」라고 불리고 있다.

● 주요 용도

광자기 기능 재료의 이용으로 각광을 받고 있는 것에 광자기 기록용이 있다. 현재의 플로피 디스크 등의 외부 기록 재료에는 자성분(磁性粉)이 이용되

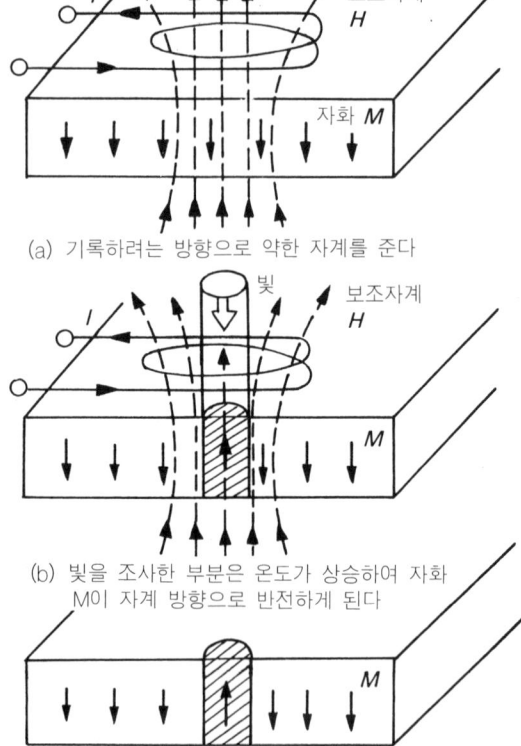

(a) 기록하려는 방향으로 약한 자계를 준다

(b) 빛을 조사한 부분은 온도가 상승하여 자화 M이 자계 방향으로 반전하게 된다

(c) 빛을 조사한 후는 기록되어 있다

그림 29 광자기 기록의 원리

고 있지만 그 기록의 입출력은 자기 헤드를 통해서 이루어지기 때문에, 기록 밀도의 향상에 한계가 있다고 한다. 그렇지만 광자기 기록 재료를 쓰면, 더욱 수십~수백배의 고밀도화가 가능해지기 때문에 수직 자기기록방식, 광메모리 방식과 더불어 차세대 기록 방식으로서 실용화가 크게 기대되고 있다.

기본적인 원리는 그림 29와 같이 집광한 레이저광을 막에 대고 보상점이상 으로 가열하면, 해당 부분의 보자력은 급속히 저하하여 인가되어 있는 외부 자계(H_{ex})이하로 되면 자화가 반전하여, 냉각된 후 고보자화(高保磁化), 안 정화하게 된다. 이러한 자구(磁區)에 2치 정보의 한 쪽을 "1", 다른 쪽을 "0"으로 하고 레이저 빔 등의 막면에 수직으로 입사시킨 편광의 반사파가 자 구에 의해 변조되는 것을 이용한 것이다.

● 대상이 되는 재료

광자기 기능, 특히 광자기 기록 재료는 결정 상태에 따라 다결정계, 단결정 계, 어모퍼스계로 나누어지고 다결정계에는 MnBi, MnAlGe, EuO 등 이, 단결정계에는 GdIG(가돌리늄철가넷)이 있으며, 또한 어모퍼스계에는 CdCo, CdFe, TbFe, GdTbFe 등이 있다.

표 24. 광자기 재료의 종류와 특징

재료	어모퍼스 막							다결정 막		
	GdCo	GdFe	TbFe	TbFe -Co	GdTb -Fe	GdFe -Bi	GdFe -Sn	Pt- MnSb	Mn- CuBi	Mn- AlGe
기록온도 〔℃〕	120	210	140	200	160	145	140	210	210	245
회전각 (도)	0.33	0.35	0.3	0.4	0.4	0.41	0.4	0.77	0.43	0.1
측정파장 〔nm〕	(633)	(633)	(633)	(633)	(830)	(633)	(633)	(830)	(830)	(633)

음향 광학 기능 재료

● 어떤 것일까 ?

「음향 광학 기능」이란, 초음파에 의해 매질 중에 생긴 굴절률의 소밀파(疎密波)에 의해서 빛이 회절하여 굴절·반사·산란을 받는 현상을 말하며, 특히 굴절률의 소밀이 회절 격자로서 작용하여 빛의 진행 방향이 변화하는 것을 가리키는 경우가 많다. 또, 음향 광학 기능은 초음파 주파수가 낮거나 초음파의 폭이 좁을 때 발생하는 「라만·너스 회절」과 초음파 주파수가 높거나 초음파의 폭이 넓을 때 발생하는 「브랙(Bragg)회절」로 나누어진다.

● 주요 용도

음향 광학 기능의 용도로는, 레이저 프린터의 폴리건(회전 다면경이라고도 하며 공기 베어링 기술을 이용한 고속 회전계로서, 지름 50mm 이상의 다면경을 5만rpm의 회전수까지 올릴 수 있는 것)과 광 변조기가 있다.

한편, 광 변조기에서는 초음파를 간헐적으로 발생할 경우, 빛은 편광되어 회절광 유무의 형태로 디지털 변조할 수 있고, 회절광의 강도는 초음파의 강도에 비례하기 때문에, 초음파의 강도를 변화하여 빛의 강약의 형태로 아날로그 변조도 가능하다. 또한, 초음파의 주파수 변화에 따라 빛의 주파수의 도플러 시프트가 변화하기 때문에 주파수 변조도 가능해진다.

● 대상이 되는 재료

음향 광학 기능 재료는 빛의 산란이나 흡수가 적을 것, 빛 탄성 상수나 굴

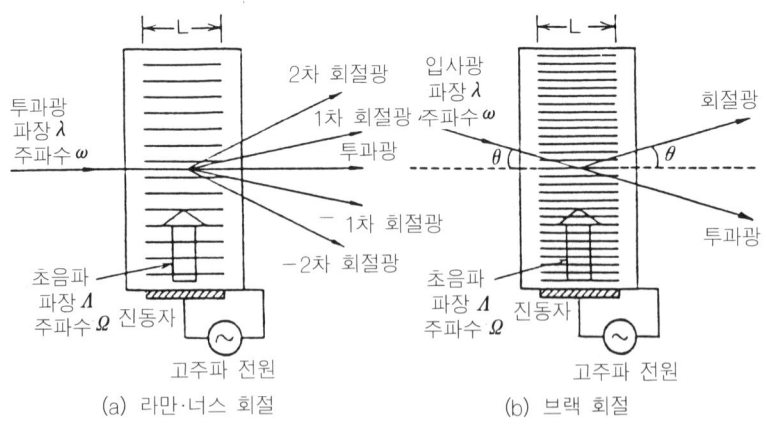

(a) 라만·너스 회절   (b) 브랙 회절

그림 30. 음향 광학 효과에 의한 회절

절률이 클 것, 음속이 작고 초음파 흡수가 적을 것 등이 요구된다.

그런 뜻에서 액체는 물이 뛰어나지만, 실용면에서는 고체 물질이 쓰이며, 글래스는 칼코게나이트계 글래스나 Te 글래스, 결정에는 $PbMoO_4$, TeO_2, $LiNbO_3$, GaP 등이 있다. 그중에서도 $PbMoO_4$는 TeO_2 등에 비교하여 성능이 우수하고 염가이기 때문에 가장 실용화가 진전되었다.

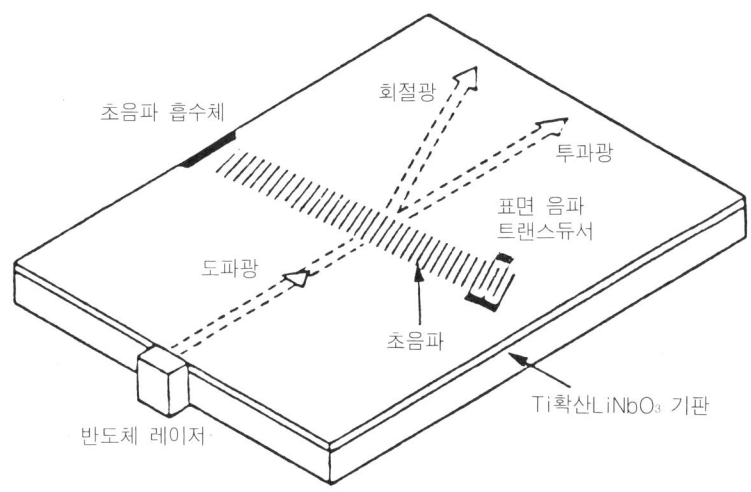

그림 31. 음향 광학 효과 변조기를 설치한 광IC

전기 광학 기능 재료

● 어떤 것일까 ?

물질에 전계를 인가함으로써 재료의 굴절률이 변화하는 기능을 「전기광학 기능」이라 한다.

이 효과에는 압전 결정과 같이 대칭 중심을 갖지 않는 결정에서는 인가 전계의 1차에 비례하여 굴절률이 변화하는 것과 대칭 중심을 갖는 결정에서는 2차에 비례하여 변화하는 것의 2종류로 나누며, 전자를 「포켈스 효과」, 후자를 「커(Kerr) 효과」라고 한다.

● 주요 용도

전기광학 재료의 이용 가능한 용도는 넓으며, 광손상을 이용한 홀로그램 기록 재료(광 메모리용)에 전압을 인가함으로써 복굴절에 의해 발생한 위상 변화를 이용한 광변조, 전기광학 결정속에 불균일 전계를 인가함으로써 변화한 굴절률에 광 빔을 입사시키면 편광을 받는 원리로부터 초고전압, 대전력, 고주파 전계의 정밀 측정이나 전자식 광 스위치 등을 생각할 수 있다.

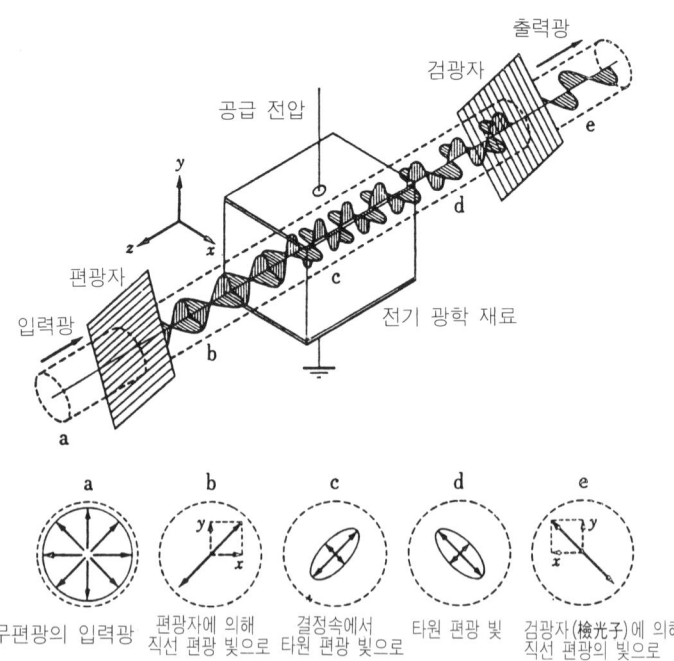

그림 32. 전기 광학 효과를 이용한 광변조

● 대상이 되는 재료

전기광학 기능 재료는 굴절률이 클 것, 전기광학 상수가 클 것, 유전율이 작을 것, 광 손상에 강할 것, 굴절률의 온도 계수가 작을 것, 광흡수 손실, 유전체 손실이 작을 것, 광학적으로 균질한 대형 결정을 얻을 수 있을 것 등의 특성이 요구된다.

구체적으로는 포켈스 효과를 나타내는 것에 KDP(KH_2PO_4), DKDP (KD_2PO_4), ADP($NH_4H_2PO_4$), $LiNbO_3$, $LlTaO_3$, GaAs 등의 결정이 있으며, 또한 커 효과를 나타내는 것에 니트로벤젠, 二황화탄소 등의 액체가 있지만, 광통신과 같은 일반적인 용도로는 포켈스 효과쪽이 선형 응답성이 좋고 동작 전압도 낮기 때문에 많이 이용되고 있다.

표 25. 광변조 재료의 특성 및 특징

재 료	V_π(V)	ε	U_π(J/m)	특 징
KH_2PO_4(KDP)	19,000	21	2.7×10^{-2}	V_π 크고, 균일, 내부변조기 조해성, 삽입손실 적다.
$LiNbO_3$	2,940	28	1.9×10^{-3}	균일, 광손상
$LiTaO_3$	2,840	44	2.8×10^{-3}	균일, 실용화
$Ba_2NaNb_5O_{15}$(BNN)	1,500	51	1.1×10^{-3}	균일성이 나쁘고, 광손상에 강하다.
$Sr_xBa_{1-x}Nb_5O_{15}$	48 580	3,400 4,500	7.8×10^{-5} 1.5×10^{-3}	광대역 저전압 변조기에 응용
$La_2Ti_2O_7$	2,100	62	1.8×10^{-3}	자연 복굴절의 온도 계수가 작음, 균일성 나쁨, 벽개성
PLZT(65/35/8)	70	3350	1.8×10^{-4}	V_π 작고 잔류분극으로 복굴절 조성, 투과광 산란이 크다.

(주) 광변조 재료의 양호성을 나타내는 기준으로 위상 변화를 π만큼 주는데 필요한 전압(반 파장 전압 : V_π)과 변조기 구동 전력($U_\pi=\varepsilon V_\pi^2$)이 있으며 물질 고유의 양인 V_π, U_π는 작을수록 좋다고 할 수 있다.

편광 기능 재료

● 어떤 것일까 ?

여러가지의 진동면을 갖는 빛이 무질서하게 모인 자연광에서 특정한 진동면을 갖는 빛을 잡아내는 소자 재료를 말한다. 이 경우 편광은 진동의 기울기에 따라서 직선 편광, 원 편광, 타원 편광으로 구분된다.

● 주요 용도

전자 계산기, 디지털 시계, 액정 텔레비전 등으로 쓰이는 액정 표시판에는 편광판이 필수적이며, 액정의 선명화, 대면적화가 요구되는 액정에서 편광 재료는 중요하다. 또한, 이밖에 노면, 수면 등의 방광용으로 사진용 필터, 스키용 고글, 선글래스, 의료용 안경 등에도 이용이 진전되고 있다.

● 대상이 되는 재료

편광 재료로는 편광도가 크고 투과율이 높은 것이 좋아 예로부터 방해석($CaCO_3$)이 이용되어 왔지만 그밖에 칠레 초석($NaNO_3$), TrO_2, YKO_4 등의 인공 결정도 쓰이게 되었다. 또한, 고분자의 투명 필름을 일정방향으로 분자 배열하여 미셀 틈에 2색성 물질을 흡착시킨 편광필름이 있고, 생산 규모도 크다.

편광필름은 표 27과 같이 대별하여 다(多) 할로겐 편광 필름, 염료 편광 필름, 금속 편광 필름 등이 있다.

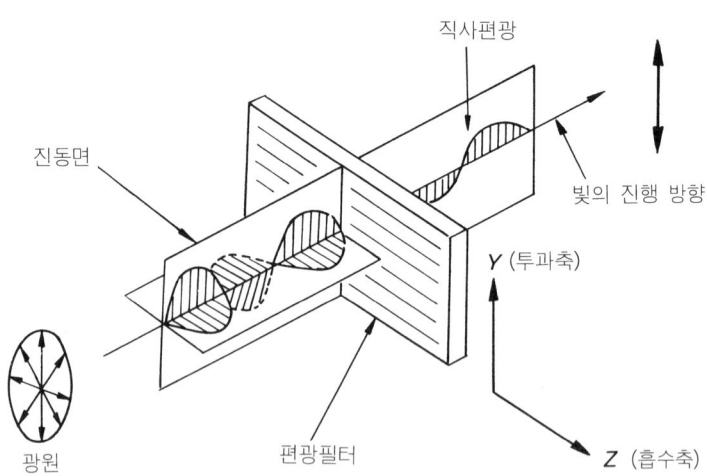

그림 33. 편광판의 빛의 투과도

표 26. 편광 필름의 분류

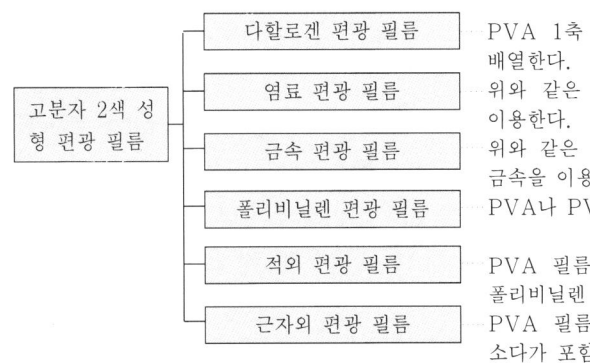

	PVA 1축 연신 배향 필름에 요오드를 배열한다.
다할로겐 편광 필름	
염료 편광 필름	위와 같은 PVA 필름에 2색성 염료를 이용한다.
금속 편광 필름	위와 같은 필름에 Au·Ag·Hg·Fe 등의 금속을 이용한다.
폴리비닐렌 편광 필름	PVA나 PVC를 공역이중결합시킨다.
적외 편광 필름	PVA 필름에 요오드를 흡착, 연신하여 폴리비닐렌 구조로 한다.
근자외 편광 필름	PVA 필름을 요오드화칼륨과 티오황산소다가 포함된 붕산 용액으로 처리한다.

표 27. 편광 필름의 용도

원 리	용 도	원 리	용 도
반사광 제거 이용	선글래스, 카메라용 필터, 스키용 고글, 조명 기구용 글로브	액정에 이용	패턴 표시용 편광재, 컴퓨터 단말 디스플레이, 액정 텔레비전 화상필름
광 로크성 이용	자동차 헤드라이트의 방현 피복, 실내 투시 방지	기 타	광량 조정 필터, 형광표시 콘트라스터, 투광도 연속 변화판

다할로겐 편광 필름에는 2색성 물질에 요오드를 이용했기 때문에 가시 영역 전반에 걸쳐 플랫한 특성을 나타내고 가장 많이 이용되지만, 습도·고온·빛에 약한 결점이 있는 반면, 염료 편광필름은 편광 성능은 요오드보다 떨어지지만, 열·빛·습도에 대하여 내성이 크다는 특징을 갖고 있다.

폴리비닐렌의 편광 필름도 똑같이 편광 성능은 떨어지지만 내습성, 내열성이 우수하며, 특히 다른 것과 비교해서 염가로 대량생산이 가능하다는 이점이 있다.

광선택 투과 기능 재료

● 어떤 것일까 ?

어떤 특정한 파장의 빛만을 선택적으로 흡수하거나 빛을 투과시키는 기능을 갖는 재료로, 특히 농작물에 악영향을 주는 근자외선을 흡수 차단하는 것이나 자외선을 선택 흡수하여 에너지 절약 효과를 나타내는 필름 등의 재료로서 이용이 확대되고 있다.

● 주요 용도

빌딩이나 창문에서 방출되는 열방지라는 관점에서 자외선을 선택 흡수하여 에너지 절약 효과를 가져오는 창문용 열방출 방지필름으로 쓰이기도 하고, 또한 자외선광은 인쇄물, 사진 등을 퇴색시키거나 의약품, 식품 등을 변질시키기 때문에 그 영향을 방지하기 위해서 포장용으로 자외광 흡수·선택 투과성 필름이 이용되고 있다.

또한 근래에 식물은 빛의 파장, 강도, 조사 방향, 명암 주기 등에 따라 줄기와 잎의 성장이나 꽃싹 형성 등의 형태적인 변화, 광합성 등에 여러가지 영향을 받는 것으로 판명되어 왔고 이런 사실을 기초로 오이 재배시 380nm 이하의 파장광은 투과시키지 않는 재료가 오이의 노화 방지, 죽음 방지에 유효하며, 자연광중 파장이 500nm 이하인 빛은 통과시키지 않는 선택 투과 필름도 유효하다는 등 농업 재배용 재료로서도 주목을 끌게 되었다.

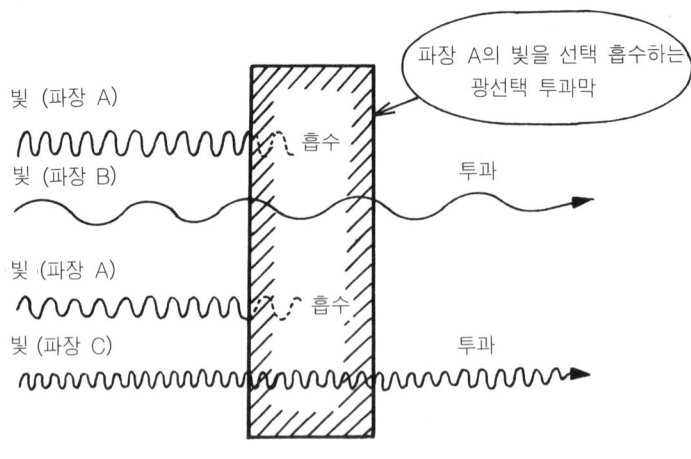

그림 34. 광선택 투과기능의 개념도

● 대상이 되는 재료

자외광을 선택 흡수하는 재료에는 플라스틱과 같은 투명한 재료 중에 벤조페논, 트리아졸, 벤조에이트계 등의 자외광 흡수제나, 힌더트아민, 니켈 착물 등의 자외광 안정제를 함유한 것이 있다. 한편, 적외광을 흡수하는 재료에는 적외선 영역에서 높은 반사율을 갖는 Ag, Au 등의 금속을 굴절률이 큰 유전체 (ZnS, TiO₂) 사이에 끼운 것이나 PbS/Al, CdTe/Al 등의 복합막이 있다.

표 28. 선택 흡수막 재료

재료	흡수율 (α)	방사율 (ε)	$\dfrac{\alpha}{\varepsilon}$	비고
SiO/Ge/Al	0.9	<0.05	≥20	진공 증착 : $\alpha = 1.0$
SiO₂/Si/Al	0.65	0.12	5.4	〃 :
PbS/Al	0.90	0.40	2.3	두께 2.5μm : 페인트
CdTe/Al	0.85	0.65	1.3	두께 25μm : 페인트
ZrC/Zr	0.80	0.24	3.3	화성(化成) 스패터링
WC+Co	0.95	0.40	2.4	플라스마 용사(溶射)
AMAMAM	0.91	0.085	10.7	AMA막(증착) . A : Al₂O₃, M : Mo
AMAM	0.90	0.14	6.4	〃 (석영기판)
SiO/Al/Si/Al	>0.90	<0.04	~22	〃
Cu$_x$O$_y$	0.90~0.93	0.11~0.16	6~8	Cu 기판 : 화학처리
〃	0.93~0.96	0.16~0.12	6~8	Al 기판 : 전기 도금
Cr$_x$O$_y$	0.90~0.96	0.10~0.96	8~9	Ni 도금 기판 : 전기도금
〃	0.98	0.90	≈1.0	페인트
FeO$_x$	0.90	0.07	12.8	스틸 기판 : 화학처리
NiS-ZnS	0.91~0.94	0.11~0.07	~13.7	Ni 도금기판 : 전기도금
W	0.96	~0.3	3.2	스테인리스 기판 : CVD, 수지상 결정
a-Si/Mo[1]	0.9	0.2	1.5	반응성 이온 에칭

(주) [1] a-Si : 어모퍼스 실리콘

제 6 장

화학적·생체적 기능 재료

항 혈전성 기능 재료

● 어떤 것일까 ?

일반적으로 혈액은 혈관의 내피 표면 이외의 표면과 접촉할 경우 응고하여 혈전을 형성하는데, 「항 혈전성 기능」이란 혈액과 접촉하더라도 혈전이 발생되지 않게 하는 기능을 말한다.

● 주요 용도

항 혈전성 기능은 생체 적합성과 아울러 인공 장기 재료로 쓰이기 때문에 중요하고 또한 필수적인 기능이지만, 특히 항 혈전성이 요구되는 것에는 인공 혈관, 인공 판막, 인공 신장 등이 있다. 인공 혈관, 인공 판막은 생체내에 한번 끼워 넣으면 10~20년이란 긴 기간에 걸쳐 사용되기 때문에 대단히 높은 항 혈전성이 요구되며, 특히 인공 판막은 심장내에 넣어 사용하기 때문에 어려운 점이 많으며, 현재까지도 만족할 만한 것을 얻지 못하고 있다.

● 대상이 되는 재료

그림 35는 각종 재료의 혈액 응고 시간을 나타낸 것이다. 일반적으로 혈액의 응고는 혈액 성상의 변화, 유체 역학적 인자, 재료의 물리적·화학적 성질 등에 따라 영향을 받으며 혈액의 점도가 크면 응고하기 쉽고, 혈액 유속이 빨라 유체 역학적으로 난류를 일으키기 어려운 형상에서는 쉽게 혈전이 발생하지 않는다. 항혈전 기능을 갖는 대표적인 것에는 황산염을 갖는 무코 다당류인 헤파린(그림 37)이 있으며, 인공 투석, 인공 심폐, 혈관 수술과 같은 일시적인 항혈전 수단으로는 많이 쓰이고 있지만, 장기간 사용시에는 문제가 되어, 개발방향은 일단 생성한 피브린(fibrin)을 용해시키는 우로키나제 등이나 항혈전성을 갖는 헤파린 등의 효소를 고정화시킴으로써 항혈전성을 갖게 한 재료나, 혈전 발생에 영향을 미치는 재료측 요인을 개선시킨 재료의 개발로 진행되고 있다.

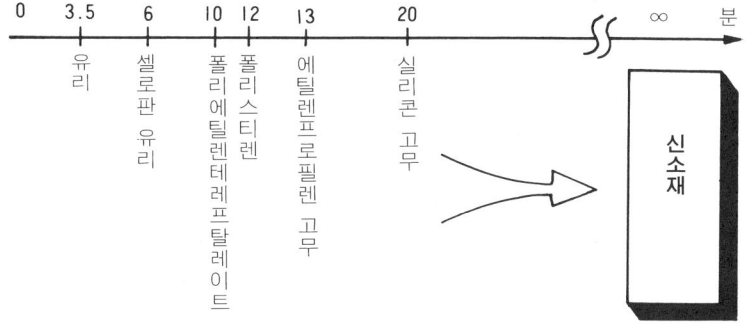

그림 35. 고분자 재료의 혈액 응고 시간 비교

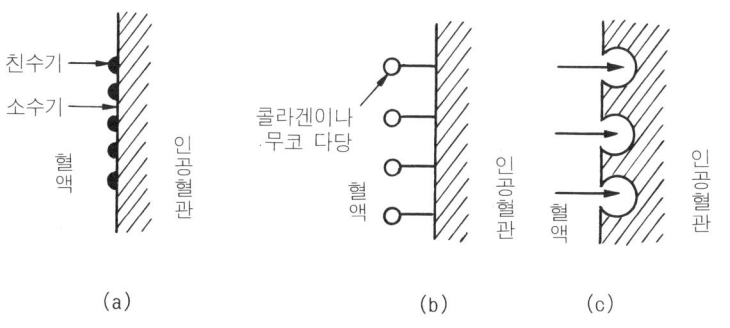

그림 36. 인공 혈관 재료의 표면 구조

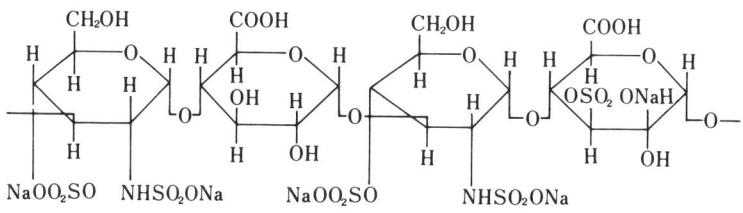

그림 37. 헤파린나트륨의 구조

인공골·인공 관절 기능 재료

● 어떤 것일까?

생체내에서 뼈, 관절의 대체 재료를 말한다.

● 주요 용도

주로 정형외과·치과 등에서 인공골, 인공 관절, 인공치아 등으로 쓰이며, 예를 들어 골절 등의 고정에는 변형을 방지하기 위해서 충분한 강도가 요구되고, 관절 등에는 부위에 따라 체중의 3~6배쯤 되는 하중이 작용하고 연간 약 200만회의 반복 하중이 걸리게 된다. 때문에 우수한 생체 적합성, 피로강도, 내마모성 등이 요구된다.

● 대상이 되는 재료

대상 소재는 금속 재료, 유기 재료, 무기 재료 및 복합 재료가 많다.

「금속재료」는 뼈의 치료에 가장 많이 이용되는 재료로 실용화에 최초로 성공한 것이 스테인리스강이고, 현재에도 사용량은 많다. 그 밖의 재료에는 스테인리스강보다도 내식성이 우수하고, 생체와의 적합성도 좋은 바이탈륨 (Co—Cr합금)이 치과 재료 등에 쓰이고 있으며, Ti 및 Ti 합금도 내식성에 뛰어나고 생체와의 친화성이 높다. 또한 Ta도 내식성이 좋고 생체와의 친화성이 높기 때문에 탄탈 가제나 봉합용 실로 사용되고 있다. 「유기 재료」에는 많이 이용되지는 않지만 임플랜트 고강도 재료로서 인공골, 인공 관절, 인공 이촉 등에 폴리메틸메타아크릴레이트가 사용되고 있으며, 또한 고밀도 폴리에틸렌과 탄소 섬유의 복합재료가 인공골로, 실리콘 수지가 작은 뼈 대체용으로서, 폴리술폰이 인공 이촉으로 각각 연구되고 있다. 「무기재료」에는 생체 내

표 29. 대표적 전체 인공 고관절의 형식과 변천

형식명 (고안자)	소켓 재질	골두 재질	개시년도
McKee-Farrar	Co-Cr-Mo합금	Co-Cr-Mo합금	1956
harnley	테플론	SUS316L	1956
〃	UHMWP	〃	1963
Mueller	〃	Co-Cr-Mo합금	1965
Boutin	알루미나	알루미나	1970
Weber	UHMWP	〃	1972

(주) UHMWP : 초고분자량 폴리에틸렌

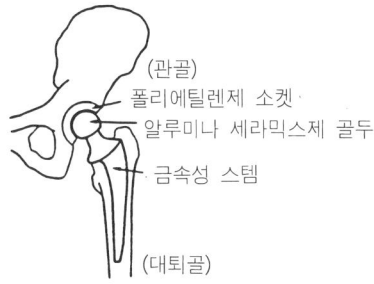

(관골)
폴리에틸렌제 소켓·
알루미나 세라믹스제 골두
금속성 스템
(대퇴골)

그림 38. 세라믹스 인공 고관절 식립 모식
도(골 시멘트는 생략)

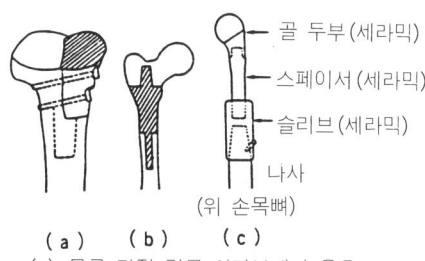

골 두부(세라믹)
스페이서(세라믹)
슬리브(세라믹)
나사
(위 손목뼈)

(a) (b) (c)

(a) 무릎 관절 경골 외과부에의 응용
  (사선부, 사전부는 세라믹스)
(b) 대퇴골 전자간부에의 응용
  (단면도, 사선부는 세라믹스제)
(c) 위 손목뼈에의 응용

그림 39. 세라믹스·인공골의 삽입 모식도

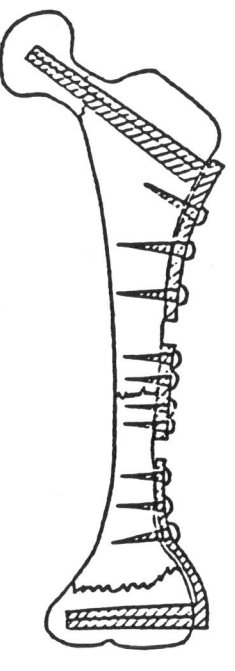

그림 40. 각종 골절 고정용 부품

에서 독성이 적으며, 비활성으로 주위의 생체 조직과의 친화성도 좋고 뼈의
증식에 적합한 것으로 알루미늄이 있다. 그 밖에 수용액 속에서 표면에 안정한
겔(Gel)을 생성하는 바이오 글래스나 바이오 글래스 세라믹스가 있다. 이외
에도 근래에는 Ni-Ti 합금과 같이 형상기억 효과를 갖는 재료도 주목받고
있다.

기체 선택 투과 기능 재료

● 어떤 것일까 ?

「기체 선택 투과 기능」이란 기체 혼합물 중에서 목적하는 기체를 선택적으로 투과시켜, 기체의 분리, 정제, 농축을 하는 기능을 말한다.

기체 선택 투과막은 심냉(深冷) 분리같이 상변화를 수반하지 않아, 에너지 면에서 유리하며 또한 화학 반응을 이용하여 분리하는 것이 아니기 때문에, 소형화, 경량화가 용이하다는 장점이 있다.

● 주요 용도

기대되는 기체 분리막의 용도로는 공기에서 산소를 농축시키는 산소 부화막 (富化膜) 을 들 수 있다. 이 막에 연소 시스템을 적용함으로써 고온화에 의한 열효율의 향상, 질소 가스분에의 에너지 손실 방지 등 에너지 절약 효과가 기대되고 있으며 그 밖에도 집에서 치료중인 호흡질환 환자용 소형 산소 농축장치 등은 이미 시판중이다. 또한, 수소 투과막을 이용한 폐가스중의 H_2 회수, 석탄 가스화에 의한 CO와 H_2의 분리, 물의 열분해에 의한 H_2와 O_2의 분리나 헬륨과 탄산 가스의 농축 분리, 아황산 가스, 황화수소 등의 공해가스 제거 등도 있다.

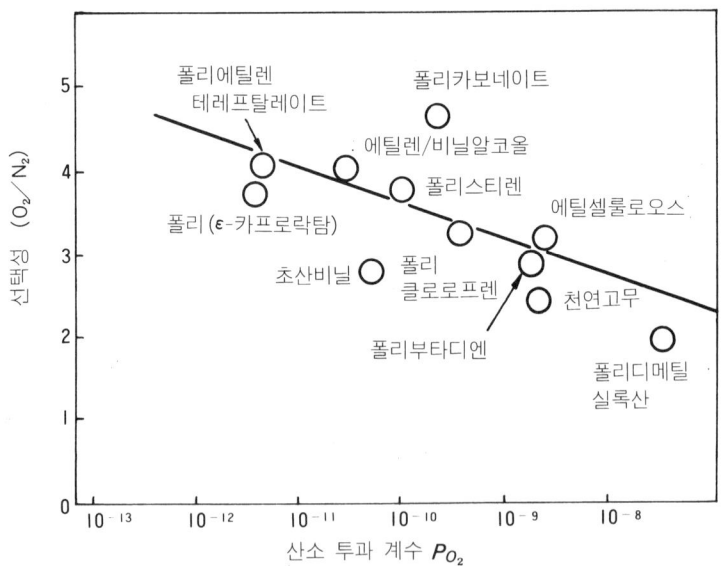

그림 41. 산소(O_2)의 투과 계수와 선택성

표 30. 내열성 고분자막 및 다른 고분자막의 수소, 일산화탄소의 투과성

고분자막	수소 투과 계수 $P_{H2} \times 10^{10}$ [cm³(STP)·cm/cm²·sec·cmHg]		P_{H2} / P_{CO_2}	
	30 ℃	100 ℃	30 ℃	100 ℃
폴리에틸렌옥사이드	1.8	—	4.3	—
폴리에틸렌	20	—	5.3	—
폴리스티렌	11	11	12.0	5.8
폴리염화비닐	8	55	12.9	4.5
폴리(p-크실렌)	2.8	12	25.4	14.1
초산 셀룰로오스	13	44	37.2	25.8
폴리술폰	14	37	37.8	30.8
폴리플루오르화비닐	0.6	8.4	66.7	12.0
마일라, S형	1.4	8.7	74.0	51.0
폴리이미드	2.0	7.5	74.0	55.6
폴리(염화-p-크실렌)	1.4	8.4	110.0	52.5
카프로락탐	1.5	12	115.0	37.6
다크론	1.3	8.3	110.0	50.0
셀로판	0.008	1	—	—

● 대상이 되는 재료

그림 41에 대표적인 기체 선택 투과막인 산소 부화막 재료가 나와있다. 막 소재는 산소 투과 계수(P)와 산소 선택성(P_{O_2}/P_{N_2})이 커야 할 것이 요구되는 데, 재료막의 산소 투과 계수와 산소 선택성을 플롯한 그림에서도 알 수 있듯이 일반적으로 산소 투과계수가 향상되면 선택성이 감소한다. 이중에서 폴리디메틸실록산은 산소/질소의 투과 계수비가 1.94로 그다지 높지 않지만 투과 계수가 크기 때문에 이에 대한 연구가 진행중이다. 단, 이 경우라도 이 재료만으로는 기계적 강도가 작기 때문에, 강도를 올리기 위해서 폴리카보네이트 공중합체나 폴리카보디이미드 공중합체로 이용되고 있다.

흡수 기능 재료

● 어떤 것일까 ?

흡수성이 우수한 재료를 말하는 것으로 종래에는 펄프, 흡수지 등이 중심이었지만, 1974년에 미국에서 옥수수 전분과 아크릴로니트릴·그라프트 공중합체의 가수 분해물을 주성분으로 하는 것이 높은 흡수성을 갖는 것이 발견됨으로써 일본에서도 고흡수성 수지가 개발되고 있다. 일반적으로 수용성 수지를 가교시키면, 가교 밀도가 높아짐에 따라 수지는 수용성에서 용해되지 않고 팽윤성으로 변화한다. 더욱 가교 밀도가 높아지면 이온 교환 수지와 같은 겔(Gel) 상태의 친수성 수지로 변화하는데, 근래에 들어 이 중간 생성물이 재평가되어 흡수 폴리머로서 주목받고 있다. 흡수의 원리는 물분자가 흡수 폴리머의 망 구조 속에 갇히기 때문이라고 알려져 있다.

● 주요 용도

① 토양 보수제(土壤保水劑) ─ 예를 들어 모래에 0.1%의 흡수 폴리머를 혼입시킨 것은 혼입되지 않은 것에 비하여, 물의 보수기간도 2배 이상이라는 결과가 나와있고 더구나 성장도 좋아져 수확량도 증가한다.

② 수분 제거─슬러지, 오니속에 포함된 수분 제거나, 벽 등의 결로 방지제, 기름속에 포함된 수분 제거, 물과 접촉하면 팽창하는 성질을 이용한 지수용(止水用)과 같은 이용 등이 검토되고 있다.

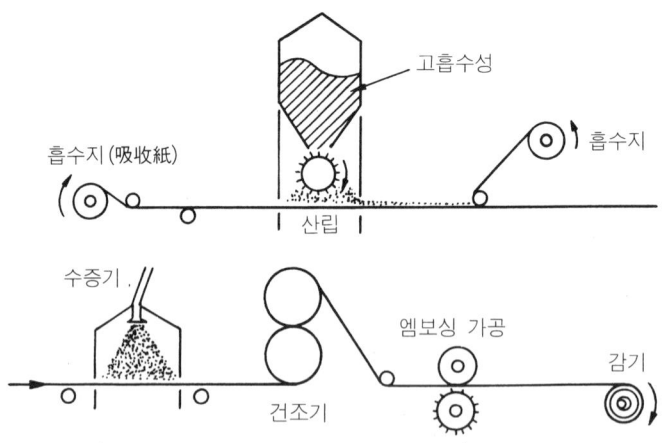

그림 42. 고흡수성 수지가 들어가는 시트의 제조 예

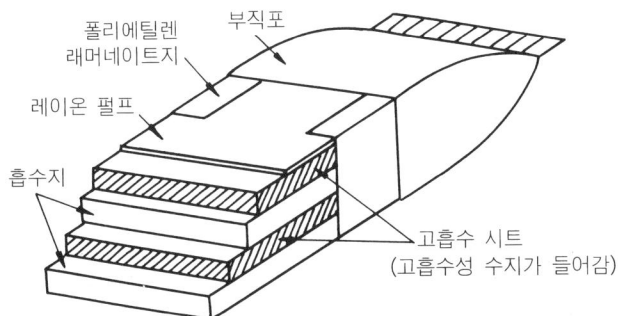

그림 43. 고흡수성 수지를 사용한 생리용품 예

표 31. 흡수 기능 재료

흡 수 소 재	액 체	흡수능 [ml/g]
고흡수성 수지	이온 교환수	980
	0.9%NaCl수용액	80
	0.1N NaOH	70
	0.1N H$_2$SO$_4$	8
	메탄올	~0~
	디옥산	~0~
	DMF	~0~
	DMSO	~0~
펄프	이온 교환수	14
흡수지	이온 교환수	12

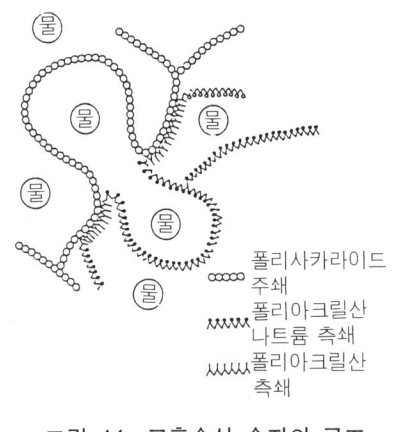

그림 44. 고흡수성 수지의 구조

③ 종이 기저귀·생리 용품— 종이 기저귀나 생리 용품은 일반적으로 분쇄 펄프를 티슈 위에 적층시키고, 다시 티슈, 폴리에틸렌 필름, 부직포 등을 겹쳐서 만드는데 그 속에 시트 모양의 흡수 폴리머를 넣음으로써 흡수성을 더한층 향상시키고 있다.

● 대상이 되는 재료

대상이 되는 소재는 펄프, 압지(押紙), 흡수 폴리머의 3가지로, 흡수 폴리머는 무게의 약 100~1000배(펄프는 수십배)에 달하는 흡수 능력을 가지고 있다(표 31).

이온 선택 투과 기능 재료

● 어떤 것일까 ?

「이온 선택 투과 기능」이란 양이온 또는 음이온 중 어느 한쪽만을 선택적으로 투과시키는 기능을 갖는 재료이며 일반적으로 이온 교환막으로 이용되고 있다.

이온 교환막에는 양이온을 선택적으로 투과하고, 음이온을 거의 통과시키지 않는 양이온 교환막과 음이온을 선택적으로 투과하고, 양이온을 거의 통과시키지 않는 음이온 교환막이 있으며, 또한 이러한 양이온과 음이온의 선택 투과성 이외에 같은 부호의 이온이라도 다가(多價) 이온은 투과하기 어렵지만, 1가 이온은 투과하는 1가 이온 선택 투과성 이온 교환막과 같은 특수한 기능을 갖는 것도 있다.

● 주요 용도

이온 선택 투과 기능을 가진 이온 교환막은 에너지 절약, 수자원의 확보, 폐기물의 유효이용, 공해대책 등의 분야에서 널리 이용되며, 대표적인 이용 형태에는 해수 담수화, 해수의 농축에 의한 소금의 제조, 수은법에 대체되는 가성 소다 제조용의 전해 격막, 도금·사진 폐액에서 은 등의 유용물의 회수 등이 있다.

● 대상이 되는 재료

이온 교환막을 재료로서 이용하는 경우에는, 부호가 다른 이온간의 선택 투과성이 클 것, 전기저항이 낮을 것, 염의 확산, 물의 침투가 적을 것, 내약

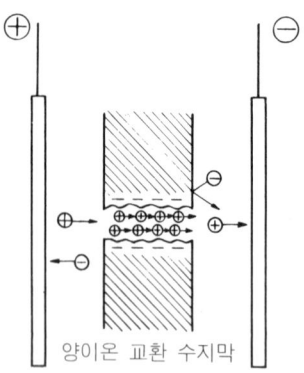

양이온 교환 수지막

그림 45. 이온 교환막의 기능과 원리

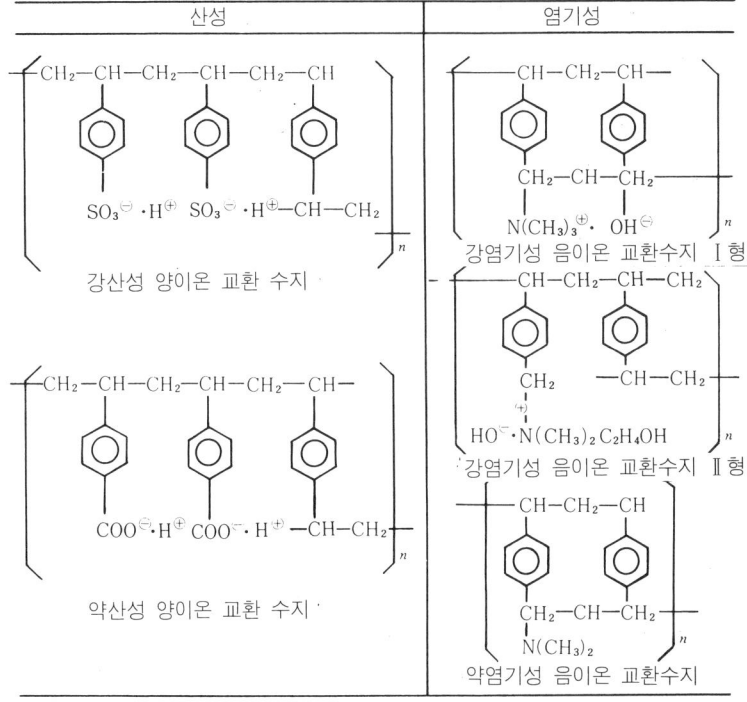

그림 46. 여러 가지 이온 교환 수지

품성(산화제, 환원제, 산, 알칼리, 유기 용매 등)이 있을 것, 내구성·내열성
이 있을 것, 기계적 강도가 크고, 치수 안정성 등이 요구된다.

이온 선택 투과 기능 중 양이온 교환기에는 술폰산기, 카르본산기, 인산기,
아인산기, 페놀성 수산기 등이 있으며 또 음이온 교환기에는 1, 2, 3급 아
민, 제4급 암모늄염 등이 있다.

방식 기능 재료

● 어떤 것일까?

방식성이 높은 기능을 갖는 재료를 말하며, 언뜻 보기에 대수롭지 않지만 부식에 의한 손실은 연간 일본에서 92억 달러(1974년 GNP의 1.8%), 미국 700억 달러(1975년 GNP의 4.2%), 소련 67억 달러(1969년 GNP의 2%), 서독 60억 달러(1969년 GNP의 3%), 영국 32억 달러(1969년 GNP의 3.5%)로 대략 GNP의 2~4%라는 다액의 손모 금액으로 문제시되고 있다. 더구나, 부식은 특히 사용 조건이 엄격한 원자력 발전소, 화학 플랜트, 해양 구조물 등에서 발생하기 쉽고, 일단 부식에 의한 사고는 큰 재해로까지 이어져 단순한 경제적 손모만에 그치지 않기 때문에 방식은 대단히 중요한 과제로 되어 있다.

● 주요 용도

오늘날 특히 관심이 높은 쪽은 석유 화학, 화학 플랜트, 발전소, 석유 굴착, 해상 석유 비축, 본토와 섬의 연락교 등이다. 표 32~34는 방식 재료의 종류와 용도, 그 내구성 등에 대해서 정리한 것이다.

● 대상이 되는 재료

방식 기능 재료에는 내식성이 높은 금속(아연, 알루미늄, 주석, 니크롬 등), 플라스틱(내산 도료로는 페놀계·폴리염화비닐계·에폭시계, 내알칼리 도료로는 폴리염화비닐계·환화(環化) 고무계, 고온 내식용으로는 200℃까지는 실리콘 알키드계·500℃에서는 실리콘계 등), 세라믹스(알루미나, 지르코니아, 지르콘, 쿨로미아, 서멧(WC+Co계 등), 탄화규소) 등이 있으며, 대상으로 하는 금속 표면을 피복하여 비활성 보호층을 형성함으로써 부식을 방지

표 32. 보호 코팅의 비교

코팅의 형	처리 예	이　점	결　점
금속	귀금속 도금	변형 가능, 유기질 용제에 불용, 열전도 양호	피막이 파열되면 갈바니 전지를 구성
유기질	베이킹 에나멜, 페인트	가요성, 작업용이, 염가	산화된다, 연질, 온도에 제약이 있다
세라믹스	유리질, 에나멜질의 산화물 코팅	내열성, 단단함, 모재와 갈바니 전지를 만들지 않는다	무르다 열의 절연체가 된다

표 33. 용사층의 두께[mm]와 내용년수

	5~10년	10~20년	20~40년	40년 이상
보 통 대 기 속	—	0.08~0.12Zn	0.12~0.18Zn	0.25~0.30Zn
공장 지대의 대기속	—	0.15~0.2 Al	0.25~0.30Al	0.30~0.37Al
		0.15~0.2 Zn	0.35~0.37Zn	0.33~0.40Zn
염분을 함유한 대기속	0.1 ~0.20 Al	0.20~0.25Al	0.25~0.28Al	0.30~0.37Al
		0.25~0.30Zn	0.30~0.37Zn	0.33~0.40Zn
맑 은 물 속	0.15~0.20Zn	0.20~0.28Zn	0.30~0.37Zn	—
	0.15~0.20Al	0.20~0.25Al	0.30~0.37Al	—
바 다 물 속	0.25~0.3 Zn	0.35~0.40Zn	—	—

표 34. 플라스틱 내식 코팅

구 조 물	시 공 법	코 팅 재
대형 탱크	상온 경화성 레진	에폭시, 우레탄, 폴리에스테르
현장 시공	시트 라이닝	염화비닐, 폴리프로필렌, 폴리에틸렌
내식, 내열	베이킹 레진	플루오르레진, 벤톤, 페놀, 푸란, 염화비닐 폴리에틸렌
수송 탱크	FRP 성형 FW 성형	폴리에스테르, 에폭시

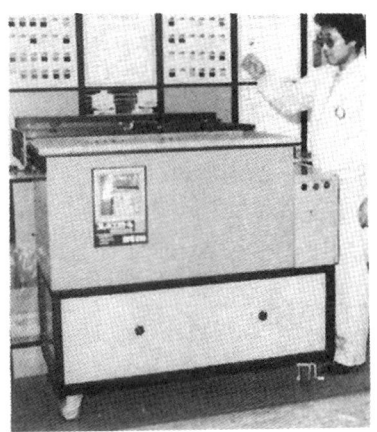

그림 47. 정전 도장기

하는 작용을 한다.

또한, 각각의 코팅에는 고유한 이점, 결점도 있기 때문에 사용할 때는 적합성 여부를 검토하여 선정할 필요가 있다.

수소 저장 기능 재료

● 어떤 것일까 ?

「수소 저장 기능 재료」란 수소를 금속 수소화물과 같은 형태로 흡수, 저장하여 필요시에 방출할 수 있는 기능을 갖는 재료를 말하며, 흡수된 수소의 양은 기체 상태 수소의 1000배나 된다. 1960년대 후반에 네덜란드의 필립사와 미국의 브룩헤븐국립연구소가 효율적으로 수소를 흡수하는 금속을 발견한 것이 최초라고 한다.

● 주요 용도

수소는 연소 가스가 주로 H_2O로 깨끗하다는 것, 수소는 저장하여 운반이 가능하기 때문에 전기 등과 달리 수송중 에너지 손실이 없다는 것, 장기간에 걸쳐 에너지 저장을 할 수 있다는 것, 연소시 열량이 크기 때문에 에너지원으로서의 효율이 좋다는 것, 화학적 용도에 널리 이용할 수 있다는 것 등의 이점을 갖고 있기 때문에 클린 에너지로서 주목받고 있다. 그 저장 수단으로서 수소 봄베의 대체 이외에 수소 자동차용 수소 저장재료, 중수소와 보통 수소는 흡탈할 때의 압력차를 이용한 중수소 분리, 수소화물 형성, 해리반응에 수반하는 발열·흡열을 이용한 열교환기, 냉동기, 히트 파이프 등으로 그 이용이 고려되고 있다.

● 대상이 되는 재료

수소 저장용 재료는 수소 저장 능력이 크고, 수소화물을 생성하는 데 필요

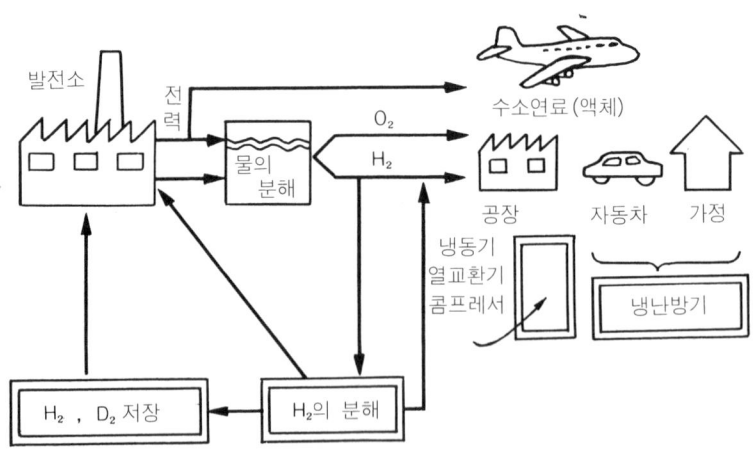

그림 48. 단순한 수소에너지 시스템과 수소저장용 금속의 역할

한 열량이 적으며 상온부근에서 수소를 방출하고, 흡장방출을 반복하더라도
성능이 약해지지 않고, 불순물에 오염되더라도 성능이 열화하지 않는 물성을
갖추어야 한다. 이미 개발되어 있는 수소 저장기능 재료에는 희토류계(란탄,
미시메탈계), 마그네슘계, 티타늄계, 지르코늄·바나듐·니오브계, 합금 혼합
물(란탄·니켈, 티타늄·철)계 등 수많은 종류가 있으며 각각의 특징이 있다.

표 35. 수소 저장 합금의 능력 비교

합금의 종류	수소방출 조건	수소 함유량	흡장방출 능력	활성화 정도	가격	안전성	적요
철―티탄	☆☆☆	☆	☆☆	☆	☆☆☆	☆☆	최염가품
티탄―망간	☆☆	☆	☆	☆☆	☆☆☆	☆☆	알루미늄 합금 용기용
란탄―니켈	☆☆☆	☆	☆	☆☆	☆	☆☆	최고급품
미시메탈*1―니켈	☆☆	☆	☆	☆☆	☆☆	☆	La의 저코스트화
마그네슘―니켈	☆	☆☆	☆	☆☆	☆☆☆	☆☆	자동차용

(주) 3단계 평가. ☆ 표시가 많을수록 우수하다 *1 : 미시 메탈은 란탄(La)과 셀륨(Ce)의 혼합체

표 36. 수소 저장 합금의 응용 개발상황

진 출 기 업		현 상 황
일본	쇼와 전공 일본 중화학 공업	• 미국 MPD사와 합금, 관련 기기의 판매, 공동개발 계약을 맺음 • 일본산으로는 최초로 수소 저장 합금을 이용한 수소 저장 봄베 를 개발
	중앙 전기 공업 이와다니 산업	• 일본에서 최초로, 월산 5톤의 수소 저장 합금을 양산화 • 「상업용 금속 수소 화합물 컨테이너」를 미국 MPD 사와 공동 개발
	교도 산소	• 수소 승용차 시험 제작, 시속 80km를 달성
미국	MPD 브룩헤븐 국립연구소	• 세계 최대의 셰어를 자랑한다. 시장점유율 50%이상 • 수소 저장 합금과 그 이용법에 대한 연구는 최고의 권위를 갖는 다. 야간의 잉여 전력을 수소 저장 합금으로 축적하는 기술을 개발
유럽	다이므라 벤츠	• 수소 저장 합금을 이용한 수소 엔진 구동 버스를 개발

제 7 장

그 밖의 기능 재료

하이브리드 재료

● 어떤 것일까?

하이브리드 재료란 2차원 이상의 다차원 성분으로 구성되어 새로운 성능을 가진 신뢰성이 높은 고도 기능을 갖는 재료를 말한다. 종래의 복합재료 (composite)는 서로 다른 소재의 거시적인 혼합계인데 비해 하이브리드 재료는 분자 수개가 모인 정도(10Å에서 수천Å 정도) 크기의 분자 레벨에서

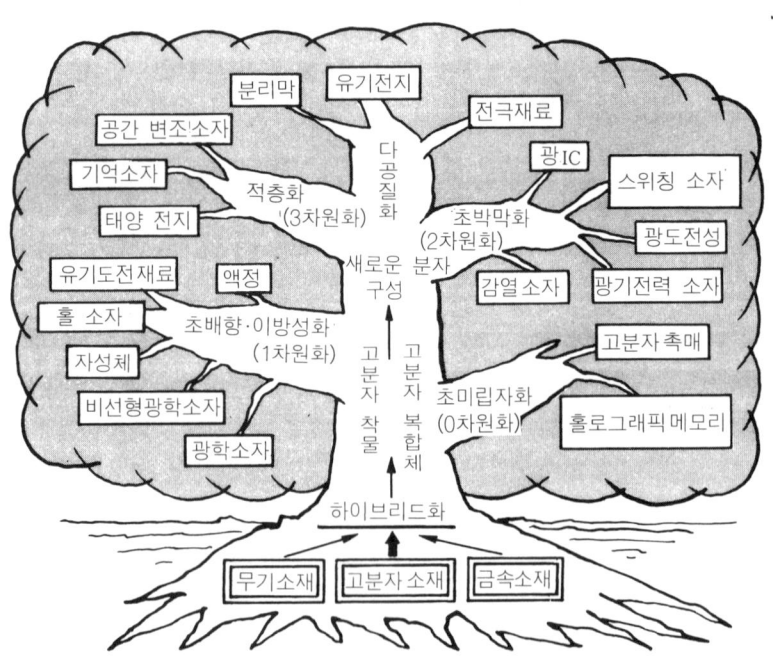

그림 49. 하이브리드 재료의 이용

새로운 분자 집합상태를 구축함으로써 분자간의 상호 작용에 기초하여 물성을 발현시키려는 미시적인 혼합계인 것이 특색이며, 이로써 금속·무기·유기의 3대 소재간의 상호 작용을 고도로 이끌어낼 수 있다.

● 주요 용도

초미립자화(0차원화)에 의해 고분자 촉매, 홀로그래픽 메모리, 이방성화·초배향(1차원화)에 의해 액정·홀 소자·유기 도전 재료, 자성체, 광학 소자, 초박막화(2차원화)에 의해 광 IC, 스위칭 소자, 광기전력 소자, 감열 소자, 적층화(제3차원화)에 의해 기억 소자, 공간 변환 소자, 태양 전지가, 또한 다공질화에 의해 전극 재료, 분리막, 유기 전지 등의 응용이 기대되고 있다.

● 대상이 되는 재료

예를 들면 폴리아세틸렌에 Li^+와 ClO_4^-의 도핑으로 도전율은 $8 \sim 10$자리 수나 증가하고, 또「프탈로시아닌 Ni/I_2」계에서 전자 전도도가 $330S/cm$ 이상으로 되며, 금/프탈로시아닌/알루미늄의 샌드위치 구조의 셀(cell)은 0.4%의 광전 에너지 변환 효율을 발생시키고 또한 프탈로시아닌막 위에 폴리에틸렌 초박막을 적층화하면 1%까지 이르는 등 다수의 재료창출이 기대되고 있지만 그 중에서도 유기 재료(특히 고분자 재료)를 매트릭스로 하는 하이브리드화가 가장 유망하다.

창제기술	분자집합상태	구체예	창제기술	분자집합상태	구체예
0차원 제어기술		초미립자	3차원 제어기술		적층화
1차원 제어기술		초배향 이방성화	다차원 제어기술		다공질화
2차원 제어기술		초박막			

그림 50. 하이브리드 재료의 분자 집합 상태와 그 창제기술

C

대표적 신소재

어모퍼스 재료, 뉴 다이아몬드 등, 잇달아 새로운 신소재들이 나오고 있다. 신소재 개발은 지상에서 뿐만 아니라, 우주왕복선 「엔데바」를 쏘아 올려 우주에서도 재료개발실험 등이 실시되는 등 그 종류, 이용범위는 더 한층 확대되고 있다. 이러한 새로운 개발 방법이 더욱 새로운 재료 개발을 촉구하는 반면 신소재의 전모는 정확히 파악되고 있지 않다. 여기서는 각 분야에서 어모퍼스 실리콘, 고성능 결정제어 합금, 바이오 마그네틱스 등, 현재 주목받는 신소재에 초점을 맞춰, 우리들의 사회생활에 어떠한 영향을 주고 있는지 그 상황 및 가능성을 전망하여 보기로 하자.

어모퍼스 실리콘

1. 태양전지을 비롯하여 많은 분야에서 응용연구

실리콘이 반도체의 기초 소재로서 중요시 되고 있는 것은 반도체로서 특성이 우수하고, 또한 풍부한 원료, 고순도로 결함이 적은 결정 제작기술의 확립, 소자의 미세화·고밀도 집적화에 의해 재료에 대한 부가가치가 대단히 높은 것 등을 이유로 들 수 있다. 그러나 이렇게 우수한 특성을 지닌 실리콘의 결정기술에도 다루기 어려운 분야는 있다.

대면적화 기술을 필요로 하는 태양전지 등의 경우가 그러한 예로, 실리콘 결정 기술이 다루기 어려운 분야로 등장하게 된 것이 어모퍼스 실리콘이라는 기대되는 신소재에서 이다.

태양광 발전이나 태양전지 성공의 열쇠는 발전 코스트 절감에 달려있다. 실리콘 결정, 리본에서 만들어진 태양전지의 제조 코스트는 1W당 5000엔 정도이다. 발생전력 코스트는 가동률 20%(날씨 관계로 낮에만)로 하여 1kW당 650엔에 달한다.

한편, 100만kW의 원자력 발전은 가동률 60%일 때 1kW당 전력 코스트는 약간 16엔이다. 1W당 100엔 이상이면 대체 에너지로서는 에너지 수지면에서 실격이다. 어모퍼스 실리콘은 이 100엔 전력 코스트의 태양전지에 도전하는 최유력 후보로서 주목받고 있다.

통상 금속이나 무기물은 고체화되어 있을 때에는 정연한 결정 상태이지만, 이들 고체를 액화 또는 기화하여 1초간에 몇십만℃의 초스피드로 냉각시키면

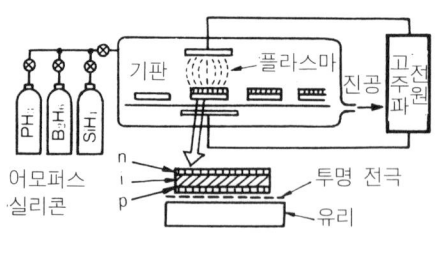

(a) 어모퍼스 실리콘 태양전지의 형성 장치

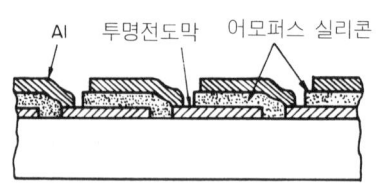

(b) 어모퍼스 실리콘 태양전지의 모듈 구성

그림 1. 어모퍼스 실리콘 태양전지의 개요

결정화할 여유없이 바로 고정화된다. 이것을 어모퍼스라 하며 난잡한 결정 상태를 보인다. 따라서, 실리콘 단결정의 PN층 대신에 어모퍼스 실리콘에 의한 PN 박막층도 만들 수 있다.

실리콘 결정에서 태양 전지 소자를 만들기 위해서는 반도체 칩의 경우와 같이, 실리콘을 슬라이스로 한다. 그러나, 슬라이스 두께에는 한계가 있어 수십~100μm이다. 이에 비해 어모퍼스는 처음부터 일종의 박막화로 만들 수 있기 때문에 재료량이 수십분의 1이면 충분하다.

다음에 실리콘 결정은 결정이 성장하기 때문에 천 수백℃의 온도를 필요로 하지만, 어모퍼스 실리콘은 수소화 실리콘의 실란 가스를 600℃에서 증착하기 때문에 에너지 코스트면에서도 훨씬 유리하다. 어모퍼스 실리콘 태양전지를 저코스트화할 수 있는 것은 이러한 이유때문이다.

2. 광전, 변환율의 향상을 목표로

당연하지만 어모퍼스 실리콘으로 형성된 PN층은 당초, 광전 변환율이 2~3%로 낮았다. 그래서 일본 통상 산업성은 선샤인 계획의 일환으로서, 전지 사이즈 10cm사각, W당 코스트 100엔 이하, 광전 변환율 10% 이상을 목표로 연구개발이 시작되었다. 꾸준한 연구 노력의 결과, 10cm사각 타입으로 11%를 넘는 것이 개발되었고, 그밖에 1200m²의 대면적 타입으로도 10%의 것이 개발되었으며, 더욱 기록을 갱신하는 중이다.

태양전지 이외의 응용 분야로는 각종 화상기술용 광전변환소자와 액정 디스플레이를 구동하기 위한 박막 트랜지스터어레이 등으로 그 응용이 기대된다. 태양전지 관련 어모퍼스 실리콘의 연구개발을 추진하고 있는 기업은 일본의 산요전기, 샤프, 후지전기, 마쓰시타 전기산업, 테이진, 스미토모 전공 등이다.

고성능 결정 제어합금

1. 90년대의 새로운 합금

우주·항공, 해양, 신 에너지 등 첨단기술의 개발에는 「가볍고도 강하며 내열성이 풍부한」 금속이 필수적이다. 이와 같이 이상적인 금속을 추구해 온 신합금 개발도 최근에는 한계가 보이기 시작하였다. 그래서 새롭게 등장한 것이 「고성능 결정 제어합금」이다. 지금까지의 신합금 개발이 금속 원소 조성의 성분 조정을 중심으로 추진해온 데 비해 고성능 결정 제어합금은 금속의 원자를 결정 단계에서 설계하여 신합금을 만들어 내는 완전히 새로운 발상에서 출발하고 있다.

그 방법에는 단결정화, 입자 분산화, 초소성화의 세 가지가 있다.

합금의 특성은 성분, 즉 결정속에 어떠한 원소가 얼마만큼 포함되어 있느냐에 의해서 결정된다. 또한 성분이 일정하여도 각 원자의 배열에 따라 특성이 달라진다. 단결정은 전체가 한 개의 결정이기 때문에 입계(粒界)가 없고 내열성, 내식성이 향상되며, 융점도 높아진다. 합금 모상(母相)에 단단한 입자를 인공적으로 분산시키면, 내열성이 비약적으로 향상된다.

또한, 결정을 미세화하거나 결정 구조의 변화를 이용하여 무른 합금을 엿과

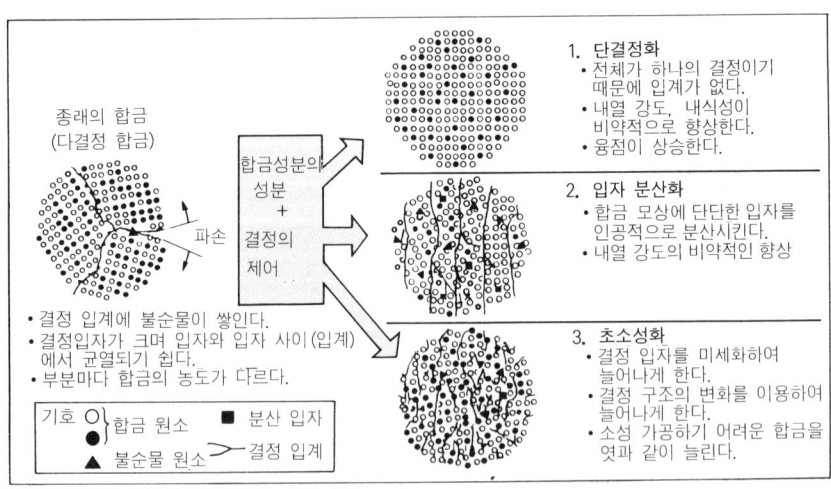

그림 2. 금속의 결정조직을 제어하는 방법의 예

같이 늘려 끈기를 갖게 할 수도 있다.

보통의 합금은 결정 입자가 크고, 국부적으로 합금의 농도가 다르며, 결정 입자와 입자가루와의 사이에 불순물이 쌓여, 입계에서 균열하기 쉽다. 그래서 이들 세가지 방법을 조합하여 다음과 같은 합금을 만들어 낸다.

2. 어떤 합금을 개발할 것인가

첫째는 초내열 합금의 개발이다. 1040℃의 고온에서 1000시간의 크리프 파단강도가, 1mm²당 14kgf라는 초고온 특성을 갖게 한 것으로, 니켈계의 합금을 단결정화 또는 입자 분산 기술을 조합하여 만들어 낸다.

둘째는 고내열성 합금의 개발이다. 760℃에서의 인장 강도가 1mm²당 160kgf 이상, 연신율은 20% 이상, 가공 수율도 종래의 2배 이상을 목표로 하는 것으로, 터빈 엔진의 디스크용으로 이용된다.

이러한 특성을 발휘하기 위해서는 고내열성 합금의 결함인 나쁜 소성 가공성을 향상시키는 것이 포인트로 단결정화와는 반대로 결정의 미세화를 도모하고, 초소성화 현상을 일으키는 방법의 확립을 목표로 하고 있다.

세째는 고경량 합금의 개발이다. 터빈 엔진의 컴프레서 블레이드에는 가볍고 끈기가 있는 합금이 필요하다. 이 때문에 철계, 또는 티탄계의 합금에 대해 300℃ 온도에서 밀도당 인장 강도 28kgf 이상, 연신율 10% 이상, 가공 수율은 재래법의 3배 이상을 목표로 하고 있다.

이에는 불순물이 적은 초미분 제조나 금속분과 분산 입자를 혼합하는 방법, 합금성분을 정확히 제어하여 용해성, 결정 조성의 고정밀도 제어법 등을 연구할 방침이라 한다.

이렇게 해서 만든 고성능 결정 제어합금은 우주, 항공기기, 원자력 관련기기 등에 이용할 수 있고 기기의 신뢰성 향상, 고효율화에 의한 에너지 절약화 등에 크게 기여할 것으로 기대되고 있다.

뉴 다이아몬드

1. 다이아몬드의 공업적 매력

다이아몬드라고 하면 보석의 대표라는 이미지가 강하지만, 보석 장식용뿐만 아니라 다른 물질에는 없는 뛰어난 특성을 지니고 있다. 예를 들면 우리와 밀접한 것에 묘석이 있다. 묘석의 표면을 반짝이게 하는데 다이아몬드가 사용된다는 사실은 그다지 알려져 있지 않다.

구조 자체는 각 탄소 원자가 각각의 전자를 공유한 전형적인 공유 결합 결정이다 (그림 3).

물성은 지구상의 고체 물질 중에서 최고의 경도를 나타내며, 그 밖에 전기적으로 절연체로 실온에서 동의 5배의 열전도율, 적외 영역의 일부를 제외하고 자외·가시·적외의 넓은 파장 영역에 걸쳐 빛이 투과되며, 또한 특정 불순물을 도프(dope)하면 반도체가 되는 등 많은 우수한 물성을 갖고 있다 (표 1~4).

2. 뉴 다이아몬드의 개발사

다이아몬드를 인공적으로 만들 수 있게 된 시기는 1953년이며, 스웨덴 ASEA사의 리리에브래드가 세계 최초로 합성에 성공하였다고 한다.

이것은 고압장치의 내부에 테르밋(산화철과 금속 알루미늄의 혼합물)을 장치하여 화학적인 발열에 의해 2000℃의 고온을 유지한 것이다.

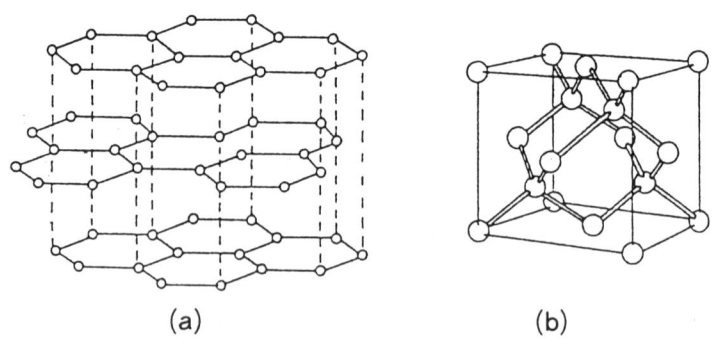

(a)   (b)

그림 3. 흑연(a)과 다이아몬드(b)의 결정 구조

1954년에는 미국 GE사의 트레이시 헐 등이 브리지맨형 장치를 이용하여 다이아몬드 합성에 성공하였다.

GE 팀의 참가자는 물리 화학자인 헐 외에, 같은 물리 화학자인 우엔토프, 물리학자인 핸디, 스트롱 및 공학자인 체니와 보벤카크였고 리더는 네라드였다. 여기서 얻어진 다이아몬드의 지름은 1mm이며 이 발명이 보도되자 곧 다이아몬드 신지게이트 주가는 폭락하였지만, 합성 다이아몬드가 노란색이어서 보석으로는 부적당하다고 판명되어 주가는 회복되었다.

장치는 현재의 벨트와 앤빌을 이용하는 고압법과 거의 동일하였다.

표 1. 다이아몬드의 여러 성질

영 률	$1.05 \times 10^{12} \mathrm{N/m^2}$
경 도	$H\nu = 10000 \mathrm{kgf/mm^2}$
팽창률	1.6×10^{-6}
열전도율	$22 \mathrm{W/cm^2}$
밴드 갭	$5.5 \mathrm{eV}$
굴절률	2.42
광투과성	II a는 2250Å 이상 적외선까지 일부 파장을 제외하고 투명

표 2. 각종 물질의 열전도도(실온)

물 질	열전도율 (Watt/cm℃)
I a형 다이아몬드	9
II a형 다이아몬드	24
Cu	4
BeO자기	1.9
Al₂O₃자기	0.4
SiC	4.0

표 3. 광 여기에 의해 측정된 전자, 정공의 이동도

시료 No.	$\lambda = 253.6 \mathrm{nm}$ 전도형	$\mu(\mathrm{cm^2/V \cdot sec})$	$\lambda = 380 \sim 400 \mathrm{nm}$ 전도형	$\mu(\mathrm{cm^2/V \cdot sec})$
1	n	1,960	n	1,930
2	n	1,300	n	1,300
3			p	1,500

표 4. 각종 반도체의 특성

물질	전자 이동도 $\mu_e(\mathrm{cm^2/V \cdot sec})$	정공 이동도 $\mu_n(\mathrm{cm^2/V \cdot sec})$	금지띠 폭 $Eg(\mathrm{eV})$
Si	1,500	600	1.12
GaAs	8,500	400	1.43
SiC	1,000~246	10~25	3.3~2.2
다이아몬드	2,000	1,870	5.48

3. 다이아몬드의 여러가지 합성법

다이아몬드의 합성 방법에는 크게 정적 고압법, 동적 고압법, 기상 합성법의 3종류가 있다. 정적 고압법은 큰 입자의 다이아몬드 합성 또는 그 소결체 형성, 동적 고압법은 미립자의 합성, 기상 합성법은 막상 또는 다이아몬드의 성형품을 만드는 데 적합하다.

(1) 화약 폭발에 의한 다이아몬드 충격 압축법

다이아몬드 충격 압축법이란, 폭약의 폭파에 의한 충격파가 가져오는 초고압과 고온을 이용하여 다이아몬드를 합성하는 방법이다.

이 방법에 의해서 만들어지는 다이아몬드의 특징은 지름이 $100 \sim 1000 Å$ 정도인 다이아몬드 결정 입자 여러개가 강하게 소결되어 $0.1 \sim 50 \mu m$ 크기의 덩어리로 되며, 「다결정 다이아몬드」라고도 불린다.

이 다결정 다이아몬드는 천연산이나 정압법으로 만들어지는 단결정 미립 다이아몬드 보다 연마 성능이 우수하기 때문에, 고성능인 연마재로서 주목받고 있다. 단지, 충격 다이아몬드는 단시간에 큰 응력을 가하여 만들기 때문에 결정 내부가 상당히 흐트러져 전자 재료로서는 부적당하다.

또한, 이 방법은 폭약을 사용하기 때문에 고온·고압의 접속시간이 1μ초 정도로 반응 상태의 제어가 곤란하다는 결점이 있다.

〈평면형 충격 다이아몬드 합성 장치에 의한 합성〉

화약 폭발에 의한 다이아몬드 충격 압축법의 위와 같은 결점에 대하여, 그림 4와 같은 평면형 충격 압축장치가 개발되었다. 반응 조건의 제어와 재현성이 있는 데이터가 가능해짐으로써 이 방법의 제조·개발이 크게 진전될 수 있는 도화선이 되었다.

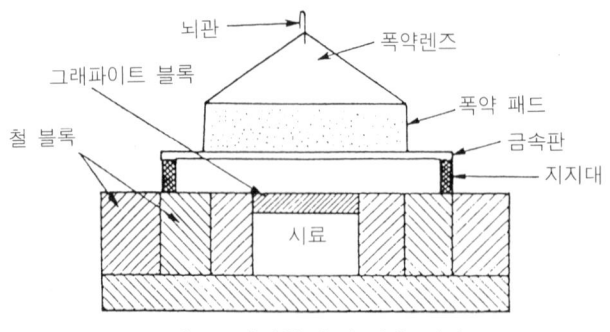

그림 4. 평면형 충격 압축 장치

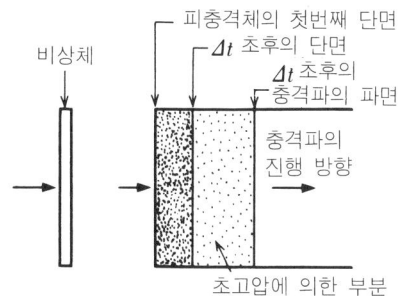

비상체

피충격체의 첫번째 단면
Δt 초후의 단면
Δt 초후의 충격파의 파면
충격파의 진행 방향
초고압에 의한 부분

그림 5. 비상체법에서 충격 압력의 발생 메커니즘

이 장치에서는 상단부에 설치된 전기 뇌관에 의해 폭발이 시작되고, 원추형의 기폭약 속을 전파하는 과정에서 충격파가 평면모양으로 되며, 그 폭발시의 온도·압력은 1000~3000℃, 25~50GPa에 도달한다.

화약 폭발을 이용한 충격 압축으로 다이아몬드 합성이 가능함을 확인한 자들은 1960년대, 미국 스탠포드 대학의 연구자들이었다. 그들은 피충격체로 흑연을 판상으로 압축한 성형체를 사용하고, 3×10^5atm의 충격 압력을 가하여, 0.5~1μm의 흑색 다이아몬드를 처음으로 합성하였다.

그리고, 그 후 미국 듀퐁사는 원료인 흑연 분말에 금속(Cu, Fe 등) 가루를 혼합하여 충격 압축하면 전환율이 현저히 상승한다는 것을 발견하고, 분말상 다이아몬드의 상품화에 처음으로 성공하였다.

〈다결정 다이아몬드의 수요 동향〉

충격 다이아몬드에서는 아주 작은 입자가 소결된 입경 1~50μm의 2차 입자형으로 된다. 충격 다이아몬드는 정적 고압법 다이아몬드 보다 가격이 높지만, VTR 헤드의 연마재로서 우수한 특성을 나타내고 그 밖에, 세라믹스의 정밀 연마에도 적합하여 이들 분야의 수요가 증가하여 왔다.

(2) 다이아몬드 기상 합성법

(a) 화학 증착(CVD)법

화학 증착에 의한 기상 합성법에는 열적인 기상 합성법과 방전 플라스마를 이용한 플라스마 CVD법이 있다.

기상 합성법의 한가지 특징은 여러가지 기판위에 다이아몬드를 성장시킬 수 있는 점이다.

다이아몬드 단결정을 기판으로 한 경우에는 특별한 처리가 필요없이 막상의

표 5. 다이아몬드의 기상 합성법의 종류

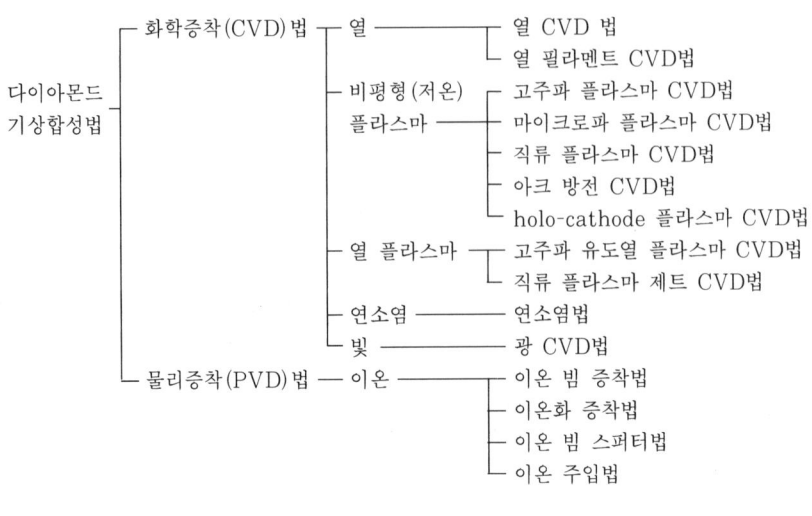

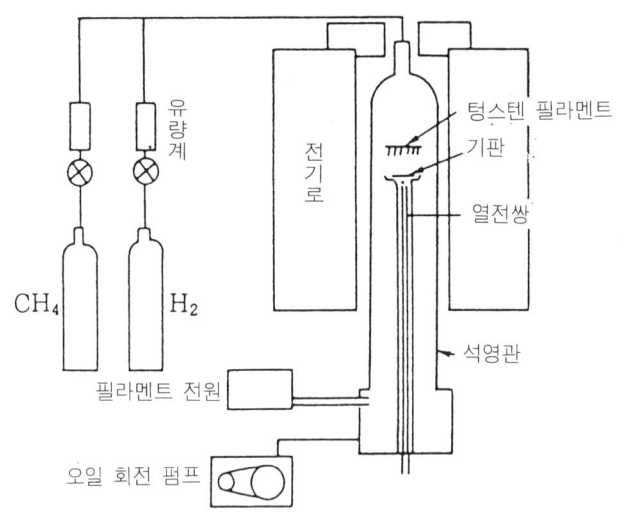

그림 6. 열 필라멘트 CVD 장치

(출처) 기능재료(시엠시) 92년 3월호

성장이 나타나지만, 적당한 조건의 범위 내에서 에피택시얼 성장하고, 그 이외에서는 다결정성막으로 된다. 또한, 다이아몬드 이외에는 텅스텐, 몰리브덴, 티타늄, 동, 금, 알루미늄, 실리콘, 흑연 등의 단체, 석영 유리, 알루미나 등의 산화물에의 성장이 가능하게 되었다.

　　다이아몬드 기상합성법의 원료가 되는 것은 탄소화합물로 메탄이나 메틸알

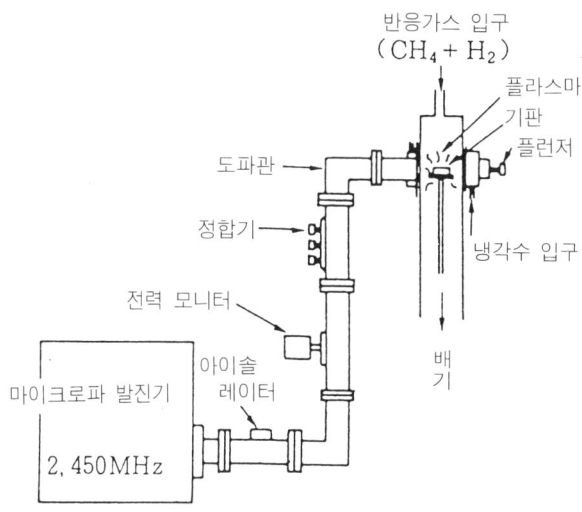

그림 7. 마이크로파 플라스마 CVD 장치

(출처) 기능재료(시엠시) 92년 3월호

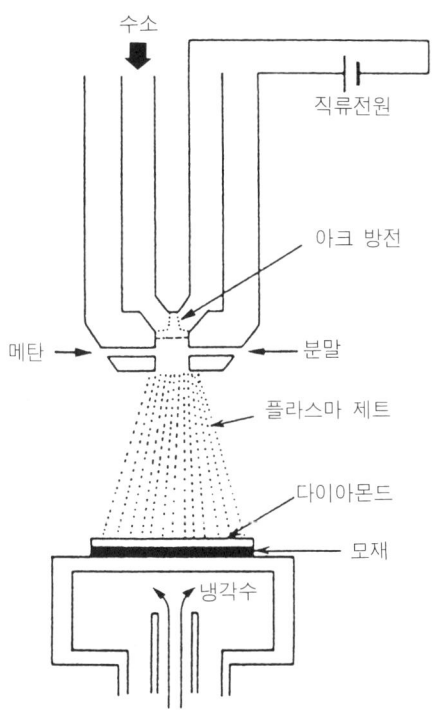

그림 8. 플라스마 용사법에 의한 다이아몬드막의 생성

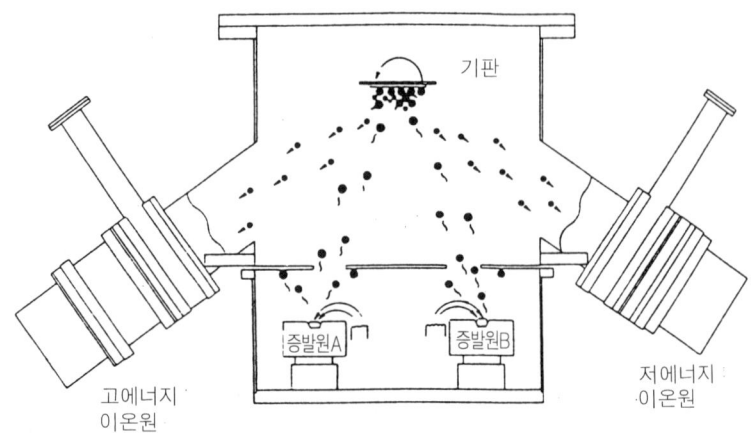

그림 9. 일본 닛신전기가 다이아몬드 박막 합성에 사용한 새로운 타입의 이온 믹
싱 장치. 종래형 장치는 증발원과 이온원이 각각 한 개지만 새로운 타입은
2개씩 이루어져 있다.

콜, 아세톤, 아세틸렌, 일산화탄소 등으로부터 합성할 수 있지만, 공업적으
로 쓰이고 있는 것은 메탄과 일산화탄소이다.

메탄올 원료로 하는 다이아몬드 제조법에서는 플라스마 CVD에 메탄과 수
소의 혼합 가스를 도입하여 6~60톤의 압력하에, 기판 온도 700~1100℃의
조건에서 반응시킨다. 이 반응에서는 수소가 라디칼 해리하여 원자상의 수소
가 되고, 이것이 다이아몬드 합성에 중요한 역할을 담당하고 있다.

$$CH_4 + H_2 \rightarrow C(다이아몬드) + 3H_2$$

일산화탄소를 쓰는 다이아몬드 제조법에서는 마이크로파 플라스마 CVD
장치에 일산화탄소·수소의 혼합 가스를 도입하여 10~100 톤의 압력하에서
기판온도 700~1100℃의 조건에서 반응시킨다.

$$CO + H_2 \rightarrow C(다이아몬드) + H_2O$$

(b) 실온에서의 다이아몬드 합성(PVD 법)

다이아몬드 박막은 CVD(화학 증착)법이 주류이지만, 실온에서 다이아몬
드를 합성하는 프로세스도 개발되어 있다.

이 기술을 개발한 곳은 일본의 닛신(日新)전기로, 이 회사는 그림 9와 같
은 PVD(물리 증착)법에 의한 제조 방법으로 이온 믹싱 장치를 발전시킴으로
써 다이아몬드 박막 제조를 가능하게 했다.

4. 막상 다이아몬드의 응용 전개

박막 다이아몬드나, 그 뛰어난 기능을 살려 **그림 10**의 테크놀로지 트리에 나타난 바와 같이 고경도, 고강도 기능재로서 바이트(초경팁), 커터 드릴, 수술용 메스 등에, 고열 전도성 기능재로서 반도체 히트 싱크, 서멀 프린터 등에, 음질 특성 기능재로서 스피커용 진동판, 오디오 캔틸레버 등에, 반도체 특성 기능재로서 서미스터, PN 반도체 등에, 광학 기능재로서 적외선용 반사 방지막, 로켓 창문 등에, 또한 내식성·저마찰성·내마모성 기능재로서

그림 10. 뉴 다이아몬드의 테크놀로지 트리

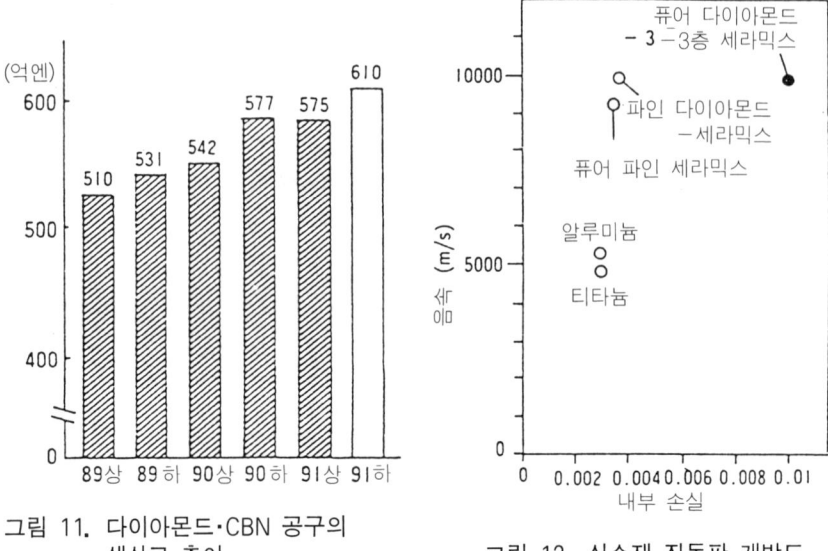

그림 11. 다이아몬드·CBN 공구의
생산고 추이

그림 12. 신소재 진동판 개발도

VHD 픽업, 다이스 베어링, 플라스틱 렌즈 코팅 등 폭넓은 이용이 기대되고
있다. 그중에서도 막상 다이아몬드의 용도로서 우선 들 수 있는 것은 경도,
내마모성에 착안한 공구의 코팅이다(그림 11).

공구 이외의 분야에서 이용이 진행되고 있는 것은 스피커 응용이다. 다이아
몬드는 탄성율이 높고, 비중이 작기 때문에 고음 특성에 우수하다고 한다. 예
를 들면, 일본 빅터에서는 미쓰비시머티어리얼, 스미토모 전공과 공동으로 3
층 구조의 세라믹스에 2㎛m 두께로 다이아몬드를 코팅한 퓨어 다이아몬드-3
층 세라믹스 진동판을 개발하였다. 이 진동판은 티타늄이나 알루미늄에 비해
음속은 배 가까이 향상되고, 내부 손실도 3배 정도 향상되는 등 우수한 음향

표 6. 진동판재료의 물성치 비교

재 료 명	음속(m/s)	영률(Pa)	밀도(g/cm³)	내부손실
티탄	4,900	1.1×10^{11}	4.5	0.003
알루미늄	5,100	0.7×10^{11}	2.7	0.003
퓨어 파인 세라믹스	9,400	3.4×10^{11}	3.8	0.0035
파인 다이아몬드 −세라믹스	9,600	3.5×10^{11}	3.8	0.0038
퓨어 다이아몬드 3층 세라믹스	9,600	3.3×10^{11}	3.6	0.01

표 7. 각종 반도체 재료의 특성 비교

	Si	GaAs	3C−SiC	다이아몬드
밴드랩(eV)	1.1	1.4	2.2	5.5
비유전율	11.9	13.1	9.7	5.7
열전도율 (W/cm·K)	1.5	0.5	4.9	20
이동도 (cm²/V·s) 전자홀	1,500 450	8,500 400	1,000 70	2,000 2,100
포화 전자 이동도 (cm/s)	1×10^7	2×10	2×10	2.5×10
파괴전압 (V/cm)	3×10^5	4×10	4×10	3.5×10

특성을 갖고 있다(그림 12, 표 6).

이상과 같이 특히 박막 다이아몬드는 커터 드릴이나 반도체, 반사막, 보호막 등에 그 이용이 기대되지만, 현시점에서는 천연 다이아몬드의 생성 메커니즘이 해명되어 있지 않기 때문에, 천연 다이아몬드와 같은 대형 결정을 만들거나, 고순도로 만드는 것이 아직 충분하게 해결되지 않았다.

그런 의미에서 현재는 현상 타파의 시대라 할 수 있으며 다이아몬드를 자유롭게 다룰 수 있는 것을 목표로 금후에도 급격한 발전을 이루어 나갈 것으로 본다.

5. 반도체 다이아몬드의 전망

반도체 분야도 이미 박막을 사용한 전계 효과 트랜지스터나 다이아몬드 표면 탄성파(SAW) 필터(그림 13)도 스미토모 전공 등에서 시험 제작되고 있다.

반도체 재료로서 보면, 기상법 다이아몬드는 ① 큰 밴드 갭, ② 저유전율 ③ 큰 열전도율 등과 같은 특징을 갖고 있으며, 이 때문에 고온도역에서 사용 가능한 내열 소자, 청색 발광의 단파장광 발광소자, 고발열 파워 소자 등의 반도체 소자로 그 응용이 기대되고 있다.

6. 다이아몬드 전자 디바이스로의 약진

전자 디바이스로 하는 경우, 다결정 다이아몬드는 입계에서 물성이 변화하기 때문에 단결정 다이아몬드가 좋다. 그런데 메탄 가스를 플라스마화하여 발생한 탄소 이온에 수십~수백kV의 전압을 가해 가속하고 기반에 소사하여

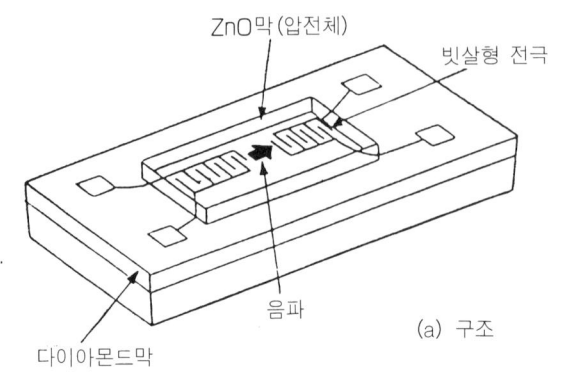

ZnO막(압전체)

빗살형 전극

음파

(a) 구조

다이아몬드막

(b) SAW와 다른 재료와의 비교

SAW 기판재료	전파 속도 (m/sec)	전극폭 1μm에서의 중심 주파수(GHz)	2.5 GHz를 얻기 위한 전극선 폭(μm)
LiNbO₃	3,500	0.9	0.35
수정	3,200	0.8	0.32
ZnO/사파이어	5,500	1.4	0.55
ZnO/다이아몬드	10,000	2.5	1.0

그림 13. 다이아몬드 표면 탄성파 필터(SAW)의 구조

다이아몬드 핵을 만드는 방법은 기판 표면을 손상시키고, 핵을 균일하게 분포 시킬 수 없는 등의 이유로 단결정 다이아몬드를 만드는 것은 쉽지 않다. 이 문제를 극복한 곳이 마쓰시타 전기산업과 오사카 대학으로 13.56MHz의 전 자파를 사용하여 대구경의 플라스마를 발생시키고, 이 플라스마 속의 이온을 낮은 전압으로 가속하여 기판에 조사하였다. 이로써, 기판의 표면을 손상시 키지 않고, 또한 실리콘과 탄소가 거의 같은 농도로 포함된 두께 수십nm의 개질층을 기판 표면에 형성할 수 있게 되었고 플라스마 CVD에 의해 그 핵을 성장시킴으로써 단결정 다이아몬드가 만들어진다(그림 14).

7. 개발 기업의 동향

뉴 다이아몬드는 세라믹스계 고온 초전도체와 견줄 만한 유망 대형 신소재 로 미국·일본을 중심으로 개발 경쟁이 격화되어 왔다. 또, 연구를 하고 있는 곳으로는 일본의 공업기술원 물질공학 공업기술 연구소(구 화학기술 연구소), 과학기술청 무기재질 연구소, 동경 공업대학 등과 같은 국립기관 이외에 일본

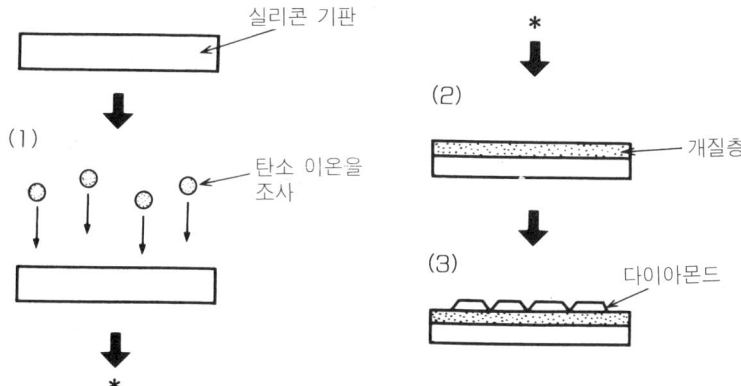

실리콘 기판

(1)

탄소 이온을
조사

＊

(2)

개질층

(3)

다이아몬드

＊

그림 14. 단결정 다이아몬드의 형성 프로세스

이데미쓰 석유화학, 마쓰시타 전기산업, 닛신전기, 스미토모 전기공업, 세이
코 전자공업 등의 일본 국내기업이 있고 미국에서는 듀퐁사, GE사 등이 활
발히 연구개발을 추진하고 있다.

어모퍼스 반도체

1. 어모퍼스 반도체란 무엇인가

어모퍼스는 결정계의 물질과는 다른 성질을 갖는 미래형 신소재로서 현재 주목받고 있는 재료이며, 재료 조성에 따라 금속계와 비금속계으로 구분된다.

후자의 대표적인 것이 어모퍼스 반도체이며, 많은 특이적 물리 특성을 가지고 있다.

첫째로 어모퍼스 태양전지와 같은 광기전력 특성이 있으며, 또한 이밖에도 광 도전성, 정류 특성, 광 구조변화 특성, 광 도핑 효과, 열 구조변화 특성과 같은 다수의 특성도 지니고 있는 멀티 반도체이다.

2. 이용이 기대되는 분야

어모퍼스 반도체 기술은 테크놀로지 트리에서 보는 바와 같이 여러가지 특이 성질을 살려 인쇄 분야(마이크로피슈, 전자 사진, 광전면 드럼, 비은염 사진, 프린트 등), 영상 분야(액정 디스플레이, 홀로그래프 등), 정보처리 분야(전자선 레지스트, 광메모리, 포토 레지스트, 박막 트랜지스터 등), 광통신 분야(광 센서, 광 스위치, 광변조 소자 등), 에너지 분야(태양전지, 온도계, 열전 소자, 감열 스위치 등) 등 폭넓은 분야로 그 응용·연구가 진행되고 있다.

3. 개발 기업 동향

어모퍼스 반도체는 전기적 성질과 함께 제조하는데 화학적인 요소를 많이 필요로 한다.

그 때문에 일렉트로닉스 메이커(산요 전기, 후지 전기, 샤프, 마쓰시타 전기 산업, 히타치 제작소, 미쓰비시 전기, NTT 등) 이외에, 화학 메이커(미쓰이도아쓰 화학, 가네보 화학)와 석유 기업(동아 연료) 등 다수의 기업이 연구에 몰두하고 있다.

4. 금후의 전망

어모퍼스 반도체 기술의 발전 역사는 크게 4기(期)로 나누어진다.

제1기는 「셀렌(Se)의 시대」로, 1950년대 초두부터 시작되어 어모퍼스,

그림 15. 어모퍼스 반도체의 테크놀로지 트리

셀렌을 사용한 전자사진 감광막(제록스의 감광 드럼)이나 촬상관광 전도막이 연구되던 시기였다.

제2기는 「캘커그나이트의 시대」로, 1968년 오부신스키가 발표한 캘커그나이트류를 이용한 스위치 소자나 메모리 소자의 제안 시기이다.

제3기는 「수소화 어모퍼스 실리콘의 시대」로, 1875년에 스피아틀·컨버가 수소화 어모퍼스 실리콘으로 PN 제어를 한 반도체를 만들 수 있다는 발표를 계기로 태양전지개발의 역사가 시작되었다.

제4기는 「다양화의 시대」이며 지금까지 어모퍼스상 물질의 여러 물성 중에서 원인이 판명된 물성을 이용하여, 여러가지 원소의 조합이나 처리 방법을 제어함으로써 다양한 소자를 설계·이용하고자 하는 시대로 현재는 이 시기에 해당한다.

이 어모퍼스 반도체는 이용 가능성이 크게 확대됨과 동시에 그 기술 수준은 상당히 진보하여 솔라 전자계산기 등의 전원으로도 널리 쓰이는 등 이용면에서도 진전되어 왔다.

단, 이와 같이 수많은 뛰어난 특성을 갖는 어모퍼스 반도체이지만 어모퍼스 구조로 인해 여전히 해결해야 할 과제가 많다. 첫째는 본질적으로 결정계에 비하여 열적으로 불안정한 것, 둘째로 열화 등 장기 성능 유지의 문제, 셋째 제조 방법, 코스트의 문제 등이다. 이들 과제를 해결하기 위해서 현재에도 잇달아 혁신적 아이디어, 이론이 나오고 있으며 이러한 견실한 노력을 지속함으로서 21세기를 대표하는 선진 테크놀로지로서 보다 견고한 기반을 닦는다는 것이 관계자의 일치된 견해라 할 수 있다.

어모퍼스 합금

1. 어모퍼스 합금이란 무엇인가

어모퍼스라는 말은 원래는 "무정형(無定形)"을 의미하지만, 결정학적으로는 구조가 결정의 범주에 들지 않는(즉, 결정은 어떠한 규칙성을 갖고 원자 배열하는 데 비해, 원자가 흐트러져 규칙성을 가지지 않음) 물질의 총칭으로 일반적으로 "비결정질(非結晶質)"이라 칭하고 있다.

단어의 정의에서 알 수 있는 바와 같이 어모퍼스 합금은 원자 배열에 장거리 규칙성이 없는 랜덤한 구조로 되어 있다. 이에 비해 우리들이 일상 다루는 금속이나 합금은 규칙적인 결정 구조로 되어 있다.

비결정 구조인 어모퍼스 합금은 ① $1mm^2$당 300kg 이상의 인장 강도, ② 비커즈 경도 1000 이상이라는 내마모성 이외에, ③ 높은 투자율, ④ 철심손실이 작음 ⑤ 자왜(磁歪)를 넓은 범위로 제어 가능, ⑥ 전기 저항이 높고 온도에 대한 변화가 작음, ⑦ 열팽창 계수와 강성률의 온도 계수가 작음, ⑧ 높은 내식성(예를 들어, Cr을 첨가하면 스테인리스의 1000배 이상의 내식성을 갖는다), ⑨ 내방사선 손상성 등과 같은 특이한 특징을 갖고 있다. 고장력강, 스테인리스, 규소강판 등의 성질을 모두 지니며 문자대로 꿈과 같은 금속이다. 그렇지만 한편으로는 가공성이 나쁘고, 용접이 불가능하며, 두께에 한계가 있고, 400℃ 이상의 고온에서 결정화하는 등의 결점도 있어 이 문제를 극복하는 것이 금후의 과제이다.

최초로 어모퍼스 합금 제조에 성공한 사람은 1960년에 미국 캘리포니아 공과대학의 P. 듀에이 등으로 그들은 이 금속을 기묘한 금속이라 부르고, 그후 연구의 기초가 되었다. 그리고 이 어모퍼스 합금은 미국의 종합 화학 메이커인 알라이드사에 의해 처음으로 상업화된 이후, 꿈의 금속으로서 각 방면에서 끊임없는 연구 끝에 오늘에 이르고 있다.

어모퍼스 합금은 용융한 금속을 1초 사이에 10만~100만℃라는 냉각 속도로 초급냉하여 만든다. 금속에 결정화 여유를 주지 않고 강제로 액체 상태 그대로 굳혀버리는 방법이다. 이 액체 급냉각법 이외에 반도체 분야에서 주류로 사용되는 스퍼터링법이 있다. 이 방법은 재료에 전리 가스 이온 충격을 가해 원자를 방출시켜 냉각·응고시키는 방법이다.

액체 냉각법에서는 고속 회선하는 냉각 돌러에 용융 상태의 금속을 노즐로

표 8. 어모퍼스 합금의 제작법

	방　　　　법
기체로부터	진공 증착법, 스퍼터링법, 화학 기상 반응법
용액으로부터	무전해 도금법, 전해 도금법
융체로부터	암법, 피스톤 앤빌법, 원심 급냉법, 쌍롤법, 단롤법, 테일러법, 회전 액중 방사법, 애토마이즈법, 스파크 에어로젼법, 플라스마 용사법
고체로부터	이온 타입법, 중성자 조사, 전자 빔 조사

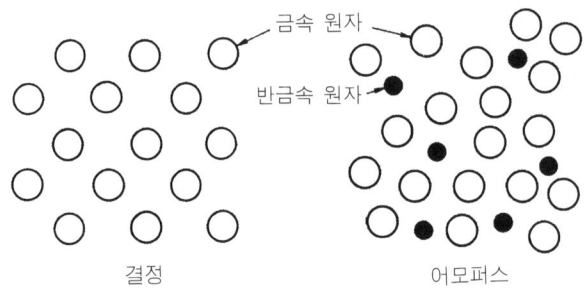

그림 16. 결정과 어모퍼스의 구조 차이

그림 17. 단롤법으로 제작된 어모퍼스 리본

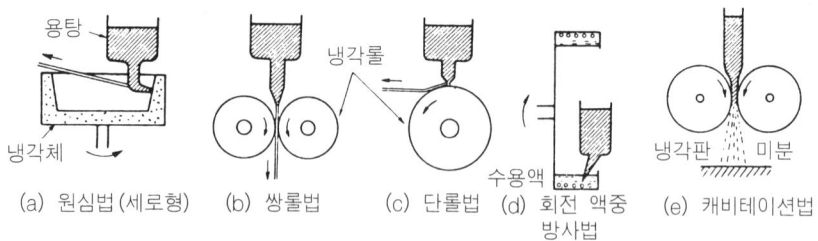

그림 18. 어모퍼스 합금의 제조방법　녹인 금속을 연속적으로 냉각 회전체위에 분출하여 급냉 응고시켜 어모퍼스 합금의 가는 테이프, 가는 와이어, 분말을 대량으로 제조한다. (a), (b), (c)는 가는 테이프를, (d)은 가는 와이어, (e)는 분말을 양산할 수 있도록 되어 있다.

뽑어, 초급냉시켜 연속으로 가는 테이프를 만드는 방법이 널리 쓰이고 있다. 롤러가 하나로 한쪽 면만 냉각하는 단롤법과 양면을 냉각하는 쌍롤법이 있지 만 최근에는 쌍롤법을 개량한 트리플롤법(소니사가 개발)도 등장하고 있다. 롤의 회전 스피드는 일본의 신간선 수준으로 눈깜짝할 사이에 수백m나 되는 테이프 모양의 제품을 제조할 수 있다.

그림 19. 어모퍼스 합금의 테크놀로지 트리

2. 기대되는 분야

어모퍼스 합금 산업화에 있어 비약의 발판으로서 가장 주목받고 있는 것에 전력용 트랜스 철심 분야가 있으며, 종래의 규소강판을 사용한 전력용 트랜스 철심과 비교하여 철심 손실(전압을 내리는 프로세스에 전기 에너지가 열로서 방출되는 것)이 1/3에서 1/4로 감소하여 에너지 손실 절감 효과가 기대된다.

또한, 이밖에 고투자율을 이용한 자기 헤드, 자기 실드, 승압 트랜스, 제어 소자가 고강도를 이용한 타이어 코드(보강재), 고자왜성(高磁歪性)을 이용한 노크 센서, 좌표 독해 장치, 서리 센서, 고내식성을 이용한 핵융합, MHD 발전, 내방사선 손상성을 이용한 노재(爐材) 등 폭넓은 용도가 기대되고 있다.

3. 개발기업 동향

어모퍼스 합금의 개발은 철·비철, 특수강과 같은 소재 메이커뿐만 아니라 일렉트로닉스 메이커, 변압기 메이커 등이 모두 연구 개발 경쟁에 있다.

그 주요 기업으로는 미국 얼라이드사, 일본 비정질 금속(얼라이드사와 미쓰이 석유화학공업의 합병기업), 히다찌 금속, 도킨, 소니, 유니치카, 신일본제철, 가와사끼 제철, 도시바, TDK, 미쓰비시 전기 등이 있다.

4. 금후의 전망

어모퍼스 합금은 수많은 특징을 갖고 있지만, 아직은 ① 안정된 양산 기술이 확립되어 있지 않고, ② 큰 자왜(磁歪), ③ 나쁜 가공성, ④ 용접 불능, ⑤ 두께의 한계, ⑥ 높은 가격 등의 문제가 남아 있어서, 금후에도 문제 극복을 목표로 연구가 진척될 것으로 기대된다.

뉴 글래스

1. 뉴 글래스란 무엇인가

유리는 투광성, 용매성, 가공성 면에서 다른 소재에 비해 뛰어난 성능을 가지며, 또한 이들 특성의 제어가 용이하다는 특질을 갖고 있다.

이러한 본래의 성질을 살리면서 기존의 유리와는 질적으로나 기능적으로 한 층 뛰어난 신소재 유리를 뉴 글래스라고 한다.

뉴 글래스는 그 우수한 특성을 살려서 장래의 통신, 정보처리 옵토일렉트로 닉스 등 첨단 산업분야의 신소재로, 금후 유리산업에 있어 새로운 개척분야를 열것으로 내외의 주목을 받고 있다.

2. 이용이 기대되는 분야

뉴 글래스는 그림 20의 테크놀로지 트리와 같이 일렉트로닉스 분야(디스크 기판, 디스플레이 기판, 프린터 헤드, 조광 유리, 내열 절연재 등), 에너지 분야(태양전지 기판, 레이저 메스, 레이저 가공기 부품, 레이저광 아이솔레 이터 등), 옵티컬 분야(장거리 파이버, 광 메모리, 광도파로, 광 센서, 광 변조 소자, 마이크로 렌즈, 광 IC 등), 정밀기계 분야(정밀기계 부품, 구조 재, 가스 터빈 부품, 보강용 파이버 등), 화학·방사선 분야(분리막, 흡착재, 정제재, 촉매담체, 센서 등), 바이오 분야(인공 관절, 인공 치아, 인공 콩 팥, 세포배양 등) 등의 폭넓은 이용이 기대되고 있다.

3. 개발 기업 동향

뉴 글래스 연구를 추진하고 있는 일본 기업으로는 아사히 글래스, 일본 판 유리, HOYA, 스미토모 전기공업, 일본 전기유리 등 여러 기업이 있다.

4. 금후의 전망

2000년 시점에서 뉴글래스의 시장 규모는 기존의 유리 시장 1조엔(1985 년)을 능가하는 1조5000억엔에 달할 것으로 보이며, 큰 산업으로 발전할 가 능성이 있다. 이를 위해서는 적극적인 제조기술, 수요자 요구에 부합한 용도 연구 등을 추진시키는 것이 중요하며, 개별 기업 활동과 동시에 뉴 글래스 포 럼 등의 관계 기관의 금후 활동이 주목되고 있다.

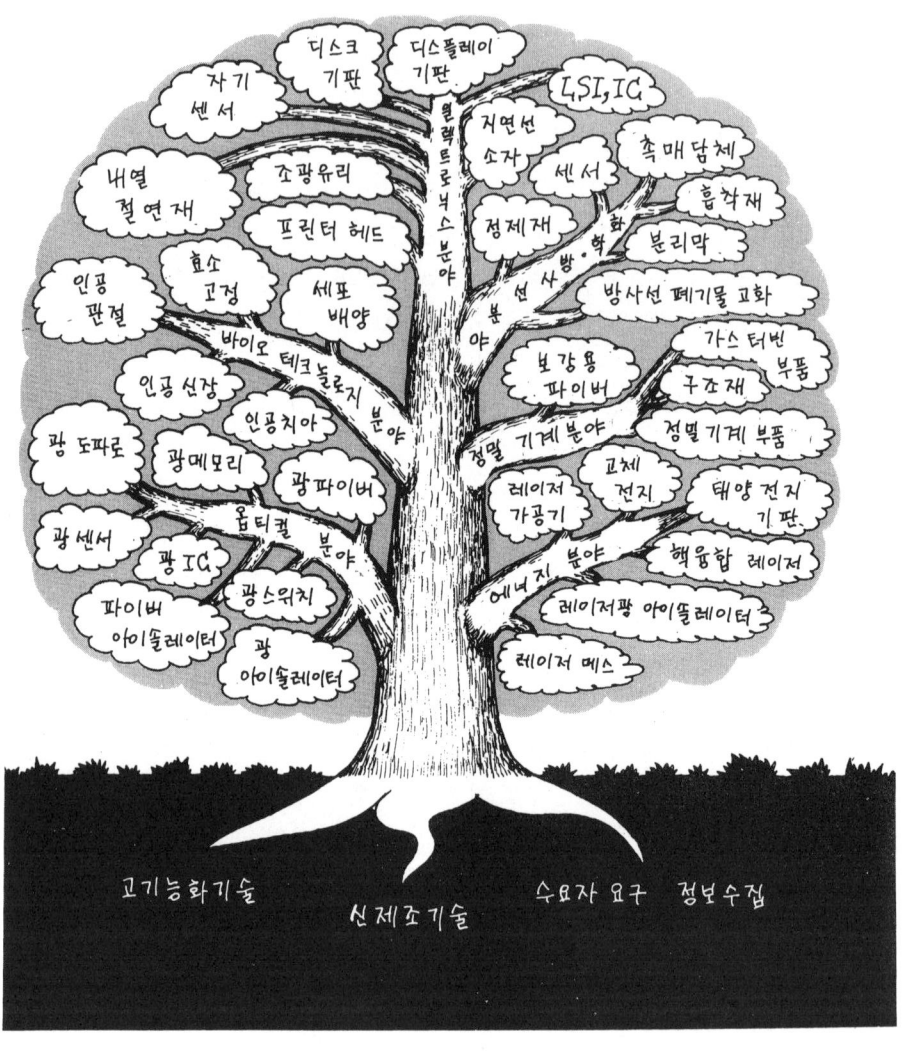

그림 20. 뉴 글래스의 테크놀로지 트리

초 미 립 자

1. 초미립자란 무엇인가

초미립자란 광 파장보다 훨씬 작은 입경 1000Å이하의 벌크 물질과 원자와의 중간에 위치하는 물질의 총칭으로 수십~1000Å의 초미립자는 원자나 또한 결정 구조의 물질과는 다른 성질을 갖고 있기 때문에 새로운 기능의 신소재로서 기대되고 있다.

초미립자 자체는 원자 또는 이온으로부터 미분체를 합성하는 방식(빌딩 업식)과 거친 입자를 기계적으로 분쇄하는 방식(브레이킹 다운 방식) 등으로 만들어진다.

일반적으로 초미립자는 비표면적이 대단히 크고, 표면 에너지가 커서 내부에 초고압을 일으키며, 빛의 흡수 특성이 좋고, 활성이 높으며, 고압에서 소결되고, 대단히 항자력이 높다는 성질을 가진다. 이러한 특성을 활용하기 위한 연구가 활발히 이루어지고 있다.

2. 이용이 기대되는 분야

초미립자의 응용에는 그림 21 테크놀로지 트리에서 보는 바와 같이 일렉트로닉스 분야(도전 도료, 도전 고무, 가스 센서, 광파이버용 유리, 전자회로 소자 등), 신재료 분야(반응성 소결재료, 자성 유체, 고융점 재료, 도장박막, 도기 그림 입히기, 카드용 자성 재료 등), 화학분야(열교환기, 로켓연료 추진약 연소 첨가제, 촉매, 필터, 전지 전극, 접착제 등), 의학, 생물공학 분야(세포내 염색, 메디컬 캐리어, 발효 제어, 세포 분리 등) 등의 각 방면에서 이용이 기대되고 있다.

3. 개발기업 동향

초미립자의 범위는 화학, 의약, 식품에서부터 일렉트로닉스, 바이오테크놀로지 등 폭이 넓기 때문에, 대학, 국립 연구소, 산업계 등의 각 분야에서 연구가 활발히 진행되고 있다.

또, 초미립자 연구를 추진중에 있는 일본의 기업으로는 소니, 후지 사진 필름, 티탄 공업, 일본전장, 일본 진공기술, 히타치 제작소, 미쓰이 도아츠화학, 스탠리 전기, 고베 제강소, 가와사키 중공업, 미쓰비시 중공업 등이 있고, 또한, 분체 기기 메이커로 호소카와 미크론, 나라 기계제작소 등이 있다.

4. 금후의 전망

초미립자의 본격적인 연구의 일환으로 일본에서는 신기술 개발 사업단이 1981년부터 1986년 9월까지 실시한 "초미립자 프로젝트" 연구가 있었으며, 여기서 다양한 초미립자의 세계를 개척할 수 있는 기술이 싹텄다.

금후는 이를 바탕으로 반도체, 전자, 화학, 자기 관련 산업을 중심으로 실용화에 박차를 가할 것으로 본다.

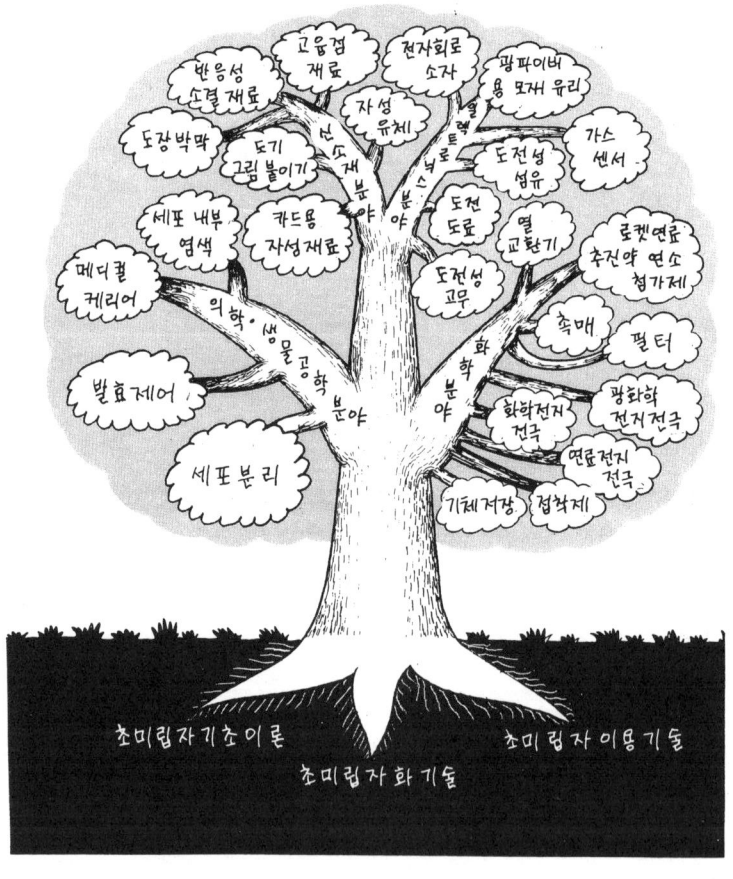

그림 21. 초미립자의 테크놀로지 트리

금속 초미립자

1. 자성 재료, 촉매 등 이용면이 넓다

지름 100만분의 1로부터 1만분의 1mm 정도의 초미세한 금속의 초미립자가 현재, 인기있는 신소재로 관심을 모으고 있다. 구성 원소는 보통의 금속과 조금도 다를 바 없지만 자성, 내부 압력, 광 흡수, 열저항, 융점 등에서는 상상도 못할 정도의 특성을 나타내기 때문에 일렉트로닉스, 촉매화학, 야금 등의 산업기술에 혁신을 가져올 가능성이 크다.

금속 초미립자는 굴뚝에 쌓이는 그을음과 똑같으며, 금속 특유의 광택도 없다. 하나하나의 입자는 너무 작기 때문에, 광학 현미경으로 보아도 검게 보일 뿐 별로 다를 게 없다. 금속을 단지 잘게 한 것에 불과한 이 초미립자가 각광을 받고 있는 것은 다음과 같은 특이한 성질을 가지고 있기 때문이다.

① 표면적이 대단히 크며, 불과 1g의 초미립자라도 그 면적은 $7m^2$에 달한다. ② 표면장력이 크기 때문에, 내부에 대단히 높은 압력이 발생한다. 그 압력은 수십 기압이나 되어, 지구 내부에 필적한다. ③ 철계 합금의 초미분말은 금속 덩어리보다도 자성이 강하다. ④ 크롬계 합금 초미립자는 빛을 잘 흡수한다. ⑤ 융점이 금속 덩어리보다 매우 낮다. 예를 들면 은의 융점은 960℃이지만, 은의 초미립자는 100℃ 이하. 즉 열탕 안에서 녹는다. ⑥ 활성이 강하고, 여러가지 반응을 일으킨다. ⑦ 저온에서 열저항이 없고, 열을 매우 잘 통과시킨다.

이러한 자성, 내부압력, 융점, 열저항 등의 특수한 성질로부터 광범위하게 용도가 개척되고 있다. 현재 가장 활발히 진척중인 것이 자성 재료에의 이용으로 자기 테이프, 디스크, 비디오 테이프 레코더용 테이프, 메탈 테이프 등에 사용되고, 종래보다 10배의 기록 밀도가 가능한 테이프가 만들어진다고 한다. 일본의 후지 사진 필름, 마쓰시타 전기산업, TDK, 히타치 제작소 등이 고기능성 자기 테이프의 개발과 기업화에 착수하고 있다.

미쓰이 도아쓰 화학은 광흡수성에 착안, 적외선의 흡수 재료로서 태양열 이용장치에의 응용개발을 추진하고 있으며, 다이도 특수강에서는 표면적이 크고 활성이 강한 점에서 촉매에의 이용을 연구하고 있다. 또한, 현재의 고체연료 로켓에 금속 니켈의 미분말을 추진약의 촉매로서 이용하고 있지만, 초미립자를 사용하면 현재 보다 100배의 연소효율을 갖는 로켓 연료가 될 가능성이

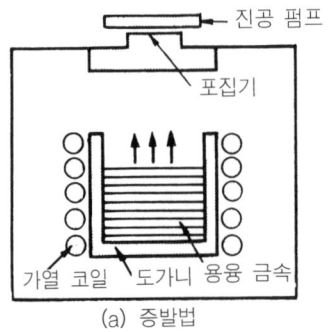

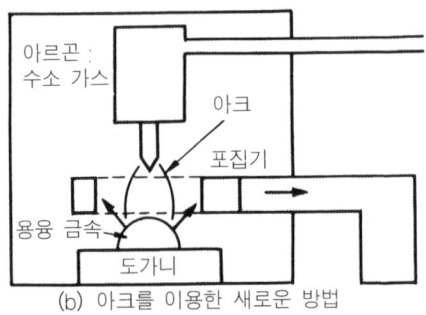

그림 22. 금속 초미립자의 제법 예

있다고 한다.

2. 제조법은 「가스 증발법」이 주류

특수 용도로서 최근에 일본 신슈대학의 엔도오(遠藤)교수 등은, 고온으로 가열한 탄화수소 가스로부터 탄소를 석출시킬 때, 금속 미립자를 이용해 고강도·고탄성을 갖는 탄소섬유를 만드는데 성공하였다. 이 외에, 유기 고분자재료의 특성 개선안으로 도전성 고무와 수지, 고무자석이나 미립자 강화 플라스틱 등과 같이 미립자를 사용한 복합재료 등의 개발도 추진되고 있다.

초미립자의 제조법은 일본의 메이죠대학의 우에다(上田)교수 등의 연구 성과로 발표된 「가스 증발법」이 주류이다. 이 방법은 진공 용기내에 비활성 가스를 봉입하고, 그 속에서 금속을 고온으로 가열, 증발시켜 증발 초미립자를 가루로 회수한다. 신기술 개발 사업단의 위탁을 받아 진행된 진공 야금이 1946년에 기업화에 성공했지만 현재 제조법의 단점인 고 코스트로 1kg당 수만엔에서 수십만엔이나 한다. 이 때문에 응용 제품도 여간해서 나오지 않고 있다. 그래서 일본의 과학기술청은 1956년에 발족한 「창조 과학 추진제도」의 개발주제의 하나로서 신제조법과 응용에 대한 연구를 하고 있다.

도전성 고분자

1. 도전성 고분자란 무엇인가

유기 화합물은 공유 결합으로 이루어지고 대부분은 전기 절연체이지만, 유기 화합물 중에서 금속을 전혀 포함하지 않더라도 상당히 높은 전도도를 갖는 고분자를 도전성(導電性) 고분자라고 한다.

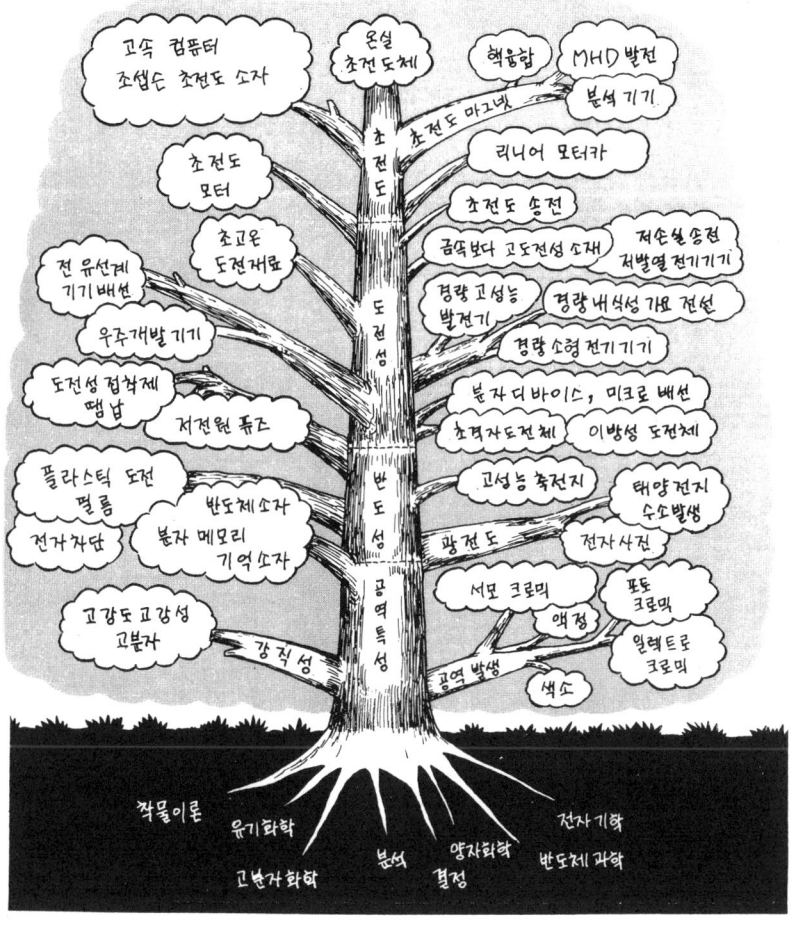

그림 23. 도전성 고분자의 테크놀로지 트리

반(半)도전성을 나타내는 유기화합물을 발견한 시기는 1950년대로, 페릴렌·요오드 전하 이동착물(0.1S/cm(지멘스/cm)) 등의 발견을 계기로, 유기 반도체 분야로부터 진전되었다. 그 후, 전자 수용성이 매우 높은 TCNQ(테트라시아노키노디메탄)나 전자 공여성의 TTF(테트라티아플루바렌)가 합성되고, 1973년에는 그 전하 이동착물(TTF-TCNQ)이 400S/cm의 금속적 도전성을 나타내는 것이 밝혀져 현재는 유기 초전도 착물에도 성공하고 있다((TMTSF)$_2$ClO$_4$, 임계 온도 (T_c=1.3K, BEDT-TTF)$_2$I$_3$, 임계 온도 T_c=8K.)

(주)TMTSF : 테트라메틸테트라셀레나플루바렌,
　　BEDT-TTF : 비스에틸렌디티오로테트라티아플루바렌

이러한 가운데, 유기재료 중에서 고분자 재료에 대한 연구는 1964년에 리틀이 발표한 고온 초전도체의 이론 모델로서 고분자를 고른 것을 발단으로, 1977년에 폴리아세틸렌에 소량의 불순물(예를 들면 요오드)을 첨가함으로써 금속과 같은 도전성을 나타내는 것이 발견되었고, 이것을 계기로 도전성 고분자에 대한 연구가 전세계적으로 이루어지게 되었다.

2. 이용이 기대되는 분야

기대되는 분야로는, 재료가 목표대로 된다면, 고분자가 갖는 뛰어난 특성(경량, 탄력성, 가요성, 큰 면적, 가공성, 경제성)을 살려서 고분자가 갖는 도전율의 이방성과 분자 배향의 제어성을 살린 미크로 배선, 도전성 고분자와 금속이나 무기 반도체와의 계면을 이용한 대면적 태양전지, 도핑에 의한 화학 퍼텐셜 변화를 이용한 충방전 축전지, 고분자의 높은 반사율, 도프(dope)에 의한 변화를 이용한 광정보처리 기억소자, 온도에 의한 도전율의 변화, 금속 절연체 전이를 이용한 온도 센서, 그 밖에 분리막, 필터, 정전방지, 전자실드, 광촉매 등으로 폭넓은 이용이 기대되고 있다.

3. 개발기업 동향

일본에서 도전성 고분자 재료의 개발은 국가 프로젝트로서 통상산업성 공업기술원의 차세대 기반 기술제도 하에서 활발한 연구가 추진된 결과, 급격한 진보를 이루고 있다. 또, 연구를 실시하고 있는 기업은 도오레, 스미토모 화학공업, 아사히 화성공업, 스미토모 전기공업 등이다.

플라스틱 자석

1. 플라스틱 자석이란 무엇인가

플라스틱 자석은, 경질 자성 분말을 플라스틱 바인더에 고(高) 충전한, 이른바 플라스틱 자석재료를 성형하여 얻어지는 자석이다.

그 특징으로 ① 소결 자석에서 볼 수 있는 취약성이나 이가 빠지기 쉬운 결함이 없는 것 ② 성형수축이 0.2~0.5%로 소결 자석의 15~20%에 비해

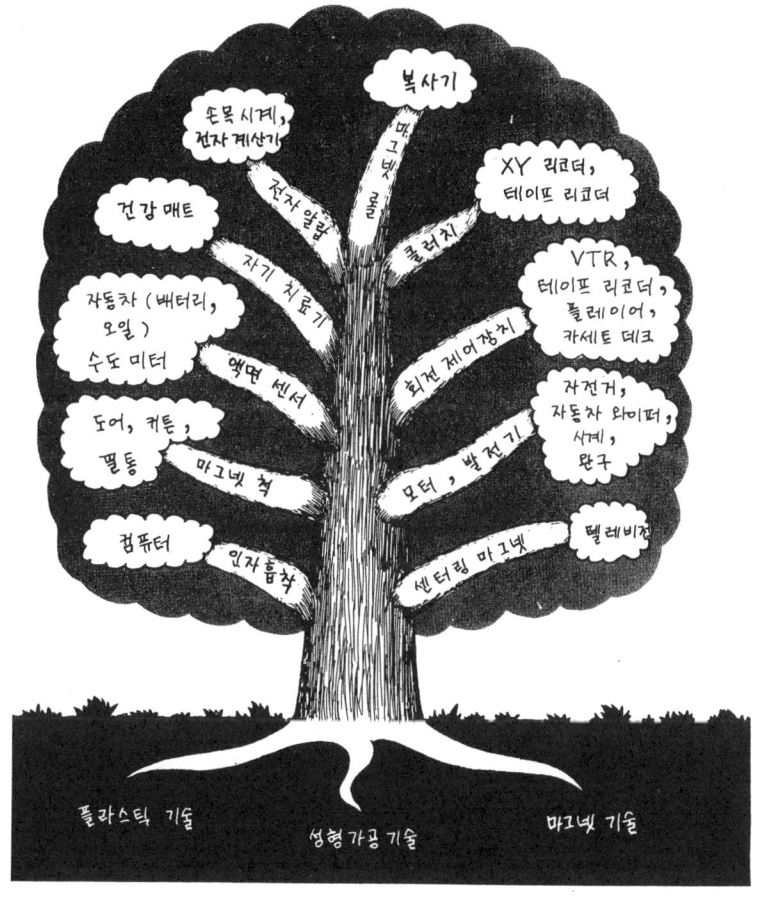

그림 24. 플라스틱 자석의 데크놀로지 트리

작기 때문에 후가공이 생략가능, ③ 연속성형이 가능하여 양산성이 풍부, ④ 비중이 낮기 때문에 경량화 가능, ⑤ 두께가 얇은 복잡형상이 가능하기 때문에 자석설계의 자유도가 높은 것, ⑥ 자분(磁粉) 함유율을 변화시킴으로써 자기 특성을 컨트롤할 수 있는 것 등이 있다.

이것은 소결 자석에는 없는 특징으로 새로운 응용분야를 확대할 것으로 기대되고 있다.

2. 이용이 기대되는 분야

플라스틱 자석은 이방성 소결 자석에 비해 자력이 뒤떨어지고 등방성 소결 자석에서는 가격면에서 불리하기 때문에 자기 특성뿐만 아니라, 플라스틱 자석의 특징을 살려서 토털 코스트 절감과 신기능을 가진 용도에 쓰이고 있다.

코스트면에서 보면 단순 형상은 소결 자석, 복잡 형상은 플라스틱 자석으로 구성되어 있다.

플라스틱 자석의 구체적인 용도는 그림 24의 테크놀로지 트리에서 보는 바와 같이 센터링 마그넷, 모터, 회전 제어장치, 클러치, 마그넷 롤, 전자석 알람, 자기 치료기, 액면 센서, 마그넷 척, 인자(印字) 흡착 등의 분야에 이용되고 있다.

3. 개발 기업 동향

플라스틱 자석을 제조하고 있는 일본의 기업에는 스미토모 베이클라이트, 다이이치 정공, MG 등이 있으며 또한, 플라스틱 자석용 사출 성형기를 제조하고 있는 기업으로는 일본 제강소, 스미토모 중기계공업 등이 있다.

4. 금후의 전망

일렉트로닉스의 진전과 동시에 자석에 있어서도 경량화, 소형화, 정밀화의 요구가 더욱 강해지고, 자석에 요구되는 특성도 형상, 자력, 기계적 강도를 포함하여 다방면에 걸쳐 있다.

특히 근래에는 플라스틱 자석재료 자체의 성능도 개선되어 취급이 용이해졌고, 성형기술의 향상으로 소결자석에는 없는 응용분야의 개척으로 그 이용은 더욱 확대될 것으로 기대되고 있다.

스틸 페이퍼

1. 스틸 페이퍼란 무엇인가

스틸 페이퍼는 초박강판(超薄鋼板)이라고도 불리며, 통상의 강판과 달리 두께가 불과 30㎛m(0.03mm)로 신문용지 두께의 반 보다도 두께가 얇다. 가위로도 쉽게 절단할 수 있고 감촉도 철이라고 하기 보다는 알루미늄 박이나 종이에 가깝다.

얇다고 하더라도 기본적인 제조 기술은 종래의 냉간 압연박판과 같아, 원료

그림 25. 스틸 페이퍼의 테크놀로지 트리

의 핫 코일(열연 대강)을 냉간 압연기에 넣고 압력과 장력으로 얇게 늘려서 만들지만 50μm 이상으로 얇게 하면 상하의 압연롤이 접착해 버리기 때문에 고도의 컴퓨터 등의 제어 기술을 필요로 하는 고부가 가치형 하이테크놀로지 상품이다.

2. 이용이 기대되는 분야

스틸 페이퍼의 수요는 현시점에서 아직 많지 않으나 그 이용 용도는 그림 25 테크놀로지 트리에서 보는 바와 같이 플로피 디스크 케이스, 자기 카드 실드 케이스(예를 들면 현금 카드나 크레딧 카드는 불과 100 가우스 정도의 자장에 접하여도 기록된 자기 데이터가 파괴되지만 스틸 페이퍼를 쓰면 0.4mm의 두께로 자장을 600 가우스 감쇠할 수 있다) 등의 자기 실드재 분야 외에 충전타입 전지극판, 프린트 배선 등의 자재 절감형, 용적 절감형 분야, 오토바이의 머플러 뢴트겐 건판, 광파이버 커버 튜브, 포장·곤포용 자재 등으로 그 이용이 기대되고 있다.

3. 개발기업 동향

스틸 페이퍼는 현재 1톤당 약 100만엔으로 보통의 냉간 압연 코일의 3~5 배나 비싼 고부가 가치 제품이며, 일본의 강판 가공 메이커인 이게타 강판 외에, 가와사끼 제철 등의 용광로 메이커도 연구 개발을 추진시키고 있다.

단지, 현시점에서 그 수요는 그다지 많지 않기 때문에 대기업 용광로 메이커가 상업 바탕의 생산은 어렵다고 하며 금후의 수요 확대가 기대되고 있다.

4. 금후의 전망

일본에서의 냉간 압연 박판산업은 한국제 등과 품질 격차가 거의 없어져 근래의 엔화 상승으로 가격 경쟁력이 저하되고 있다. 그러한 가운데 수익을 확보하기 위해서는 부가가치가 높은 상품으로 전환해 가는 것이 필수적이며, 스틸 페이퍼도 경박단소(輕薄短小)의 대표적 상품으로서 철뿐만 아니라 알루미늄, 티타늄 등의 다른 소재들도 이용한 메탈 페이퍼 산업으로서의 발전이 기대되고 있다.

킬레이트 화합물

1. 킬레이트 화합물의 이용 기술이란 무엇인가

킬레이트란 그리스어로 "게의 집게"라는 의미이며, 이 어원으로부터 킬레이트 화합물은 "집게상 화합물"이라고도 하고 끼어 넣는 것 같은 구조(킬레이트 고리)를 갖는 화합물의 총칭이다. 구체적으로는 중심 원자 또는 이온 둘레에 2개 이상의 특정한 리간드가 끼여있는 것 같이 배위해 있는 구조를 말한다.

이 킬레이트 화합물에는 많은 불순물 또는 공존하는 금속의 존재하에서 목표로 하는 금속 이온과 선택적으로 상호작용하여, 그 금속을 극히 미량의 농도까지 포착하는 특징이 있다. 더구나 이온 교환체에 비교하면 킬레이트 화합물은 금속을 포착하는 힘이 강하고 선택성도 크다.

이 특징을 분리·정제의 분야에 살리려고 하는 것이 킬레이트 화합물의 응용 기술이다.

이러한 킬레이트 화합물이 갖는 일반적 성질에 고분자의 특정이 복합한 기능을 가지며, 그 형태가 고체 수지상인 것을 킬레이트 수지라고 하고, 킬레이트 형성 리간드와 그것을 고정하는 불용성 고분자 담체로 구성되는 선택성과 미량 포착성을 갖는 기능성 수지이다.

2. 이용이 기대되는 분야

킬레이트 화합물은 배수처리를 목적으로 이미 일부 실용화되고 있지만, 그 뛰어난 분리·정제 능력을 살려 배수처리 분야(도금 산업·전지 공업에서의 중금속, 배수 중의 인, 불소 제거, 쓰레기 소각장의 중금속 제거) 이외에 가스 분리분야 (배기 가스 CO 회수, 용기내의 산소 제거, 배기 가스 에틸렌 회수), 파인 케미컬 분야(광학 이성체 분리, 단백질 분리, 항생물질 분리, 특정 아미노산 분리), 희소물질 회수 (해수 우라늄 회수, 귀금속 회수, 알루미나에서 갈륨 회수, 광업 유출액에서 인듐 회수), 불순물 제거 (청주 속의 술 제거, 도금액 속의 철과 동 제거) 등 폭넓은 이용이 기대되고 있다.

3. 개발기업 동향

근래에 킬레이트 수지 등 유기 흡착제의 진보는 놀랍다. 특히, 킬레이트 수지는 산업의 고노성빌화와 동시에 복삽한 매트릭스로부터 미량의 물질을 분

그림 26. 킬레이트 화합물의 테크놀로지 트리

리·정제하는 새로운 분리 기능 재료를 바탕으로 그 중요성은 날로 증가하고 있다. 킬레이트 수지의 성능은 킬레이트 화합물이 갖는 성질과 고분자 특징을 잘 조화시키는 것이 효과적이며, 그 전개방법에 따라서는 테크놀로지 트리에서 보는 바와 같이 폭넓은 이용이 기대되기 때문에 일본의 쿄토 대학, 구마모토 대학과 시코쿠 공업시험소 등의 대학·국공립 연구소 등 외에 미쓰비시 화성, 유니치카, 아사히 화성 등의 기업에서도 연구가 활발히 추진되고 있다.

4. 금후의 전망

킬레이트 수지는 배수처리를 목적으로 우선 실용화되었지만 수은과 같은 특정물을 ppb 단위까지 분리할 수 있다는 특정 미량성분 선택 분리기능은 바닷물 속에 있는 3ppb 농도의 우라늄 회수기술로서 유용하여, 앞으로 자원과 환경보전의 테크놀로지로서도 그 색채가 한층 더 강화될 것이다.

단, 한편 킬레이트 수지는 단위 용적당의 흡착 용량이 그다지 크지 않으며 고농도 처리에 부적당하고 흡착 속도도 그다지 빠르지 않는 등의 개선할 점도 있기 때문에 이점을 극복하는 것이 과제로, 이에 대한 연구·성과에 기대가 모아지고 있다.

폐플라스틱의 재생

1. 폐플라스틱 재생 이용기술이란 무엇인가

폐플라스틱 재생 가공기술이란 산업 폐기물 등으로 나오는 다 쓴 플라스틱을 재차 플라스틱 제품으로 리사이클하고자 하는 지구환경 관련기술의 하나로 실용화 수준에 달해 있다.

이 폐플라스틱 재생가공품은 원래 폐기처분될 원료를 사용하므로 원료값은 거의 제로에 가깝다. 따라서 일본에서는 목재, 콘크리트, 금속과 경합 가능한 화학제품으로서, 고가의 플라스틱 제품을 대신하여 1965년 후반에 급격히 발달한 폐플라스틱 재생 가공 분야이다.

현재 일본에서는 연간 10만톤 이상의 폐플라스틱이 재활용되고 있다.

2. 이용이 기대되는 분야

플라스틱 재생 가공품은 그 특징으로 염가인 것은 물론 내구성, 내부식성, 탄력성, 가공성, 내마모성이 뛰어나고, 특히 콘크리트에 비해서 가볍고 시공하기 쉬우며 또한 충전재를 넣어 물성, 코스트를 개선할 수 있는 이점이 있다.

이러한 이점과 아이디어를 살린 폐플라스틱의 재생 가공품은 농수산 분야(어초, 활어조 굴 양식용 말뚝, 항아리, 두렁 시트, 분재 선반 등에) 토목·건축 분야(콘크리트 격자틀, 통풍 패널, 흙막이 말뚝, 측량 말뚝, 배수 파이프 등), 전력·전화 분야(케이블 보호판, 방초판, 매설관용 침목, 철탑 방호책 등), 수송분야 (건널목 진입 금지판, 차의 통행 금지 표지, 건널목 설치부재, 방현재, 거리 표지, 섀시 완충재 등에), 포장분야 (팰릿, 컨테이너, 타이어 비드프로텍터, 파이프 스페이스 등) 등 눈에 잘 띄지 않는 곳에 폭넓게 쓰이고 있다.

3. 개발기업 동향

폐플라스틱 재생 가공품의 유용성은 대단히 높으며, 일본은 기술적으로도 세계 최고 수준인 반면, 그 개발, 제조는 대부분 중소기업에서 이루어지며 그 것을 지원하는 중핵 단체인 플라스틱 처리 촉진협회 등의 협력하에 일본 플라스틱 유효 이용 조합이 설립되고, 플라스틱 재생가공품의 개발, 제조, 판매에 관계되는 상호 연대강화, 정보교환의 활발화가 도모되고 있다.

그림 27. 폐 플라스틱의 재생 테크놀로지 트리

이러한 노력에 의해 현재는 일본 전국에서 약 100사 정도가 이 사업에 참여하고 있으며 그 주요 기업으로는 와시다 화성, 타이토, 산요 폴리 총업, 리프로 등의 메이커가 있다.

4. 금후의 전망

폐플라스틱 재생 가공제품은 플라스틱 제품의 제조, 가공 또는 조립공정 등으로부터 나오는 스크랩과 제품 불량품, 여러가지 제품이나 재료의 수송, 유통과정에서 쓰인 포장재 등 산업이나 사업소에서 배출되는 것을 원료로 하기때문에 제품 품질이 수지 종류의 변동, 오염, 이물질의 혼입 등에 영향을 받기 쉬운 특질이 있다. 또한, 제조 사업자의 대부분이 중소기업이고 생산성, 품질관리면에서도 개선의 여지가 많기 때문에 종래부터 폐플라스틱의 재활용촉진에서는 이러한 과제를 극복하기 위해 정부, 화학업계 전반에 걸친 지원이기대되어 왔지만, 일본에서는 1983년 7월에 재생 가공제품이 관공서 수요특정품목으로 지정된 것을 계기로 관공서 수요를 중심으로 한 이용이 착실히증가하고 있다. 금후에도 신제품의 개발 노력, 제조 품질관리 기술의 향상 여하에 따라 크게 신장할 수 있을 것으로 기대되고 있다.

키틴질의 이용 기술

1. 키틴질상의 이용 기술이란 무엇인가

키틴질이란 새우나 게의 등딱지, 또는 곤충의 등딱지 등에 포함되어 있는
물질로 이들의 외골격 또는 딱딱한 피부를 형성하는 물질의 일반적인 호칭이
다. 지구상에서는 이들 생물에 의해 연간 1000억톤이나 되는 아직 사용되지
않는 엄청난 바이오매스 자원이 생산되고 있으며, 과학적 조성으로는 키틴과
단백질을 포함하고 있다. 이 키틴 자체는 아미노당으로 이루어지는 다당류의

그림 28. 키틴질 이용의 테크놀로지 트리

일종이고, 이것을 알칼리 처리하여 키토산을 얻을 수 있다.

키틴질 이용 기술은 새우와 같은 생물성 폐기물을 추출·정제하여 바이오매스 자원으로 이용하는 기술이며, 미지의 파인 케미컬, 바이오 머티어리얼 신기술로서 자원에 관심이 높아진 해양 생물자원 유효 이용기술이다.

2. 이용이 기대되는 분야

키틴질 유효 이용기술의 적용 분야로는, 그림 28의 테크놀로지 트리에서 보는 바와 같이 화학공업 분야(알코올 물 분리, 중금속 이온 회수, 단백질 응집제, 도료, 염료, 액정, 효소 제조 등), 의료분야 (인공 투석막, 수술 봉합실, 항 콜레스테롤제, 항균제, 항암제 등), 일용품분야(콘텍트 렌즈, 담배 필터, 화장품 등), 식품 분야 (밀 배아 제조, 저 칼로리 식품, 유아밀크 첨가, 물처리 등), 금후 농업분야(농약, 비료, 토양개량 등) 등에 폭넓게 이용될 것으로 기대되고 있다.

3. 개발기업 동향

근래에 들어 일본의 도쿠야 마소다와 카토기치가 공동개발한 새우 등딱지에서 얻어지는 키토산을 이용한 고성능 물 알코올 분리막의 개발이 특히 주목받고 있다. 키토산 유도체를 중공의 섬유상 막으로 가공하고, 이것을 수천개 묶어 모듈화함으로써 실온에서 70℃의 넓은 온도 범위에 걸쳐 물 알코올 혼합액으로부터 물을 제거할 수 있게 되었고, 이 막 기술로 고순도 알코올 제조 이외에 혼합 유기 용제의 탈수, 알코올계 용제의 재생처리, 효소 반응을 이용한 바이오액터계에서의 탈수 등으로의 적용이 시도되고 있다.

4. 금후의 전망

키틴질을 비롯한 해양 생물자원은 해양 광물자원과 더불어 원재료 자원 미개발의 보고이며 21세기에 걸친 신산업 기술의 개척 분야로 정착되어 가는 중이다. 일본의 통산성 공업기술원에서는 1988년 12월 「고기능 화학제품 제조법(해양생물활용)」의 연구개발에 관련된 기본계획을 책정하였고 이에 근거하여 대형 프로젝트로서 구체적으로 연구개발이 시작되었다.

시라스 다공질 유리

1. SPG 기술의 이용이란 무엇인가

SPG(Shirasu Porous Glass)는 재해의 원인이기도 했던 화산재 시라스(shirasu)를 원료로 하여 일본 미야자키현 공업시험소가 개발한 고기능 다공질 유리이다.

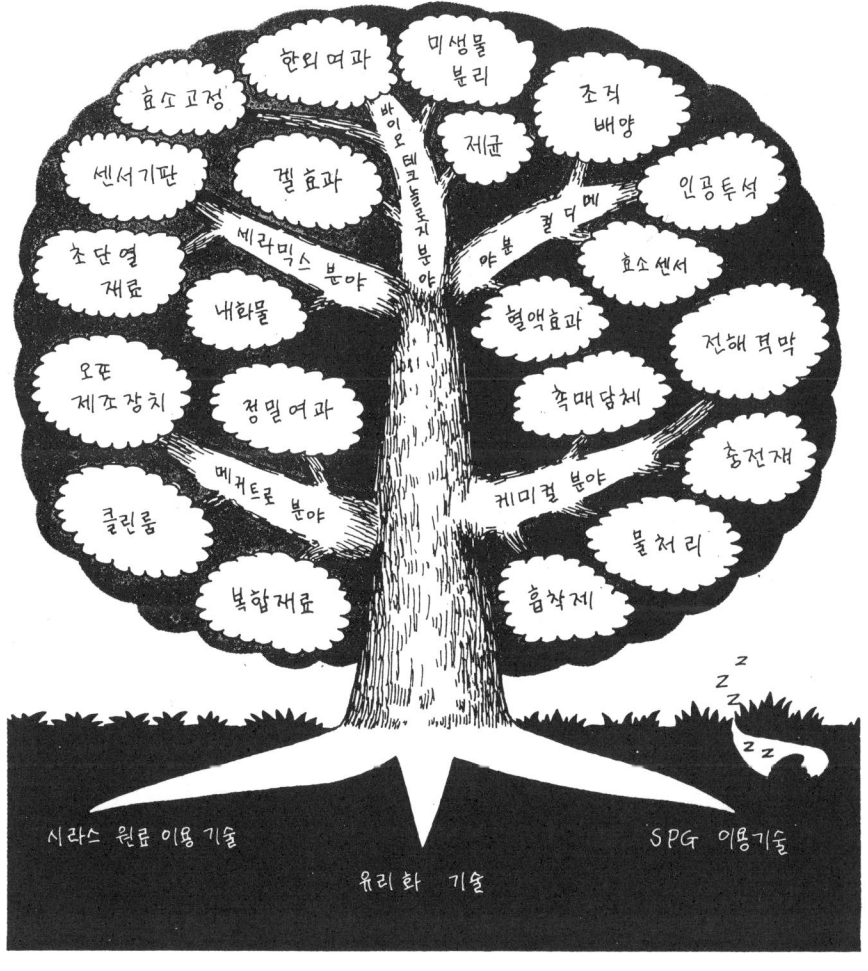

그림 29. 시라스 다공질 유리의 테크놀로지 트리

다공질 유리는 분리막이나 담체로서의 용도를 중심으로 주목받고 있으며, SPG의 경우는 시라스에 석회와 붕산을 첨가하여 약 1300℃에서 용해하고, 용도에 따라 파이프상, 비드상, 섬유상 등의 형상으로 성형한 후, 열처리 (600~800℃)를 거쳐 상을 분리시킨 후 산처리하여 만들어진다. 또, 이 때의 구멍 크기는 열처리의 온도, 시간에 따라 결정된다.

이렇게 해서 만들어진 SPG는·이제까지의 Na_2O-B_2O_3-SiO_2계의 다공질 유리와 비교하여, ① 수μm에서 10μm까지 광범위하게 입경을 정밀히 제어가능, ② 다공질임에도 불구하고 강도는 통상의 글래스와 동등, ③ Na_2O-B_2O_3-SiO_2 계는 SiO_2이 96% 이상이기 때문에 알칼리에 약한데 비해, SPG는 AI_2O_3을 13% 포함하고 있어 내알칼리성이 우수함, ④ 표면은 물론 내부 구멍의 굵기가 균일하기 때문에 각종 필터로 사용하더라도 막히지 않는 등의 특징이 있다.

2. 이용이 기대되는 분야

현재, SPG의 재료기술은 거의 확립된 단계로·이미 일부의 제품이 실용화되기 시작하는 등 용도개발이 활발히 진행중이다. 바이오 테크놀로지 분야 (미생물 분리, 겔 여과, 산소 고정, 한외 여과, 균 제거 등), 메디칼 분야 (인공 투석, 혈액여과, 조직 배양, 산소 센서 등), 세라믹스 분야 (센서 기판, 파인 세라믹스, 내화물 등), 화학공업 분야 (촉매 담체, 흡착제, 충전제, 전해 격막 등), 메커트로닉스 분야 (정밀 여과, 공기정화, 복합재료 등) 등이 고려되고 있다.

3. 개발기업 동향

SPG의 이용에 있어서 일본에서는 1983년에 SPG의 이용기술의 개발과 촉진을 목적으로 한 산학관의 연구회(SPG 응용기술 연구회)가 설립되고 있고, 미야자키 공업시험소를 비롯하여 미야자키 대학, 후지 데뷔손 화학, 아사히 화성공업, 일본판 유리, 이데미쓰 코산, 오쓰 타이어, 닛쇼 이와이 등의 유기막 메이커, 유리 메이커 등 14사 참가하에 그 용도 개발의 연구가 추진되고 있다. 또, 연구개발을 하고 있는 기업으로는 이들 이외에 아사히 유리, 이세 화학공업 등이 있다.

석탄재의 이용

1. 석탄재의 이용기술이란 무엇인가

석탄재는 석탄의 연소 찌꺼기로 원탄 중의 가연물, 예를 들면 탄소, 수소, 유황 등의 물질뿐만 아니라, 산소나 혼입되는 불연성 물질 중에서 증발하기 쉬운 무기질 성분도 어느 정도 증발된 잔류 물질이며, 암석을 고열로 소성한 것과 같기 때문에 통상의 암석과는 다른 성질을 갖고 있다.

석탄재는 불균일하지만 대략 pH10~11로 강알칼리가 많으며, 수분을 어느 정도 가하면 수성 화학반응(포라존 반응)을 보이고, 시멘트에 가까운 응고성을 나타내며 또한, 용융온도 이상의 고온에서 연소시키면 석탄재의 입자가 구형을 이루는 특징을 갖고 있다. 석탄재 자체는 석유 대체 에너지로서 석탄 이용이 재검토되고, 사용량이 증가함에 따라서 당연히 증가하게 되어 연간 약 500만톤 정도 나오고 있다. 현재, 석탄재는 요업 분야를 제외하고는 산업 폐기물로서 처리되고 있지만 전도 유망한 특색을 살린 에너지 이용과 재료 이용을 양립시키는 일석이조의 이용기술로서 기대가 많다.

2. 이용이 기대되는 분야

석탄재의 이용으로는 그림 30의 테크놀로지 트리에서 보는 바와 같이 토목 분야(이미 일본에서는 시멘트 원료의 점토 대체재로서 약 70만톤이 이용되며 그 밖에 신경화체, 골재, 아스팔트 필러, 노반재, 지반 안정재, RC댐 등), 건축 분야(기와, 벽돌, 타일, 외벽판, 단열재, 애쉬 울 등)에서는, 농수산 분야(비료, 토양 개량제, 인공 어초 등), 기타 분야(유가물 회수, 배연 탈황제, 산화 방지제, 방청 도료 충전제, 고화제 등) 등과 같은 분야에서 이용이 고려되고 있다.

3. 개발기업 동향

석탄재 이용기술의 발전 성패의 열쇠는 환경 정합형 기술 보급의 체제 정비, 경제 경쟁력을 갖추기 위한 기반 정비, 정보 네트워크 정비로, 석탄 공급자, 석탄재 수요자, 수송업자, 플랜트 메이커 등 50사 이상의 기업단체가 애쉬(ash)정보워킹 그룹을 결성하고 있다. 이것과 병행하여 대학, 국립 연구소 및 기업에서 개별적인 연구가 추진되고 있다. 예를 늘면 홋카이도 전력

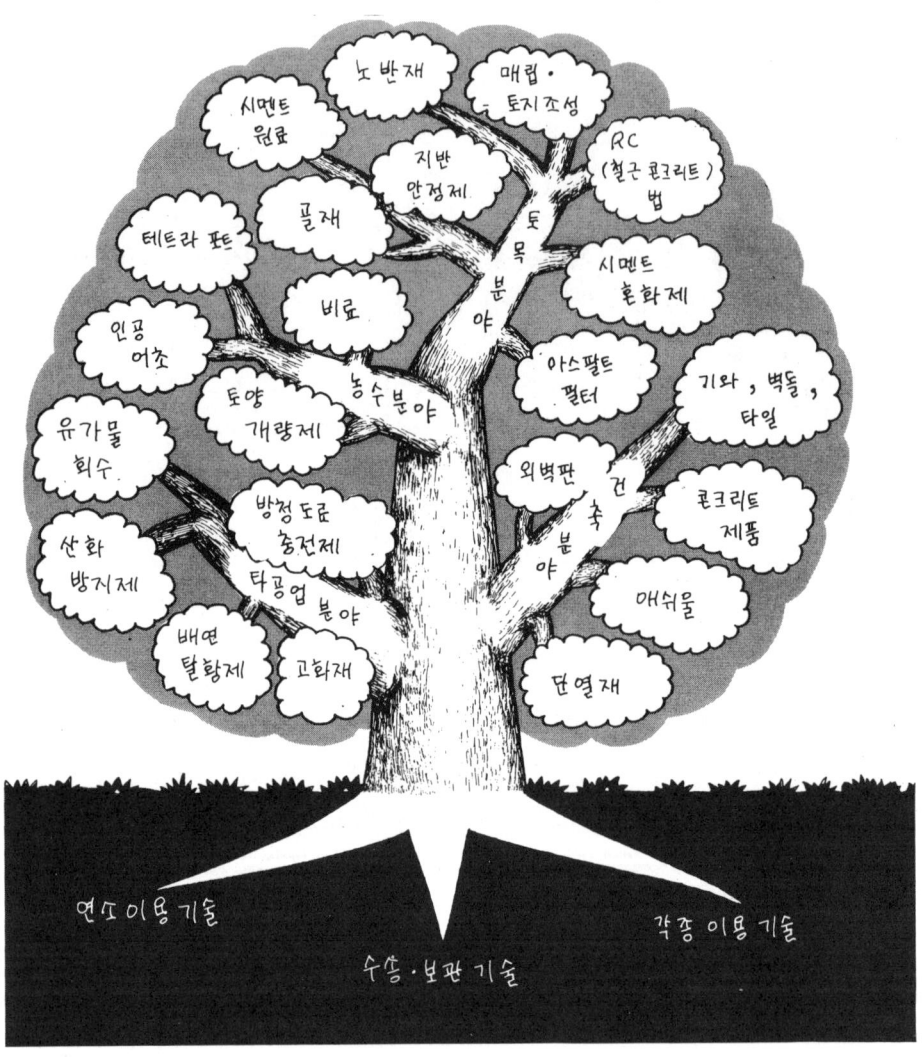

그림 30. 석탄재 이용의 테크놀로지 트리

에서 석탄재 이용 건식배기가스 탈황제의 연구가 진행되고 있으며, 그 성과가 주목을 끌고 있다.

바이오 마그네틱스

1. 바이오 마그네틱스란 어떤 것인가

바이오 마그네틱스란 생물이 만들어내는 자기적(磁氣的) 물질의 총칭이다.

생물 중에는 체내에 자기 미립자를 만드는 것이 있다. 그 생물은 주자성 세균라고 불리는 세균의 일종으로 1975년 미국의 R. D. Blakemore에 의해서 발견되었다(그림 31). 이 세균은 미호기성(微好氣性)으로 지자기를 감지함으로써 호기성인 수면으로부터 미호기성인 침전물 표층으로 자력선을 따라 북반구에서는 북으로, 남반구에서는 남으로 향해서 헤엄쳐 가는 성질을 갖고 있다.

이 세균은 상압에서 균체내에 아주 균일한 자기 초미립자(구체적으로는 길이 $50 \sim 150nm$ 정도의 마그네타이트 Fe_2O_3의 자성 미립자, 그림 32)를 갖고 있어 지자기를 감지할 수 있다.

2. 바이오 마그네틱스 생성 메커니즘을 탐색한다

자기 미립자의 생성 메커니즘은 아직 해명되지 않았지만 추측되는 그 생성 메커니즘은 그림 33과 같이, 우선 균 외의 킬레이트상의 3가 철이온(Fe^{3+})이 균체 내로 들어가 2가 철이온(Fe^{2+})으로 축적된다. 그리고 이 Fe^{2+}가 옥시수산화철(Ⅲ)($\gamma-FeO(OH)$)로 되고 이 표면에 Fe^{2+} 이온이 흡착됨으로써 프로톤이 방출되어, 중간체 $\gamma-FeO(OH)_2FeOH^+$가 형성되고, 다시 이 중간체가 가수 분해되어 마그네타이트 Fe_3O_4가 생성되는 것으로 볼 수 있다.

3. 바이오 마그네틱스의 기대되는 응용 분야

주자성 세균에서 추출되는 자기 미립자는 인공의 자기 미립자 등과 비교하여 형상이 미소하고 균일하며, 더구나 생물에서 유래되었기 때문에 생체와의 적합성도 높다.

또한, 균체내에 존재하고 있을 때에 구성되어 있는 자기 미립자를 포함하는 단백질이나 지방질의 유기박막을 이용하는 것도 가능해진다(표 9). 이러한 특징을 살려 자기 센서나 드러그 딜리버리, 효소나 항체의 고정화 등의 분야에서 그 응용이 기대되고 있다(표 10).

원래 이 바이오 마그네틱스는 매우 작은 자석이기 때문에 가는 혈관도 자유

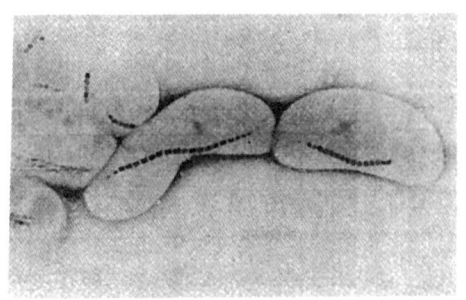

그림 31. 주자성(走磁性) 세균의 투과형 전자 현미경 사진

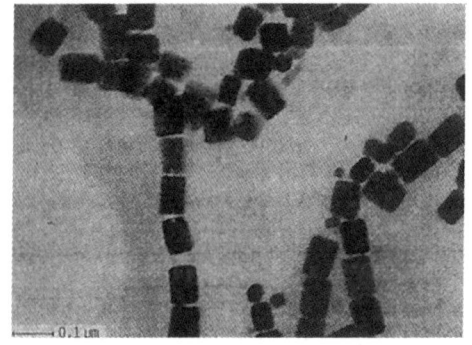

그림 32. 주자성 세균에서 분리한 자기 미립자의 투과형 전자현미경 사진

(동경농공대학, 마쓰나가 제공)

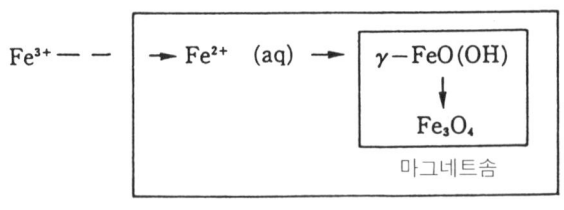

그림 33. 자기 미립자의 생성 메커니즘

롭게 통과시킬 수 있고 드러그 딜리버리의 예로서 림프구를 자기로 유도하여 암 부위까지 갖고 가는 것이 검토되고 있다.

표 9. 자성 세균 입자를 씌운 유기 박막의 지방산 조성

지 방 산	함량(μg/mg particles)
라우린산 ($C_{12:0}$)	0.08 (0.2%)
미리스트산 ($C_{14:0}$)	0.24 (0.8%)
팔미트산 ($C_{16:0}$)	2.94 (9.0%)
팔미트올레인산 ($C_{16:1}$)	13.81 (42.5%)
올레인산 ($C_{18:1}$)	14.72 (45.3%)
기 타	0.70 (2.2%)
계	32.49 (100%)

표 10. 바이오 마그네틱스의 응용 예

인공 자기 미립자	고분자	사이즈[μm]	고정화 물질	응 용
마그네타이트	알부민프로테인-A	2.5~0.5	항HLA-BW 6항체 (2BC4)	세포분리
헤머타이트	디스테롤	—	토끼항사람혈장 피브로넥틴	세포분리
자성유체	폴리글루탈알데히드	0.05~1.5	토끼항사람적혈구	세포분리
마그네타이트	폴리스티렌	3	양항위 1g	세포분리
마그네타이트	덱스트란	0.03~0.04	항체	세포분리
마그네타이트	알부민프로테인	1	토끼항닭적혈구	세포분리
Zn-페라이트	에틸셀룰로오스	250	마이트마이신C	드러그딜리버리
마그네타이트	알부민	0.5~2.5	—	드러그딜리버리
마그네타이트	폴리알칼리시아노아크릴	0.22	악티노마이신C	드러그딜리버리
마그네타이트	알부민	0.2~1.5	아드리아마이신	드러그딜리버리
마그네타이트	폴리아크릴아미드아가로오스	50~160	토끼항혈청, 알칼리포스포다아제	드러그딜리버리
마그네타이트	폴리에틸렌글리코올	0.06~0.3	리파아제	드러그딜리버리
마그네타이트	γ-아미노프로필에폭시실란글루탈알데히드	0.1	글루코오스옥시다제 우리카아제 알라닌디히드로게나아제	계 측

위조 재료

인공 보석

1. 인공 보석이란 어떤 것인가

인공 보석은 합성 보석과 인조 보석으로 대별된다(그림 34).

합성 보석이란 "재결정 보석"이라고도 하며, 천연의 보석과 동일한 화학조성·결정구조를 갖는 결정을 인공적으로 합성한 것이다. 이에 대하여 다이아몬드 대용 보석으로서 개발된 것으로 천연에는 존재하지 않는 티타니아, $SiTiO_3$ 결정, 큐빅 지르코니아 등은 인조 보석으로 분류하고 있다.

2. 인공 보석 제조 기술의 기원

인공 보석의 기술을 현재의 연금술이라고 보면 그 역사는 의외로 오래되었다. 1880년대 후반, 프랑스의 화학자 베르누이가 루비 합성법인 「베르누이

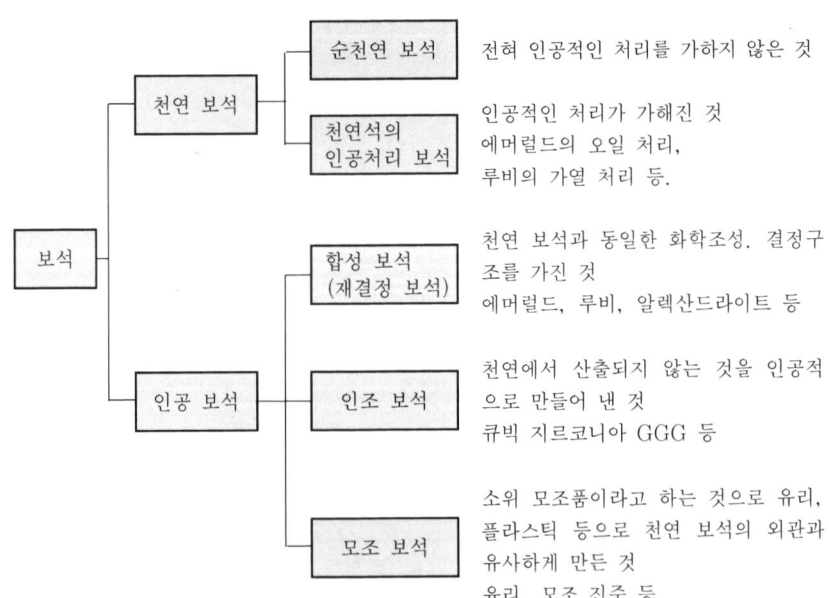

그림 34. 보석의 분류

법」을 발명한 것에서 역사는 시작된다.

이 기술은 1902년에 공개되었고 도처에서 합성 루비가 만들어져 한때는 큰 인기를 끌었지만, 화학 구조나 결정 구조는 동일하더라도 천연 루비와 성장 방법이 달랐기 때문에 점차 광택이 흐려지고, 깨지는 등의 결점이 지적되어 장식용으로서의 평가는 급속히 저하되었다.

3. 합성 보석을 어떻게 만드는가

합성 보석의 제법에는 일렉트로닉스용 단결정체의 제조를 응용한 것이 있는데 합성 보석의 생산에 사용되는 방법으로는 주로 ① 베르누이법, ② 플럭스법, ③ 수열 합성법, ④ 스컬트멜트법, ⑤ CZ법 (쵸크랄스키법)이 있다(표 12).

① 베르누이법

프랑스의 화학자 베르누이가 1904년에 개발한 고전적인 루비 제조법이다.

이 방법은 원료의 미분말(고순도Al_2O_3)을 도립시킨 산소수 버너의 불꽃 속을 통해서 분말 원료를 일정량씩 떨어뜨리고, 화염 속에서 용융시켜, 내화 지지봉의 위에 단결정을 성장시키는 방법이다(그림 35).

현재는 이 방법을 개량해 루비, 사파이어, 티탄산스트론튬 등의 제조에 쓰이고 있다.

② 플럭스법

플럭스(flux)법은 결정 원료를 용융 무기염, 산화물 등 적당한 용융염 (flux)에 용해시킨 고온의 포화 용액을 서서히 냉각시키거나 플럭스를 증발시킴으로써 결정을 석출 육성하는 방법이다(그림 36).

이 방법은 결정의 조성이 균일하게 생성되는 반면에, 결정 육성에 시간이 걸리며 대구경화가 약간 어렵다는 것이 난점이다.

③ 수열 합성법

고온·고압의 물의 존재하에서 하는 결정 성장법이며, 고압하에서는 고온이라도 물이 액상으로 존재할 수 있기 때문에 특수한 반응이 일어난다(그림 37).

④ 스컬트멜트법

스컬트멜트법은 도가니가 불필요하고, 고순도의 단결정를 얻을 수 있어 대구경의 큐빅지르코니아 제조 등에 이용되고 있다.

이 방법에서 고순도의 Zr_2O 분말에 10~30%의 Y_2O_3를 안정제로서 첨가하고, 유도가열로 속에서 융해·천천히 냉각함으로써 대형으로 기둥모양의 단결정을 얻을 수 있나(그림 38). 냉각후 용기에서 꺼낸 결정 넝어리가 삭

표 11. 합성 보석의 화학조성과 주요 제법

보석명	화학 조성	색 상	용액(멜트) 합성		용액 합성	
			베르누이법	쵸크랄스키법,기타	플럭스법	열수 함성법
루비	$Al_2O_3 : Cr$	적색			○	○
에머랄드	$Be_3Al_3(SiO_3)_6$	초록, 남청			○	○
사파이어	$Al_2O_3 : Ti$	청색	○	○		○
스피넬	$MgAl_2O_4$	빨강, 주황	○	○		
에머디스트	SiO_2	보라, 핑크			○	
알렉산드라이트	$BeAl_3O_4$	일광 : 초록 인공 : 빨강		○		
오팔	$SiO_2 + H_2O$	무지개색				○

표 12. 인공 보석의 화학조성과 물성값

종 류	화학 조성	제 법	경 도	비 중	굴절률	분 산
천연 다이아몬드(참고)	C		10	3.52	2.42	0.044
인공 루틸	TiO_2	베르누이법 기타	6.5	4.26	2.61	0.330
티탄산스트론튬	$SrTiO_3$	"	5.5	5.13	2.41	0.198
YAG	$Y_3Al_5O_{12}$	쵸크랄스키법	8.5	4.55	1.83	0.028
GGG	$Gd_3Ga_5O_{12}$	"	6.5	7.05	2.03	0.038
루비·지르코니아	$ZrO_2·Y_2O_3, ZrO_2·HfO_2$	스컬트멜트법	7.5	6~10	2.1~2.2	0.006
니오브산리튬	$LiNbO_3$	쵸크랄스키법	5.5	4.64	2.21	0.120
몰리브덴산가드리늄	$Gd_2O·MoO_3·H_2O$	"	—	—	—	—

(출처) 기능재료(시엠시), 1992년 4월호

결정체로 둘러 싸인 두 개골 모양을 하기 때문에 스컬트멜트법이라고 한다.

⑤ 쵸크랄스키법

결정 인상법(結晶引上法)이라고도 하며, 쵸크랄스키(Czochoralski)가 개발한 방법이다. 각종 단결정체의 제법으로서 가장 일반적인 방법이며, 고순도 원료 분말을 용기 내에 넣고서 가열 용융하고, 이 용융부에 종자 결정을 담그어 서서히 끌어 올림으로써 단결정을 만든다(그림 39).

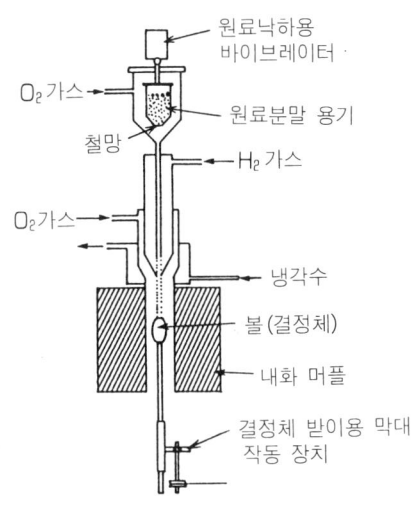

그림 35. 베르누이법

(그림 35~39의 출처) 기능재료(시엠시) 92년 4월호

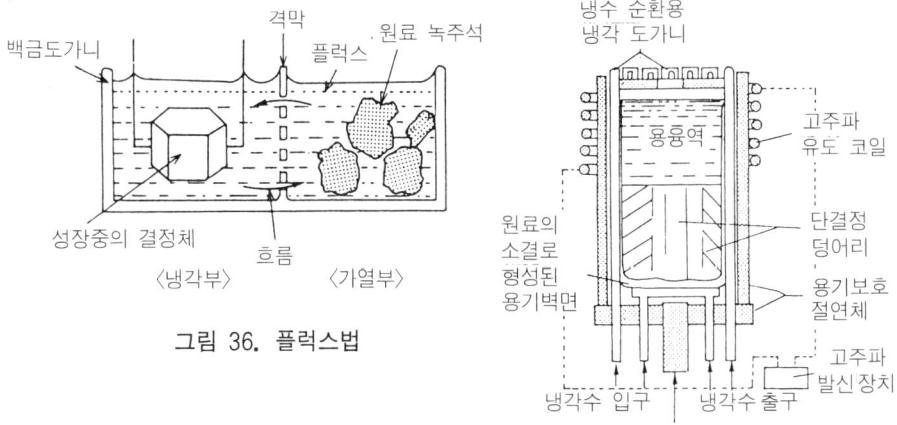

그림 36. 플럭스법

그림 38. 스컬드멜드법

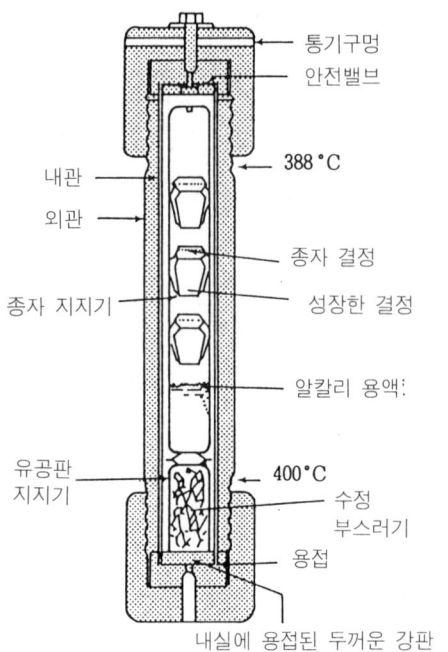

통기구멍
안전밸브
내관
외관
388°C
종자 결정
종자 지지기
성장한 결정
알칼리 용액·
유공판
지지기
400°C
수정
부스러기
용접
내실에 용접된 두꺼운 강판

그림 37. 수열 합성법

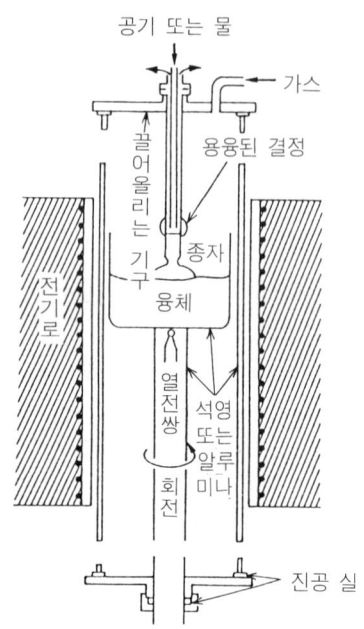

공기 또는 물
가스
끌어올리는 기구
용융된 결정
종자
전기로
융체
열전쌍
석영 또는 알루미나
회전
진공 실

그림 39. 쵸크랄스키법
(결정 인상법)

인공 수정 – 일렉트로닉스 산업을 뒷받침하는 수퍼 머티어리얼

1. 인공 수정이란

인공 수정은 1905년 이탈리아의 토리토 대학교수 페치아가 수열 온도차법에 의해 처음으로 육성에 성공하였다.

특히 1960년대에 들어와서 공업적 규모로 인공 수정의 육성 기술이 확립된 이래, 이 인공수정은 일렉트로닉스 분야에서 중요하고 또한 필수적인 머티어리얼로서 연간 생산량은 약 2000톤(1991년 세계 수요)이다(그 중에서 일본 1200~1400톤).

2. 어떻게 인공 수정은 만들어지는가

인공 수정은 오토 클레이브라고 하는 압력 용기 안에서 배치(batch)법으로 생성된다. 오토 클레이브내에서는 천연수정이 지구내부에서 육성되는 것과 같은 환경에서 만들어진다.

오토 클레이브내의 구조는 그림 40과 같으며 오토 클레이브의 하부에 충전된 라스카(수정의 미결정 집합체)를 묽은 알칼리 용액($NaOH$, Na_2CO_3)을 사용하여, 고온·고압에서 용해시킨다. 동시에 오토 클레이브의 상(육성 영역)·하(원료역)에 온도차를 만든다. 이 온도차에 의해 오토 클레이브 내부에 열 대류가 일어나 원료역에서 용해한 SO_2가 묽은 알칼리용액에 들어가 육성역으로 운반된다. 육성역에 운반된 SiO_2는 온도차 분량만큼 과포화되며, 미리 세트해 둔 종자에 석출하여 성장하여 간다.

3. 보다 좋은 인공 수정을 생산하기 위한 과제

인공 수정의 생산은 앞에서 설명한 바와 같이 배치 방식으로, 공업화에서는 그 규모 확대가 시도되고 있으며 현재의 오토 클레이브는 초기 것의 130배나 생산성이 향상되고 있다. 단, 대형화에 따라 육성된 결정의 치수 변동이 많아지기 때문에 결정인자, 특히 열 대류의 해명이 중요하며, 앞으로 더욱 우수한 인공 수정을 생산하기 위한 과제로서,

① 결정 성장 메커니즘 해명을 위한 오토 클레이브 내부의 열해석
② 결정 내부에 함유되는 고상(固相) 반응물의 제어
③ 선상(線狀) 결함이 없는 결정의 육성 등을 들 수 있다.

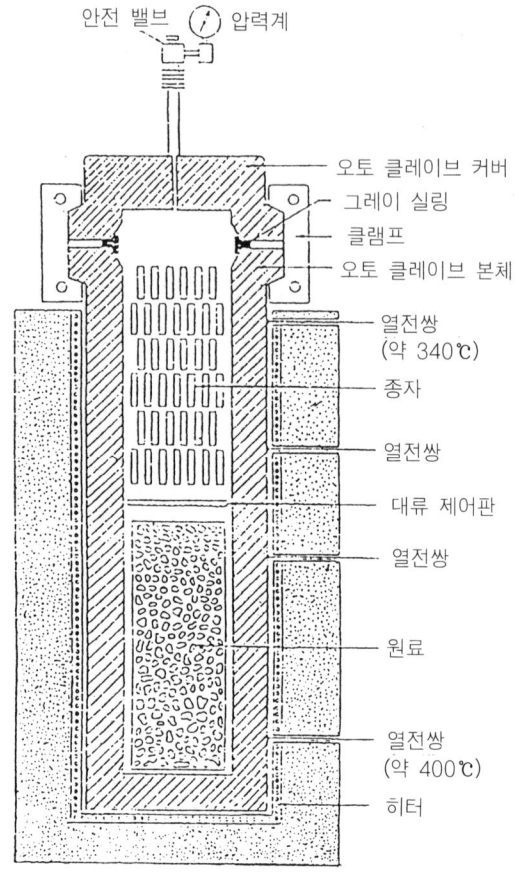

그림 40. 인공 수정 육성 모식도

(출처) 트리거(일간 공업 신문사) 1992년 3월호

인공 상아

1. 워싱턴 조약 체결로 수입 금지된 상아

1989년 10월, 야생 동식물 보호를 목적으로 워싱턴 조약(정식으로는 「멸종할 우려가 있는 야생 동식물 종의 국제 거래에 관한 조약」) 체결 국제회의에서 상아 거래의 금지가 결정되었고, 일본에서는 1990년 1월부터 수입이 전면 금지되고 있다.

현재 일본의 도장 업자에 의하면 약 10년 분의 재고가 있다고 하지만, 바닥이 나는 것은 시간 문제로 천연 상아에 대신할 머티어리얼이 절실히 요구되고 있다. 이러한 요구를 선취하는 것이 인공 상아이며, 이미 일본촉매(상품명 에부리나), 가와이 악기 제작소(파인 아이보리), 고베 제강소(세라믹 아이보리), 데크노아이리스(우아(優牙)) 등을 상품화하고 있다.

2. 발전하는 인공상아 머티어리얼 기술

상아조 소재에는 카세인 수지계, 아미노 수지계, 무기계가 있지만, 그 질감, 감촉, 외관, 성능은 다르다.

카세인 수지계는 우유 단백질의 카세인에 여러가지 첨가제를 섞어 혼합하여 압출성형후 포르말린에 담가 경화시켜 만들며 도장재, 피아노의 건반, 버튼, 악세사리 등으로 사용되고 있다.

아미노 수지계는 요소, 멜라닌 등과 포름알데히드 반응물을 여러가지로 변성시킨 것을 강화재·첨가재 등과 혼합하여 섞은 후 금형으로 가열 가압하여 경화시킨 것으로, 자유롭게 착색할 수 있는 반면, 건조 상태로 장기간 방치하면 균열되기 쉬운 결점도 있다.

무기계에는 인산 칼슘계의 결정화 유리나 수 경화성 재료, 소성 전에 조각을 필요로 하는 지르코니아계 인장재, 소프트 세라믹이라고 불리는 신소재 에부리나 등이 있다.

그 중에서도 에부리나는 최고급의 하드재 상아와 같은 질감, 감촉, 외관을 갖는 동시에 조직 구조가 균일하기 때문에 둘레 문자의 대표자 각인과 같은 미세한 조각도 간단히 할 수 있고 또한 3만회 이상의 날인 후에도 인영(印影)이 변하지 않으며, 충격 강도도 $19.0kg \cdot cm/cm^2$로 상아($18.6kg \cdot cm/cm^2$) 보다도 크기 때문에 쉽게 손상되지 않는 성질을 갖고 있다.

또한 상아는 손의 지방질 등이 스며들거나 변색하기 쉽지만 에부리나는 쉽게 변색되지 않으며 입술 연지, 크레용 등이 묻었을 경우에도 물이나 세제로 씻어 버릴 수 있고, 장기간 사용하더라도 변색되지 않는 우수한 성질을 갖고 있다.

3. 피아노 건반과 인공 상아를 사용 — 파인 아이보리

피아노 건반으로는 탄성이 높으면서 적절히 부드럽고, 땀을 흡수하는 성질을 갖는 천연 상아가 널리 쓰여 왔지만, 워싱턴 조약에 의한 수입 금지에 따라 천연 상아 대체용 피아노 건반용 소재로서 개발된 것이 일본의 가와이 악기 제작소의 파인 아이보리이다.

천연 상아에는 생체 재료 특유의 미세 구멍이 있어서, 땀을 흡수하는 성질 때문에 조명열을 받는 콘서트 연주나, 장시간 연주를 하는 피아노 연주가들 사이에서는 널리 쓰여왔다.

이에 반해, 기존의 아크릴수지 등은 외관과 치수 정밀도의 안정성 등은 높지만 땀을 흡수하지 않는 결점이 있었다.

그러나, 파인 아이보리는 천연 상아와 똑같이 미세 구멍이 있으며, 천연 상아 대체 환경 적응용 머티어리얼로서 주목받고 있다.

파인 아이보리는 더욱 천연 상아와 유사하지만, 여전히 흡수율 3.4%로 천연상아의 4분의 1에 불과해 더욱 성능 향상을 위한 노력이 계속되고 있다.

참고로 이 건반가격은 천연 상아의 4분의 1이하이며, 앞으로 파인 아이보리는 생활 주변에서 쉽게 접하게 될 뉴머티어리얼이라고 할 수 있다.

인공 별갑 머티어리얼   —별갑산업을 구하라—

천연 상아와 함께 워싱턴 조약으로 수입 금지가 된 것이 별갑(鼈甲)의 원료인 대모(玳瑁)이다.

대모는 1992년말부터 수입이 금지되어 별갑 산업 그 자체가 존망의 위기에 직면하고 있다. 현재까지도 별갑 원료의 전환을 위하여 소뿔을 이용한 별갑 원료기술이나 카세인 수지 등이 연구되고 있지만, 본격적인 대체에는 이르지 못하는 것이 현실이다.

이러한 상황으로 일본의 통산성 공업기술원에서는 화학기술 연구소(현재는 물질공학 공업기술 연구소)에서 콕로치(cockroach)의 표피로부터 천연 고분자인 키틴을 추출하는 기술을 개발함과 동시에 단백질 데이터 베이스의 구축과 단백질의 구조 해석을 해 왔다. 이러한 기술적 배경에 근거하여 인공 별갑의 개발에 착수하였다.

구체적으로는

① 대모 등딱지의 화학적 및 물리적 성질의 해석·평가,

② 누에 번데기 등 곤충의 표피로부터 키틴 등 천연 고분자를 효율적으로 추출하는 기술의 개발,

③ 그 천연 고분자와 단백질, 기존의 열가소성 합성 고분자, 무기재료, 색소 등의 복합화기술의 개발,

④ 복합화 원료의 해석·평가

를 하고 있다.

또한, 같은 시코쿠 공업기술 시험소에서도 1992년도부터 별갑 대체물을 개발하기 위하여 대체 재료가 되는 천연 소재의 명주, 콜라겐 등의 고급 천연 단백질이나 해양 갑각류 기원의 키토산 등의 다당류를 원료로 하여 개발을 추진해 왔다.

인공 모발 머티어리얼 ― 보다 자연스러움을 추구한다

1. 현재 머리 숱이 적은 인구 1000만명!

발모제의 인기를 대변하듯 풍성한 머리털에 대한 욕망은 남성은 물론 여성이나 아동에까지 이르고 있다. 일본에서는 머리 숱이 적은 인구가 약 1000만명을 넘어 섰으며 점점 더 증가 추세에 있다고 한다.

사람의 털 자체는 아미노산 단백질로 되어 있고, 그 표면에 큐티클이라는 "연륜"을 말해주는 비늘 모양의 까칠까칠한 것이 붙어 있다. 이른바 윤기있는 머리털 광택은 이 큐티클이 빛을 반사하여 독특한 느낌을 주기 때문이다.

가발의 모발 소재로는 이제까지 천연 모발이 사용되어 왔지만, 앞으로는 구하기가 어려워질 것이고 게다가 품질의 변동도 커지고 있다. 이에 대하여 확대 일로에 있는 모발 수요를 충당하기 위한 목적으로 개발한 것이 인공 모발이며, 현재까지 모다아크릴, 폴리에스터, 나일론 등을 소재로 한 인공 모발이 개발·상품화되어 왔다.

2. 요구와 자연스러움

현재까지의 주류이던 모다아크릴계 인공 모발은 열에 약하고 사람 모발과 같이 160~180℃의 고온에서 헤어 스타일을 세트할 수 없었기 때문에 드라이어를 쓸 수 없었거나 온수로 세발하면 컬이 풀어지는 문제가 있었고 더구나 모발 표면은 단조로왔다.

3. 큐티클보다 더 큐티클다운 자연스러운 헤어 ― 구정표면 처리기술

모발에 대한 최대의 요구는 "자연스러움"이다. 뛰어나 기능성은 물론, 사람 모발과 인공 모발을 자연스럽게 조화시키는 것이 중요하다. 그 자연성의 열쇠가 모발 표면의 조면화(粗面化) 기술이다.

사람 모발의 큐티클과 같은 느낌을 주기 위해서 고안된 기술의 하나가 큐티클에 흡사한「구정(球晶)」에 의한 요철(凹凸) 가공기술이다. 「구정(球晶)」이란 섬유 분자가 핵을 중심으로 구상으로 성장한 덩어리가 표면에 다수 형성된 것이며, 인공 모발 표면에 천연 모발의 큐티클과 유사한 구정을 형성시킴으로써 자연스러운 느낌을 주고, 또한 천연 모발과 같이 수분도 흡수하는 것으로 헤어 메이커 아데랑스사에서는『사이버 헤어』라는 이름으로 세계 각국에서 특허를 취득하여 상품화하고 있다(표 13).

표 13. 일본 아데랑스의 「사이버 헤어」와 다른 가발용 모발의 물성 비교

	천연 모발	사이버 헤어	모다아크릴
굵기(mm)	0.08	0.08	0.08
인장 파단 강도(kgf/mm²)	23.5	50.0	40.8
인장 탄력성률(kgf/mm²)	456	450	548
연신율(%)	40	43	29.3
파단 에너지(kgf/mm)	3.16	5.50	1.69
비중	1.32	1.14	1.26
수분율 20℃ 65%RH(%)	12.4	3.7	0.5
수분율 20℃ 95%RH(%)	20~25	8.5	3.0
연화점(℃)	*130〈머리카락질〉	180	150
용융점(℃)	*205〈탄다〉	220	—
표면 형상(참고)	큐티클	특이한 표면요철	이형 단면

(출처) 아데랑스

4. 콜드 퍼머가 가능한 신 인공 모발 머티어리얼의 등장
— 폴리아미노산계 인공 모발

모다아크릴계 인공 모발 등 현재의 인공 모발 재료가 가진 문제점 중의 하나가 콜드 퍼머성이다.

해결책으로 등장한 인공모발 머티어리얼 재료의 하나가 일본의 아지노모토와 아데랑스가 공동 개발한 폴리글루타민산(폴리−γ−메틸−L−글루타메이트=PMG)을 베이스로 한 인공 모발이다. 이 인공 모발 재료는 콜드 퍼머성이 있을 뿐만 아니라 내열성이 뛰어나고, 강도와 윤기, 물에 대한 작용 등에서도 천연 모발과 매우 가까운 성능을 얻을 수 있다.

원래 PMG는 아미노산 중에서도 대량생산·저가격이 가능한 글루타민산을 출발 원료로 한 폴리머이며, 구조적으로도 가장 천연의 단백질에 가까운 합성 고분자이기 때문에, 천연 모발과 화학적으로도 비슷하다.

이 성질에 덧붙여 천연 모발의 콜드 퍼머가 모발의 케라틴 단백질 중의 시스틴 결합(이황화 결합)을 이용하고 있는 것에 착안하여, 똑같이 폴리머 측쇄에 이 SH기(술프히드릴기)를 갖게 함으로써 콜드 퍼머성을 완성하였다.

PMG 인공 모발의 제법은 **그림 42**와 같으며, 고체 상태에서 PMG 섬유 측쇄의 메틸에스테르를 한 단계로 시스아민에 의해 아미노프로판으로 아미드화 하고 SH기를 도입함과 동시에 N, N−디메틸−13−디아민프로판으로

아미노화함으로써 폴리머 측쇄에 아미노기를 갖게 하여, 산성 염료에 의한 염색도 가능하게 되었다.

이 결과로 얻어진 PMG 인공 모발은 섬도(데니어 : d, 1d는 길이 9000m의 섬유 무게가 1 그램일 때의 실의 굵기를 나타낸다)가 60d(천연 모발 61d), 파단 강도 1.6g/d(천연모발 1.6g/d), 신율 38%(천연모발 40%), 퍼머 효율 36%(천연모발 39%)로서 매우 천연 모발에 가까운 특성을 보이고 있다.

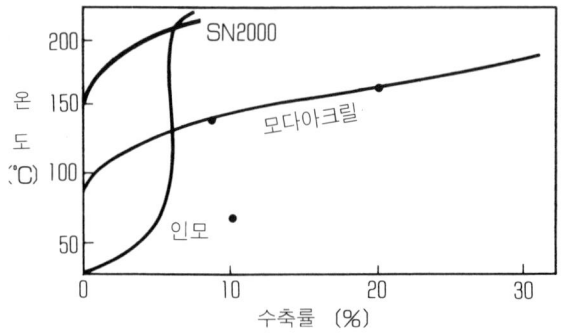

그림 41. 각종 가발용 모발의 온도 상승에 따른 수축 비율

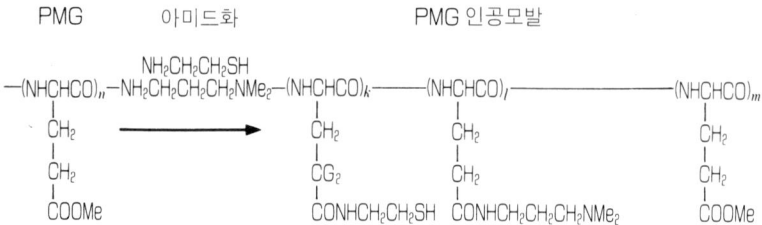

그림 42. 일본 아지노모토―아데랑스가 공동 개발한 PMG계 인공 모발 소재

인공 대리석　—고급·청결 이미지로 소비자 요구에 적합—

1. 인공 대리석이란 어떤 것인가

천연 대리석은 광물학적으로는 변성암의 일종이다. 일반적으로 백색·유백색이 대부분이며 독특한 마블 무늬를 갖고 있어서 외관이 아름답고, 중량감·고급감이 있기 때문에 옛부터 파르테논 신전을 비롯하여 여러가지 역사적 유적에도 사용되어 온 인기 높은 머티어리얼이다.

단, 천연 대리석은 일반적으로 무겁고(비중 2.8 정도), 비싸며, 또한 다공 구조체이기 때문에 더러워지기 쉽고, 치밀한 가공이 어렵다.

따라서 천연의 느낌을 갖게 하면서 양산성이 뛰어나고, 대면적, 가공성이 용이한 인공의 머티어리얼로서 등장한 것이 인공 대리석이다.

인공 대리석은 천연의 광물 가루 또는 합성 무기재 가루 등을 필러(filler)로 해서 수지로 굳혀 압축 프레스로 성형한 것이며, 이 때의 필러재로는 수산화알루미늄, 황산바륨, 탄산바륨, 탄산칼슘, 실리카, 화강암, 화강암 가루 등이 쓰인다. 한편, 수지재로는 열경화성의 불포화폴리에스테르 및 열가소성의 메틸메타아크릴(MMA) 수지가 사용되고 있다.

인공 대리석의 특색은 제조 방법이 일종의 가압 성형법이기 때문에 무기공(無氣孔)으로 치밀한 조직을 얻을 수 있고, 가열 조건, 착색 조건에 따라서 여러가지 색조, 마블 무늬를 얻을 수 있으며 극단적인 경우 천연 대리석에서는 볼 수 없는 색조, 무늬를 얻을 수 있다.

2. 인공 대리석에 대한 수요자 요구와 시장전망

인공 대리석은 생활공간에 인테리어 감각을 요구하는 수요자 욕구에 부응하여 매년 급성장하고 있다. 물과 밀접한 주방, 욕실, 화장실에서 주로 쓰이고 있으며, 기타 호텔이나 식당의 카운터 상판과 내벽재 등 건재용으로도 시장이 확대되고 있다.

단, 실내용으로만 사용되며 내후성면에서는 천연 대리석에 크게 뒤져 빌딩 외벽재 등으로의 전개는 금후의 과제이다.

프로테인 플라스틱 ─보다 자연스러운 플라스틱을─

1. 프로테인 플라스틱이란 어떤 것인가

프로테인 플라스틱이란 천연 단백질인 콜라겐 섬유의 초미분화 기술을 기본으로 하여, 각종 플라스틱과 천연 콜라겐 분말을 복합화한 신소재를 말한다.

이 때 천연 단백질로 쓰이는 것은 동물의 피부조직(그림 43)을 구성하는 콜라겐이며, 이 콜라겐 섬유는 높은 흡습성 및 재빠른 흡방출성 기능을 갖고 있다.

콜라겐의 주원료인 쇠가죽은 일반적으로 수분 64%, 단백질 33%로 이루어지며, 이 중에 구조 단백질로서 콜라겐이 29% 포함되어 있다.

콜라겐 분자는 분자량으로 약 30만, 지름 1.5mm, 길이 300mm의 막대 형상이고, 통상 표면층에 가까울수록 섬유 지름은 가늘고 치밀하며 내부일수록 섬유 지름은 굵고 성긴 구조로 되어 있다.

천연 피혁의 높은 흡습성, 재빠른 흡방출성은 이 콜라겐에 의한 것으로서 다시 말하면 천연 피혁이 천연의 그 특성을 갖는 것도 이 콜라겐 섬유가 있기 때문이다.

2. 프로테인 플라스틱의 특징

콜라겐을 미분화하여 섞은 프로테인 플라스틱의 특징은 무엇보다도 인공 머티어리얼의 특징인 내구성, 용이한 가공성, 균질성에 천연 콜라겐이 갖는 우수한 감촉성, 흡방습성도 함께 지니고 있다(그림 44).

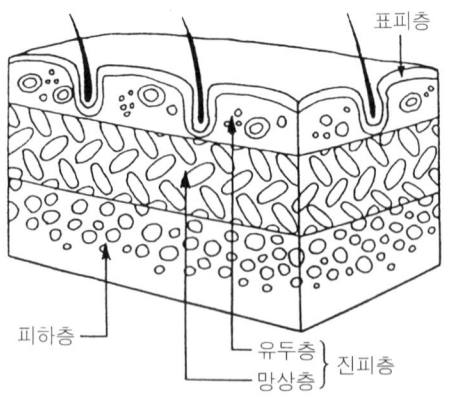

그림 43. 피부조직의 단면도

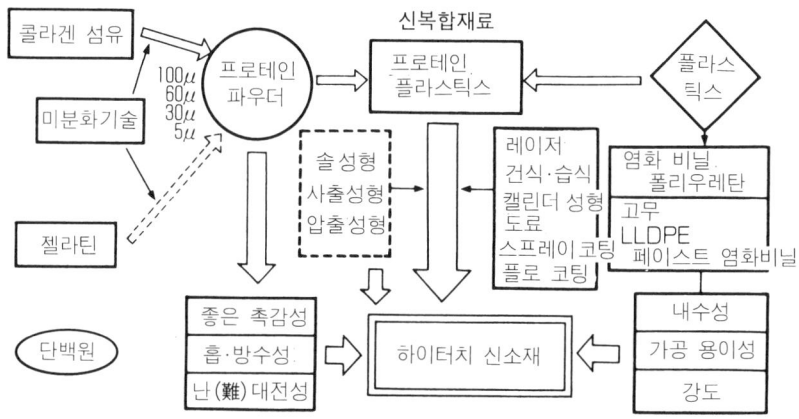

그림 44. 프로테인 플라스틱의 개념도

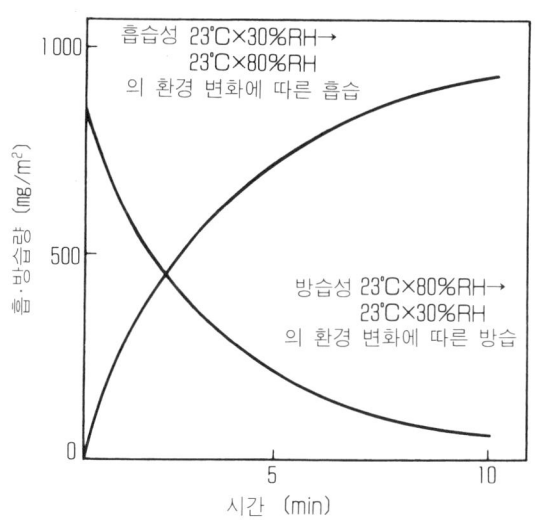

그림 45. 프로테인 첨가 필름의 흡·방습 속도

그림 45, 그림 46에서도 알 수 있는 바와 같이 프로테인(콜라겐)을 첨가한 경우, 흡방습속도가 높아지기 때문에 프로테인 파우더를 복합화함으로써 구두 안 또는 의복내 유폐성 해소의 주요인인 흡습성, 흡한성, 투습성을 향상시킬 수 있다(그림 47).

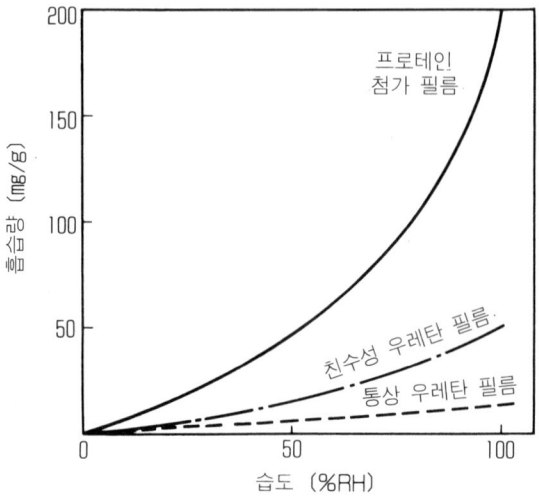

그림 46. 프로테인 첨가가 흡습성에 미치는 영향

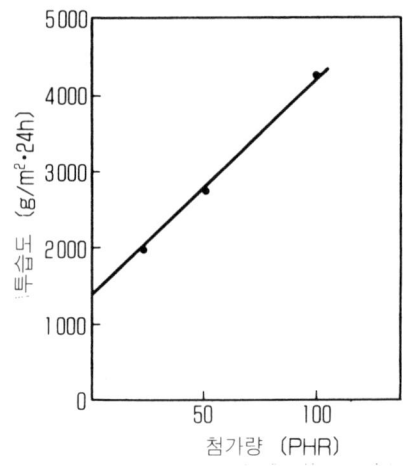

그림 47. 프로테인 첨가가 투과성에 미치는 영향

3. 프로테인 플라스틱 개발의 근원

통상, 플라스틱은 표면이 매끄럽고, 어딘지 값싼 물건같이 보이는데 비하여, 천연 머티어리얼에는 그 소재 특유의 깊은 맛, 풍미가 있고, 사용자에게 평온함, 만족감, 애착감을 갖게 해준다.

이러한 인공 머티어리얼에 천연물의 특성을 가미한 것이 프로테인 플라스틱이며, 그 발상은 「천연 피혁과 동일한 소재를 종래의 인공피혁에 섞으면 좀더 천연물처럼 되지 아닐까」라는 의문에서 시작되었다.

4. 무덥지 않는 구두용 신소재로의 전개 ─ 프로테인 레더

통상, 우리들의 발은 항상 수분이 증발되고 있으며, 긴장하면 발바닥에서 발한(정신적 발한) 량이 많아지고, 또한 보행에 의해 발한(주로 온열성 발한) 하여, 구두 안은 급격히 고온 다습하게 되어, 땀의 제거가 원활히 이루어지지 않는 경우 발이 무겁게 된다.

일반적으로 구두 안의 수분 중 구두와 발의 틈새에서 외기로 나가는 것이 40% 정도이며, 나머지 60%가 구두의 겉 가죽 및 속 가죽으로 흡수(25%), 속 밑바닥으로 흡수(25%), 재료를 통과하여 외기로(10%)해서 재료와 크게 관련되어 있다(그림 48).

이 경우, 발의 표면에서 땀이 증발하여 열을 빼앗기는 동안에는 무덥지 않지만, 구두 안이 포화 상태가 되어 땀의 증발 속도가 낮아지면 발은 무겁게 되는 것이다. 따라서 무덥지 않는 구두 머티어리얼로서의 속 가죽은 흡한성, 흡습성, 투습성이 요구되며, 또한 겉 가죽은 흡습성, 투습성이 중요하다.

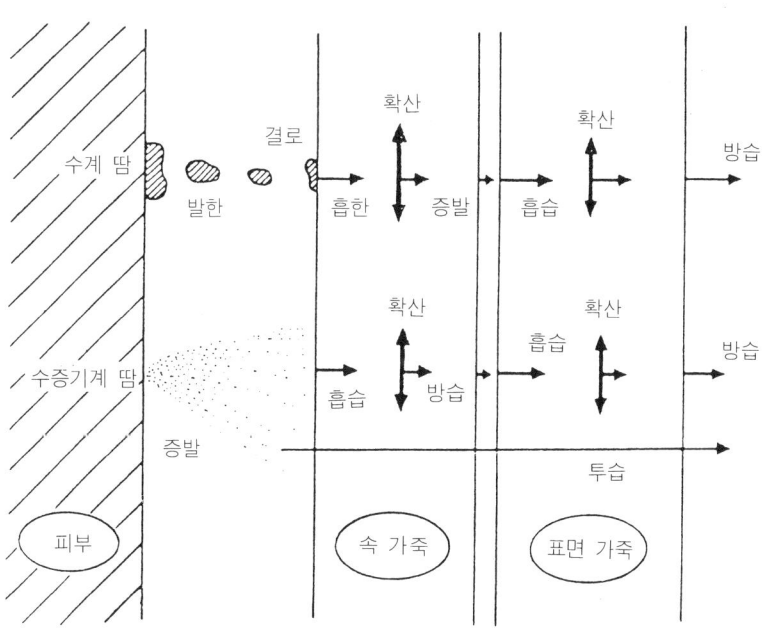

그림 48. 구두속 땀의 이농 모델도

5. 무덥지 않은 구두의 기술 포인트 ― 프로테인 초미분화 기술

무덥지 않은 구두용 신소재인 프로테인 레더의 첫째 포인트는 천연 피혁 구성 물질로 신속한 흡방출성, 높은 흡습성을 나타내는 콜라겐을 인공피혁에 도입한 것이지만, 실제 제작을 가능하게 한 것은 초미분화 기술이다.

예를 들어 입자가 30μm 이상이면 부직포에 스며들지 않기 때문에 부직포로 함침시키기 위해서는 5μm까지 초미분화하는 것이 필수적이다. 일본에서는 특수한 전처리 공정기술과 종래의 인공 피혁기술을 조합하여 세계에서 처음으로 이 기술에 성공하였다.

6. 프로테인 레더의 금후 과제

천연 피혁에 일보 접근한 인공 프로테인 레더는 앞으로 더욱 "인공적인 감"을 제거하기 위해 아름다운 외관 예를 들면, 구두를 손가락으로 누르면 천연 피혁은 불균일한 잔 주름이 생기고 천연 특유의 풍미가 있는데 비해, 인공 피혁 주름은 균일하고 인공적인 느낌이 남아 있다. 발과의 자연스러운 촉감을 목표로 하여 개량되고 있다.

7. 『무덥지 않은』 구두용 프로테인 레더 신소재 ― 구란쿨 ―

프로테인 플라스틱 기술을 구두에 활용하여, 무덥지 않는 구두의 신소재로서 등장한 것이 이데미쓰 석유화학이 개발한 「구란쿨」이다.

구란쿨은 인공 소재가 갖는 내수성, 가공 용이성 등의 물성을 잃지 않으면서, 천연 소재가 갖는 뛰어난 감촉성, 흡방습성 등을 합체한 구두 겉가죽용 인공피혁이다.

이 구조는 평균 입경 5μm로 초미분쇄시킨 프로테인 파우더를 인공 피혁의 각 층내에 집어 넣은 인공 피혁이며, 폴리에스테르 극세(極細) 섬유를 3차원으로 체결시킨 부직포에 연속 다공구조의 폴리우레탄과 프로테인 파우더를 함침한 층과 그 위에 연속 미다공 구조를 갖는 폴리우레탄 및 프로테인 파우더로 된 표피층을 올려 놓은 2층구조로 이루어진다.

그 결과, 흡습성은 천연 피혁에 뒤지지만 일반 인공 피혁보다 약 3배의 흡습성을 나타내는(그림 49) 동시에 투습성에서는 일반 인공 피혁이나 글래스라이닝 천연 피혁보다 약 5배가 높은 성능을 갖게 되었다.

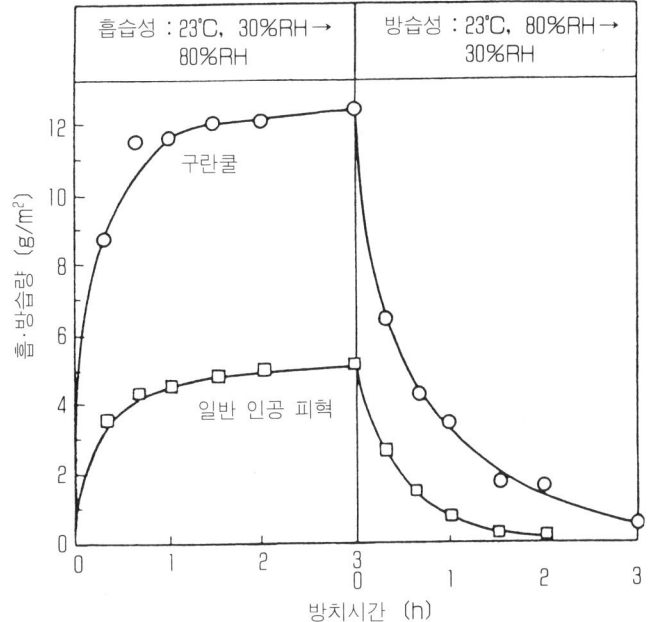

그림 49. 구란쿨의 흡방습 특성

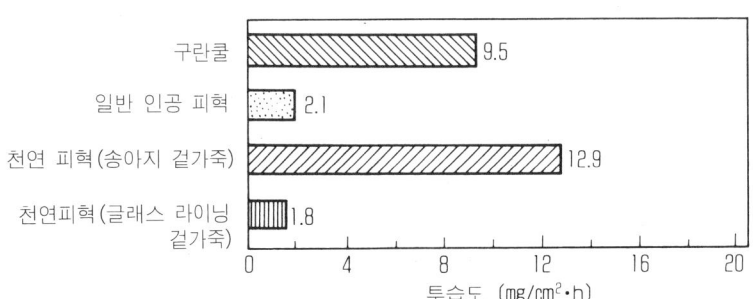

그림 50. 구란쿨의 투습 특성

(출처) 그림 43~50 MOL 90년 7월호

쾌적성(amenity) 신소재

촉매 연소 기술

1. 촉매 연소란

촉매 연소 머티어리얼이란 포터블 헤어 드라이어나 가스 스토브, 자동차 배기 가스 정화 등에 쓰이는 새로운 연소기술 머티어리얼이다.

이 연소 방법에서는 일반적인 연소와 달리 질소 산화물의 발생을 억제하는 동시에 에너지 절약도 실현된다. 타입에는 크게 고온의 불꽃 대신에 촉매를 이용하는 저온 촉매 연소와 고온의 불꽃 존재하에 촉매를 이용하는 고온 촉매연소가 있다.

2. 촉매 연소기술의 특징

일반적인 불꽃 연소는 공기속에서 연료와 산소가 고온으로 이루어지는 연쇄반 응이며, 이 반응이 일어나기 위해서는 연료 분자의 탄소-탄소결합이나 탄소- 수소결합을 끊을 필요가 있고, 이 때문에 500℃의 온도와 안정적으로 연소하기 위해서 900℃이상의 고온이 필요하다. 이 경우, 국부적인 고온역(1500℃ 이상)에서 질소산화물(NOx)이 발생하기도 한다.

그런데 저온 촉매연소에서는 촉매가 연료분자나 산소를 흡착하고, 일부는 해리되어 활성화하기 때문에, 불꽃 착화점 이하의 온도에서도 연소시킬 수 있으며, 불꽃 연소할 수 없는 아주 희박한 연료 가스라도 이 촉매의 도움으로 태울

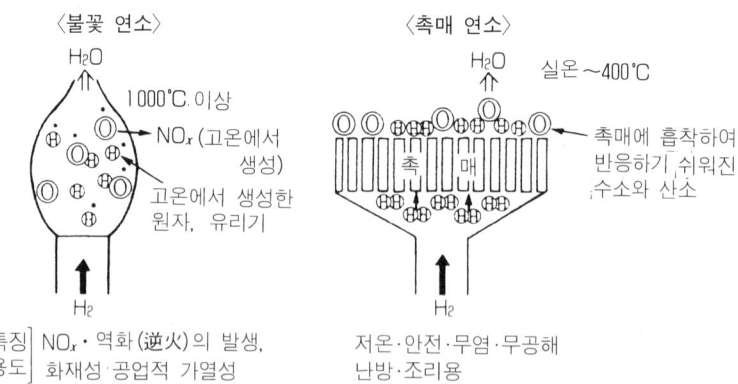

그림 51. 불꽃 연소와 촉매 연소와의 비교(수소의 경우)

수 있다.

또한, 고온 촉매 연소에서는 촉매에 의해 온도 분포가 균일해져 국부적인 고온부가 나타나기 어렵고, 또한 촉매 자신이 발생된 NOx를 분해·환원하기 때문에 NOx 발생이 적으며, 잉여 공기가 적더라도 촉매에 의해 CO에서 CO_2의 산화가 용이하게 진행되는 장점이 있다.

반면에, 단점으로는 기체연료, 액체연료 이외의 연료가 어려운 것, 촉매의 내열성 때문에 최고 온도가 제한되는 것, 촉매의 국부적인 온도 상승을 막기 위해

표 14. 촉매 연소의 분류

분류 / 항목	저온 촉매 연소	중온 촉매 연소	고온 촉매 연소
온도 범위〔℃〕	실온~300전후	300~800	800~1,500
연 소 방 식	확산 연소 초희박가스 연소	확산연소 희박가스 연소	공기 예혼합 연소
출력〔kcal/cm²·h〕	0.3~3	1~10	100 이상
이 점	화재 안전성 온도제어 자유	복사전열 큼 안정염	고부하 연소 저공기비 연소 안정염
	저 NOx, 저 CO		
결 점	연소하기 쉬운 연료에 한정된다 (H₂, CH₃OH, CO)	연소부하 적음	촉매의 내열성
	미연 가스의 슬립		
용 도	주로 생활용 CO방독 마스크, 회중로, 흡연 파이프, 라이터, 다리미, 헤어 드라이어, 석유 스토브, 연탄 등의 착화원, 수소 연소기, 배터리 등의 수소 연소캡	공업용 및 생활용 촉매 연소 히터(난방기, 건조기), 조리용 가열기, 셀프클리닝 오븐, 주전자, 납땜 인두, 비활성 가스 제조, 촉매연소식 가스 센서, 자동차용 배기 가스 정화, 산업 폐기 가스 정화 및 열동력 회수 시스템, 딜취 장치	공업용 가스 터빈(발전용 전력·열병용 시스템용, 자동차용), 항공기용 제트 엔진, 보일러

(출처)페틀로텍, 제15권 5호 (1992)

서 연료를 균일하게 공급해야만 하는 것 등이다.

3. 이것이 촉매 연소의 메커니즘

연료의 촉매 산화 반응은 연료가 촉매로부터 산소를 받아 일어나는 촉매 표면 환원과 이 환원된 촉매 표면 산소에 의한 재산화의 2가지 과정으로 이루어지며, 금속 산화물에 관해서는 그림 52와 같은 촉매 활성의 화산형 서열이 알려져 있다.

촉매 연소로 쓰이는 촉매로는 백금속계 (Pt, Pd, Rh) 산화물, 비(卑)금속계(Cr, Co, Ni, Mn, Fe 등) 산화물이며, 이들 촉매는 연료 가스를 저온에서도 CO_2와 H_2O로 완전 산화할 능력을 갖고 있다(표 15).

4. 촉매 연소 기술로 언제나 깨끗하고 맛 있는 키친 그릴
—자기 클리닝 기능 촉매—

최근에는 식기 조리 기구로까지 촉매 이용이 진전되고 있다. 일상 생활의 예로서 대표적인 것이 자기 클리닝 능력을 갖는 오븐(oven)과 그릴(grill)이다.

이것은 벽면에 자기 정화 촉매를 달구어 붙임으로써, 고기와 생선을 구울 때에 밖으로 튀어나가는 기름 성분은 촉매 작용에 의해 불꽃을 일으키지 않고 조리 중에 조리온도 자체로 촉매 산화연소시켜, 수증기와 이산화탄소로 변환해 주는 것이다. 그리고 동시에 촉매 자신은 양질의 원적외선을 방사하여, 에너지 절약과 고속 조리도 가능케 하는 일석이조의 유용한 촉매 머티어리얼이다.

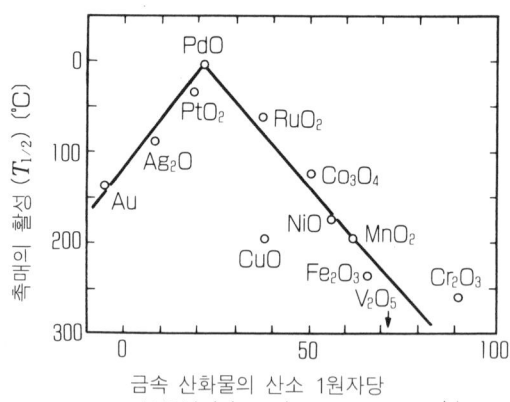

*$T_{1/2}$: 수소 50% 연소율 온도(℃)
측정 조건 : 수소의 1용적% 공기 혼합 가스를
공간속도 $2 \times 10^4 ml/g \cdot h$로 유통

그림 52. 금속 산화물의 산소 1원자당 생성열(H_f)과 촉매 활성도($T_{1/2}$)와의 관계

표 15. 귀금속계 촉매에 의한 각종 유기화합물의
촉매 산화 개시온도와 무촉매 착화온도와의 비교

물　질	무촉매 착화 온도 (℃)	촉매 산화 개시 온도 (℃)	완전 산화 온도 (℃)*
톨　루　엔	552	160	240
크　실　렌	482	160	270
페　　　놀	700	180	330
메　탄　올	464	20	150
부　탄　올	343	150	250
포　르　말　린	—	40	130
아　세　튼	650	130	250
메 틸 에 틸 케 톤	516	145	300
메틸이소부틸케톤	—	170	320
초　　　산	427	217	300
암 모 니 아	651	210	240

(주) *완전산화 반응률 99.9% 이상

5. 전자 연소와 촉매 연소로 생활 쓰레기 처리를
— 전자 주방 쓰레기 처리장치

매주 정해진 날만 회수하는 생활 쓰레기는 그 회수일까지 집에서 보관해야만 하는데, 이는 장소를 차지할 뿐만 아니라 보관 중에도 부식으로 악취가 발행하여 처치 곤란한 경우가 많다. 일본의 마쓰시다전기에서는 날로 증가하는 생활 쓰레기를 촉매와 마이크로파의 제어에 의해, 이 쓰레기 용적을 20분의 1에서 1000분의 1로 깨끗이 전자 소각 처리하는 장치를 개발하였다.

이 구조는 그림 53과 같으며 우선 생활 쓰레기를 마이크로파로 수분을 증발시킨 다음 산소 부족 상태에서 쓰레기를 저분자량의 탄화수소나 Co로 마이크로파 분해 또는 탄소화시킨다. 그 다음에 방전 스파크에 의해 방전 분해함으로써 가연물을 완전히 분해시킨다.

그리고 마지막으로 이 가연성 가스를 연소실에서 공기 중의 산소로 연소시킴과 동시에 연분(燃分)이나 악취는 촉매 연소로 완전히 제거시키는 구조로 되어 있으며, 빌딩 등의 처리장치로서 그 이용이 기대되고 있다.

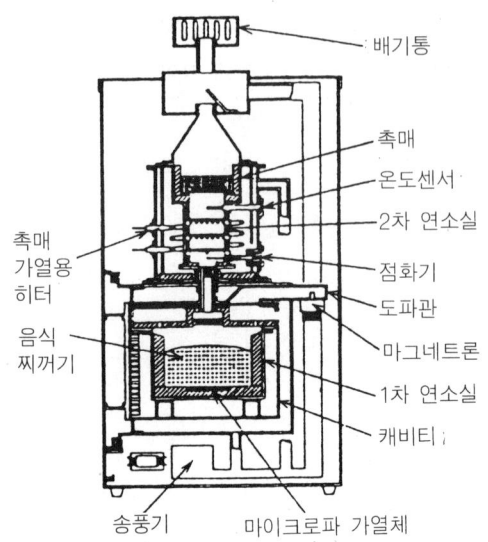

배기통

촉매

온도센서

2차 연소실

점화기

도파관

마그네트론

1차 연소실

캐비티

촉매
가열용
히터

음식
찌꺼기

송풍기   마이크로파 가열체

그림 53. 전자 음식찌꺼기 처리 장치의 구성 단면도

(출처) 페틀로텍 제15권 5호

표 16. 촉매의 종류와 응용한 가전기기·생산기기

가전 시장의 촉매 응용분야		촉매의 종류·구성	촉매의 목적·기능·특징
조리기구용 자기 정화형 촉매	졸로형(저연화점 우리)	Li 계 저연화점 우리로 γ-M₂O₃·제올라이트·페라이트 등을 결합시킨다	조리기구 고내벽의 자기 정화, 타르의 정화 (셀프 클리닝 촉매)
	몸 우리형	Co·Mn·Fe 산화물을 몸 우리로 고화	
	도료형	금속 산화물을 유기 접합제로 고화	
환경 보전용 촉매	파나듐 A.B	알루미나 시멘트와 Fe·Mn·Fe의 산화물	석유·가스·석탄·목제 연소기·조리기구에서 나오는 미연소 가스, 조리 우연, 냄새나는 성분 등의 정화. 냉장고용 오존 분해. 촉매 모기향기 기구. 원적외 조리기. 원적외의 난방기
	C	알루미나 시멘트와 TiO₂·SiO₂(Pt, Pd 담지)	
	코디라이트	γ-1Al₂O₃를 위시 코팅(Pt, Pd 담지)	
	발포 메탈	γ-1Al₂O₃를 위시 코팅(Pt, Pd 담지)	
촉매 연소기	250~500℃	실리카크로스계	가스 촉매 연소기
	600~1000℃	파나듐 D(Al₂O₃, SiO₂, K₂O·6TiO₂) 또는 코디라이트에	가정용 촉매 연소기, 원적외 복사난방기
점화 히타	1000℃ 이상	파나듐 C형	전자 음식 쳐리기 쳐리장치. CA 청과물 저장장치
황금 화중로 백금 회중로	전열선 표면에 알루미나, 백금속매를 담지		가스·석유 연소기기용 점화 히타·다이타
촉매식 헤어 컬러 패널네 히타	유리섬유 메도 위에 백금속 촉매		벤젠의 촉매 산화(국부 난방)
	실리카 크로스, 세라믹스 담체에 백금속 촉매		도시가스, LPG 등의 촉매 산화. 패널히타 휴대용 열원
가정용 정수기	분말 활성탄		Cl₂─2Cl 탈취팁크, 탈염소.
철·망간 제거용 촉매	활성 이산화망간(γ-MnO₂). 망간산		Fe²⁺─Fe³⁺. Mn²⁺~Mn³⁺ 산화제거
우미 제거용 촉매	활성 이산화망간(γ-MnO₂. 제올라이트)		우미 산출·산화정화. 탈색
연료 전지 (히드라진 메탄올계)	활성탄. 도전성 측연. 백금속 촉매. PTFE		외연섬 · 산악지. 무인 기지용. 전원
공기 아연식 전지	활성탄. 도전성 카본. 활성 망간산화물		공기─아연계·전지의 양극
촉매 마개식 충전	세라믹스 또는 카본 담체에 백금속 촉매		무급수형 축전지(전해액의 증산방지)
탄산 가스 스페이저 상 촉매	상기 파나듐 C형		(CO·He)계 가스의 이용·효율 향상
레이저 메스용	상기 파나듐 C형		수술시의 우인, 유화성분, 악취의 연기 등의 산화 정화
침구 처리용 촉매	실리카크로스 위에 백금속 촉매		
기타(촉매 정화 홀렌드 NOx 정화 홀렌드용)	상기 파나듐 A, B, C형		산업용 및 연소 배기 가스용
			전자재료, 전자부품 제조 라인에서의 배기 가스 정화

(출처) 페틀로텍, 제15권 5호 (1992)

항균 섬유

1. 항균 섬유「통근쾌족」등장으로 판매도 빠름

일본 레나운의 신사용 양말「통근쾌족」, 일본의 도쿄 블라우스의「청결 미인」의 큰 인기로「항균방취섬유」는 일약 일상 생활과 뉴 머티어리얼 상품으로서 우리들의 생활을 보다 쾌적하게 해주고 있다.

원래 일본인은 청결함을 좋아하며, 악취 등 불쾌한 세균에 의한 폐해에 민감할 뿐만 아니라, 병의 원인이 될 수 있는 일본의 기후·풍토에 기인하는 방균·방취에 대한 요구는 대단히 높은 편이다. 원래 항균 방취 섬유란 섬유상 균의 번식을 억제하고, 방취 효과가 있는 섬유를 말한다.

항균 방취 섬유는 그 특성에 의해 주로 인체에 직접 닿는 것에 많이 응용되고 있으며, 항균 방취 섬유의 일본 시장은 1990년을 시작으로 벌써 1400억엔을 넘었고, 연율 20%의 신장을 나타내는 유망한 성장 부문이다.

2. 어떻게 항균하는 것인가

우리들은 운동을 할 때 땀을 흘리게 되며, 또한 최근에 나오는 의류는 스트레

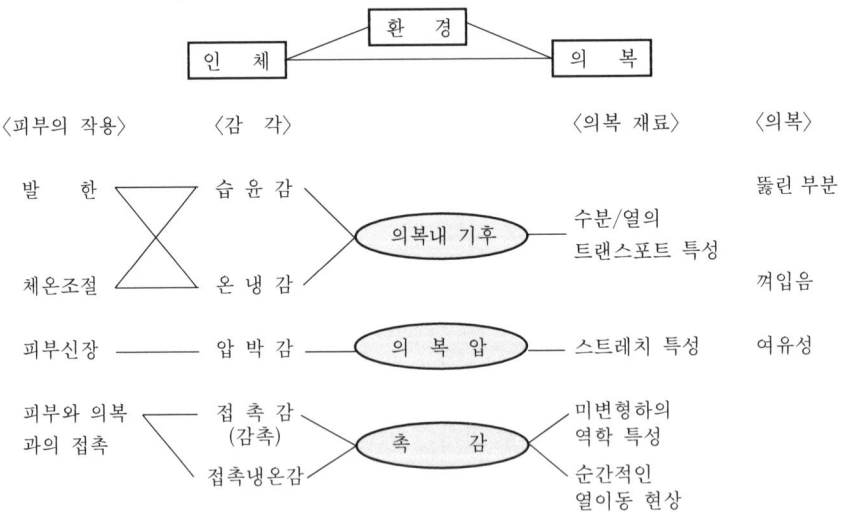

쾌적성을 논하는 과정 : 의복과 피부 사이의 미소한 공간에 주목한다.
(주) 특정 용도에는 내열성·항균성 등이 추가된다.

그림 54. 쾌적성의 요인

치성이 풍부하기 때문에 반대로 땀에 의한 악취도 발생하기 쉽다.

악취는 인체로부터 나온 땀이 내의와 양말에 직접 흡수되고 거기에 플로러(정상 균총)를 구성하는 세균이나 공기 중에 부유하는 세균이 부착하여 땀이나 노폐물 등을 영양분으로 하여 번식할 때에 나오는 가스가 그 원인으로 되어 있다.

섬유에 항균성을 부여하는 방법에는

① 섬유 표면에 있는 작용기에 항균제를 반응시켜 고정화하는 방법,

② 항균제와 반응성 수지를 사용하여 섬유 표면에 가열 경화시키는 수지 가공 방법,

③ 항균제를 방사액에 포함시켜 이것을 방사하여 열을 가해서 고화시키는 방법 의 3가지가 있다.

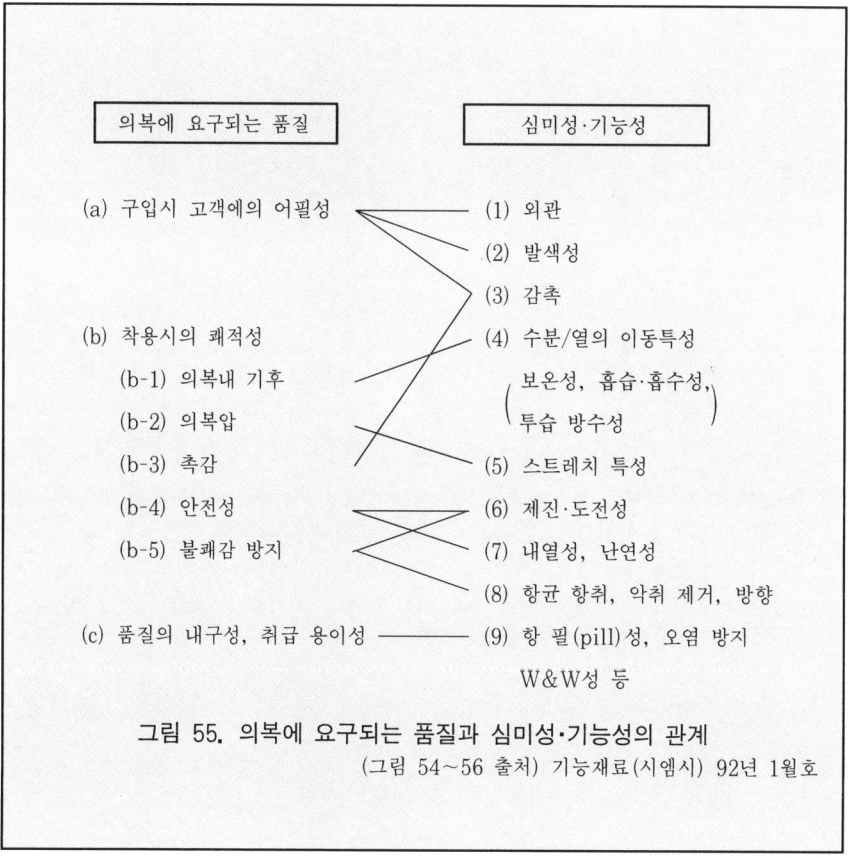

그림 55. 의복에 요구되는 품질과 심미성·기능성의 관계
(그림 54~56 출처) 기능재료(시엠시) 92년 1월호

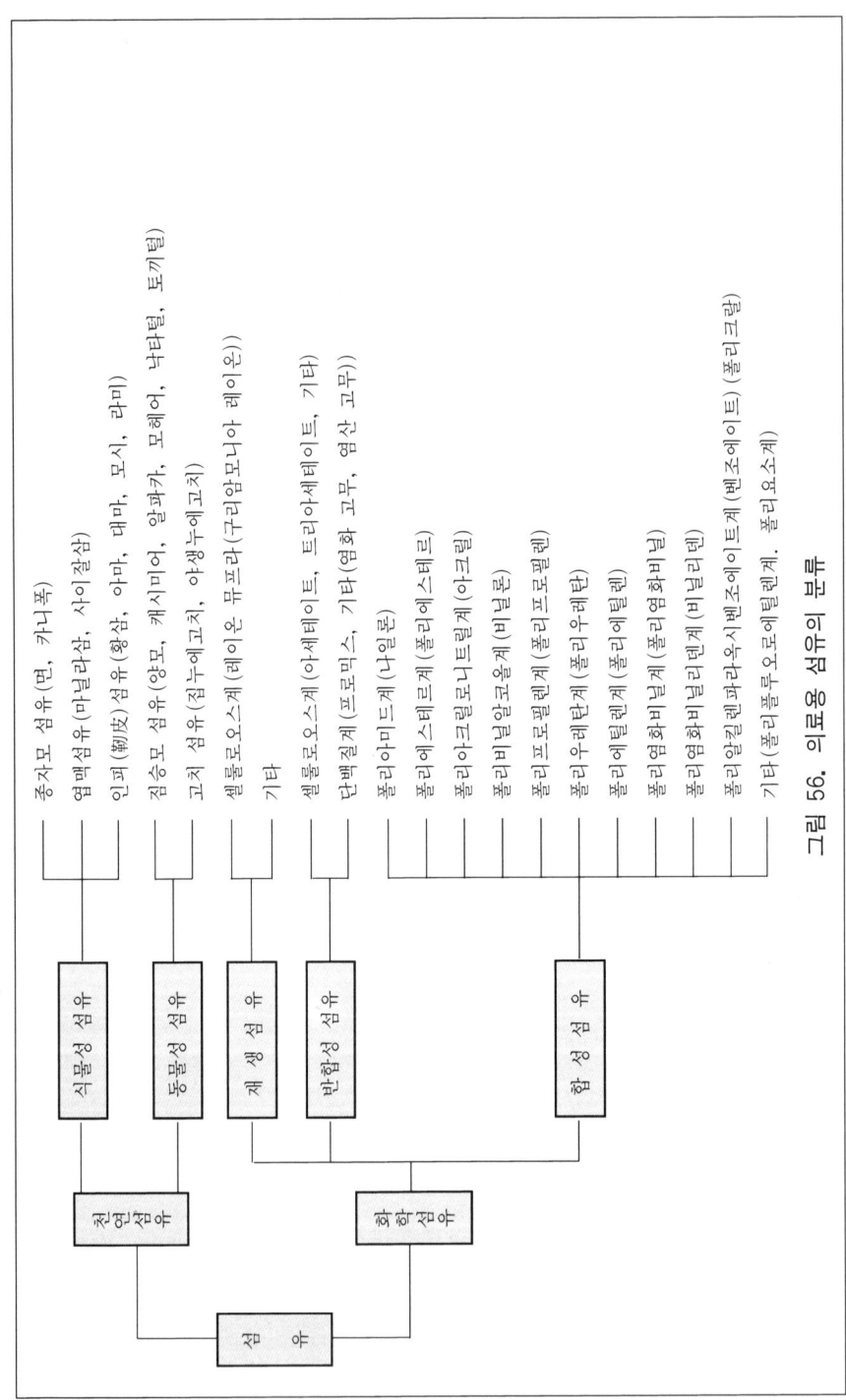

종자모 섬유 (면, 가나 복)
염배섬유 (마닐라삼, 사이잘삼)
인피 (靭皮) 섬유 (황삼, 아마, 대마, 모시, 라미)
잠승모 섬유 (양모, 캐시미어, 알파카, 모헤어, 낙타털, 토끼털)
고지 섬유 (집누에고치, 야생누에고치)
셀룰로오스계 (레이온 뮤포라 (구리암모니아 레이온))
기타

셀룰로오스계 (아세테이트, 트리아세테이트, 기타)
단백질제 (프로믹스, 기타 (염화 고무, 염산 고무))

폴리아미드계 (나일론)
폴리에스비르계 (폴리에스테르)
폴리아크릴로니트릴계 (아크릴)
폴리비닐알콜율계 (비닐론)
폴리프로필렌계 (폴리프로필렌)
폴리우레탄계 (폴리우레탄)
폴리에틸렌계 (폴리에틸렌)
폴리염화비닐계 (폴리염화비닐)
폴리염화비닐리덴계 (비닐리덴)
폴리알킬렌파라다옥시벤조에이트계 (벤조에이트) (폴리크랄)
기타 (폴리플루오로에틸렌계. 폴리요소계)

식물성 섬유
동물성 섬유
재생 섬유
반합성 섬유
합성 섬유

천연 섬유
화학 섬유

섬   유

그림 56. 의료용 섬유의 분류

표 17. 항균·방취·방향 섬유 상품

	방 법	소 재	상 품 명(주된 것)
방균 방취	후 가공	C, E, N, An 등	토오요보/ 바이오실, 도오레/세베리스, 미쓰비시레/라펠, 쿠라레/사니타, 가네보/리브프레시, 엑스란/ 엑스프레시, 시키보/논스택, 군제/사니타이즈, 내외 편물/오드이타
	혼합 방사	An	가네보/리브프레시A
		E	가네보/바테킬라 E
		E/ Pp	데이진/리벨테
		N	가네보/리브프레시 N, 도오레/데리카나
	원사 단계에서 고착	N	레나운/통근쾌족(데이산제약/타이슬론)
소취	후 가 공	금속 착물	R	야마토보/데오메타피
			An	아사히화성/캐시밀론 DF
		플라보노이드계	E	도오요보/산스카라
				테이진/프레시콜
	원면 단계에서 결합	An	미쓰비시레/시리우스 V
방향	후 가공(마이크로 캡슐 염착)	N, E 등	가네보/에스프리·드·프레일
	혼합방사	E	미쓰비시/쿠리피65, 테이진/테트론 GS

(출처) 기능재료(시엠시), 1992년 1월호

표 18. 항균 방취 섬유 메이커의 생산능력(1990년)

메 이 커	생 산 능 력	적 요
아사히 화성공업	12톤/년	BCY, 피에크린(1992년까지 120톤/년 증강계획)
아사히 화성 텍스타일	200만m²/년	바이오키튼(매상고 4배 증가, 해외로부터 거래문의)
가네보	50만m²/년	유니벨(1993년까지 4배 증강계획)
도오레	30만장/년	버즈 비(기저귀 커버만)
닛신보	30만m²/년	피치프레시(항균 방취 면포만)

(출처) 上同, 1991년 5월호

한편, 항균 섬유에 사용되는 있는 대표적인 항균제에는 **표 20**과 같은 것이 있지만, 일반적으로는 4급 암모늄염과 금속염이 주로 쓰인다.

표 19. 의류에 부착되는 세균과 곰팡이류

균·곰팡이	명 칭	내의	스웨터	양복바지	양말	특징과 바람직하지 못한 작용
세균류	황색 포도상구균	+	−	−	+	화농균, 악취의 발생
	고초균	+	+	+	+	토양 중에 생식, 식품 악변
	대장균	+	+	+	+	장, 배설물에 생식
	녹농균	+	+	+	−	식품 변패
	쿠레부셰라균	−	−	+	+	사람의 장, 기도에 생식, 균성 폐렴
	요소 분해균	−	−	−	+	요소를 분해, 악취의 발생
곰팡이류	백균	−	−	−	+	무좀의 원인
	흑곰팡이	+	−	−	+	착색, 열화, 악취의 발생
	간지다균	+	−	−	−	인체에 기생, 유해, 간 지다증의 원인

+표는 의류 1벌에 대하여, 평균 세균류가 $10^6 \sim 10^9$ 생식하는 경우.

(출처) 기능재료 1992년 1월호

표 20. 항균 섬유에 사용되고 있는 대표적인 항균제

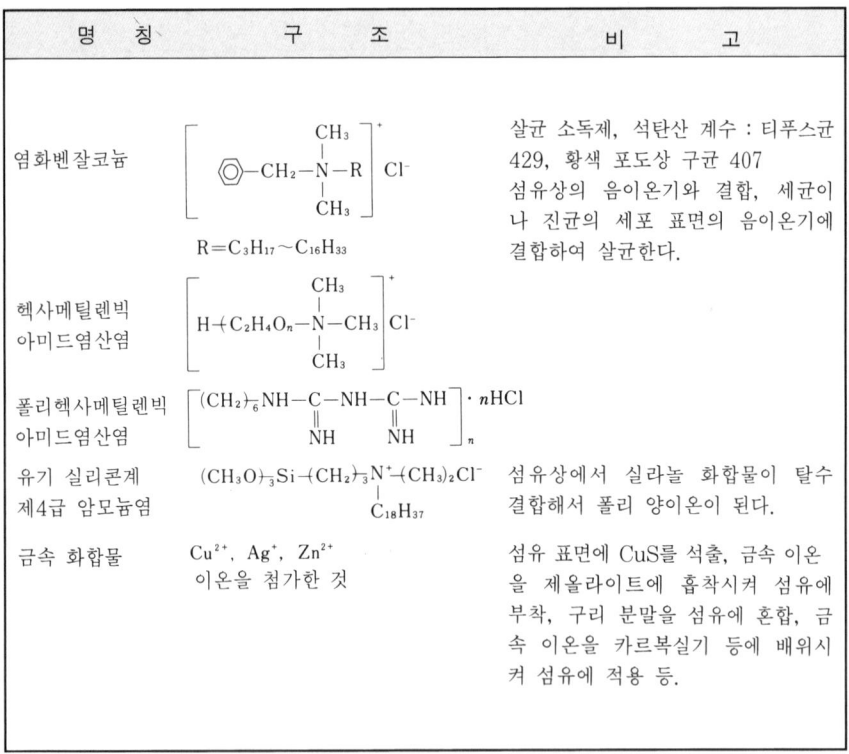

명 칭	구 조	비 고
염화벤잘코늄	$\left[\bigodot -CH_2-\overset{\overset{CH_3}{\mid}}{\underset{\underset{CH_3}{\mid}}{N}}-R \right]^+ Cl^-$ $R=C_3H_{17} \sim C_{16}H_{33}$	살균 소독제, 석탄산 계수 : 티푸스균 429, 황색 포도상 구균 407 섬유상의 음이온기와 결합, 세균이나 진균의 세포 표면의 음이온기에 결합하여 살균한다.
헥사메틸렌빅 아미드염산염	$\left[H+C_2H_4O_n-\overset{\overset{CH_3}{\mid}}{\underset{\underset{CH_3}{\mid}}{N}}-CH_3 \right]^+ Cl^-$	
폴리헥사메틸렌빅 아미드염산염	$\left[(CH_2)_6 NH-\overset{C}{\underset{\underset{NH}{\parallel}}{}}-NH-\overset{C}{\underset{\underset{NH}{\parallel}}{}}-NH \right]_n \cdot nHCl$	
유기 실리콘계 제4급 암모늄염	$(CH_3O)_3Si-(CH_2)_3N^+(CH_3)_2Cl^-$ $\overset{\mid}{C_{18}H_{37}}$	섬유상에서 실라놀 화합물이 탈수 결합해서 폴리 양이온이 된다.
금속 화합물	Cu^{2+}, Ag^+, Zn^{2+} 이온을 첨가한 것	섬유 표면에 CuS를 석출, 금속 이온을 제올라이트에 흡착시켜 섬유에 부착, 구리 분말을 섬유에 혼합, 금속 이온을 카르복실기 등에 배위시켜 섬유에 적용 등.

(출처) 上同

3. 이것이 항균의 메커니즘

항균제의 하나인 유기 실리콘계 제4암모늄염인 경우, 섬유 표면의 작용기와 트리메톡실기가 공유 결합하여 항균제를 고정한다. 그리고 이 4급 암모늄염은 세균이나 진균의 세포 표면의 음이온기와 결합하여 살균 효과를 가져온다(그림 57 참조).

이러한 기술의 결과, 우리들은 소취·방균 기능을 갖춘 의류를 이용할 수 있을 뿐만 아니라, 외부로 인한 냄새를 제거하는 것까지 확대해 가고 있다.

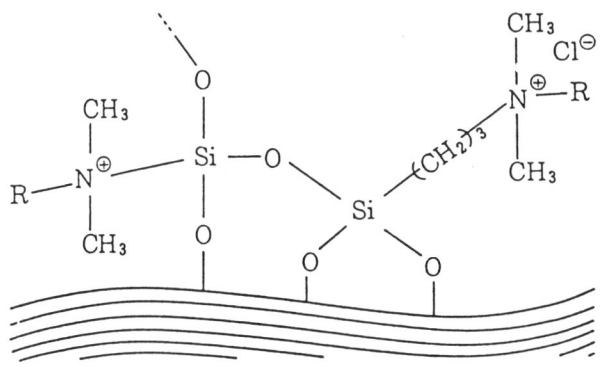

그림 57. 섬유 표면에 결합한 유기 실리콘계 암모늄염

자외선 차단 섬유

1. 왜 지금은 자외선을 차단해야 하는가

지상 생물에 태양의 자외선은 피부를 다갈색으로 태워 건강하게 보이도록 할 뿐만 아니라, 인간 체내에서도 체내 항구루병 효과를 갖는 비타민 D를 만들어 주는 이외에 살균이나 소독에도 효과가 있는 등 필수적인 것이다.

그러나 반면에 강한 자외선은 피부에 피부암을 비롯하여 검버섯, 주근깨, 피부염 등 여러 가지 장해를 가져온다.

자외선은 파장영역에 따라서 A(320nm∼400nm), B(290∼320nm), C(200∼290nm)로 나누어진다(nm=나노미터는 10억분의 1m).

이 중에서 파장이 긴 A 자외선은 피부의 심부에까지 들어가 피부의 노화를 빠르게 하며, B 자외선은 여름에 피부를 빨갛게 태워 검버섯, 주근깨의 원인이 된다.

자외선(특히 A 자외선)에 의한 피부암 발생 메커니즘은 이 자외선에 의해 우선 진피에 있는 탄력 섬유가 파괴되기 때문이라고 한다. 그리고 더욱 심부로 들어가 세포의 핵에 도달하면 핵 속에 있는 DNA의 연쇄가 끊어지고, 이 수복 기능이 떨어지면 피부암의 발생 확률이 높아지는 것이다(그림. 58).

2. 여러 가지 차단 상품의 등장

이러한 자외선의 폐해를 제거해 주는 쾌적 의류 재료 머티어리얼이, UV (ultra violet＝자외선) 방지 가공을 한 상품(섬유)이다. 1991년 여름 무렵부터 여성용 블라우스 등에 본격적으로 사용되고 「건강」을 키워드로 한 이 뉴 머티어리얼은 크게 인기를 얻은 이래, 우산이니 모자, 커튼, 스카프 등 UV 차단 상품 품목도 다양화되는 등 일생활과 매우 근접한 건강 뉴 머티어리얼이 되었다 (표. 21).

제조 방법에는 그림 59와 같이 ① 연입형, ② 함침형, ③ 코팅형이 있다.

연입형은 쿠레라 「에스모」에서 채택하고 있으며, 폴리머(고온에서 질척질척한 폴리에스테르 원료의 상태) 단계에서 자외선을 반사·산란시키는 세라믹스를 섞는 것이다.

삼투형은 가네보(鐘紡) 「나뷰 브이」 등에서 채택한 방식이며, 섬유로 마무리한 뒤에 자외선을 반사·흡수하는 물질을 스며들게 한 것이다.

여기서 쓰이고 있는 자외선 차단 물질은 벤젠 핵을 갖은 방향족계 화합물질로

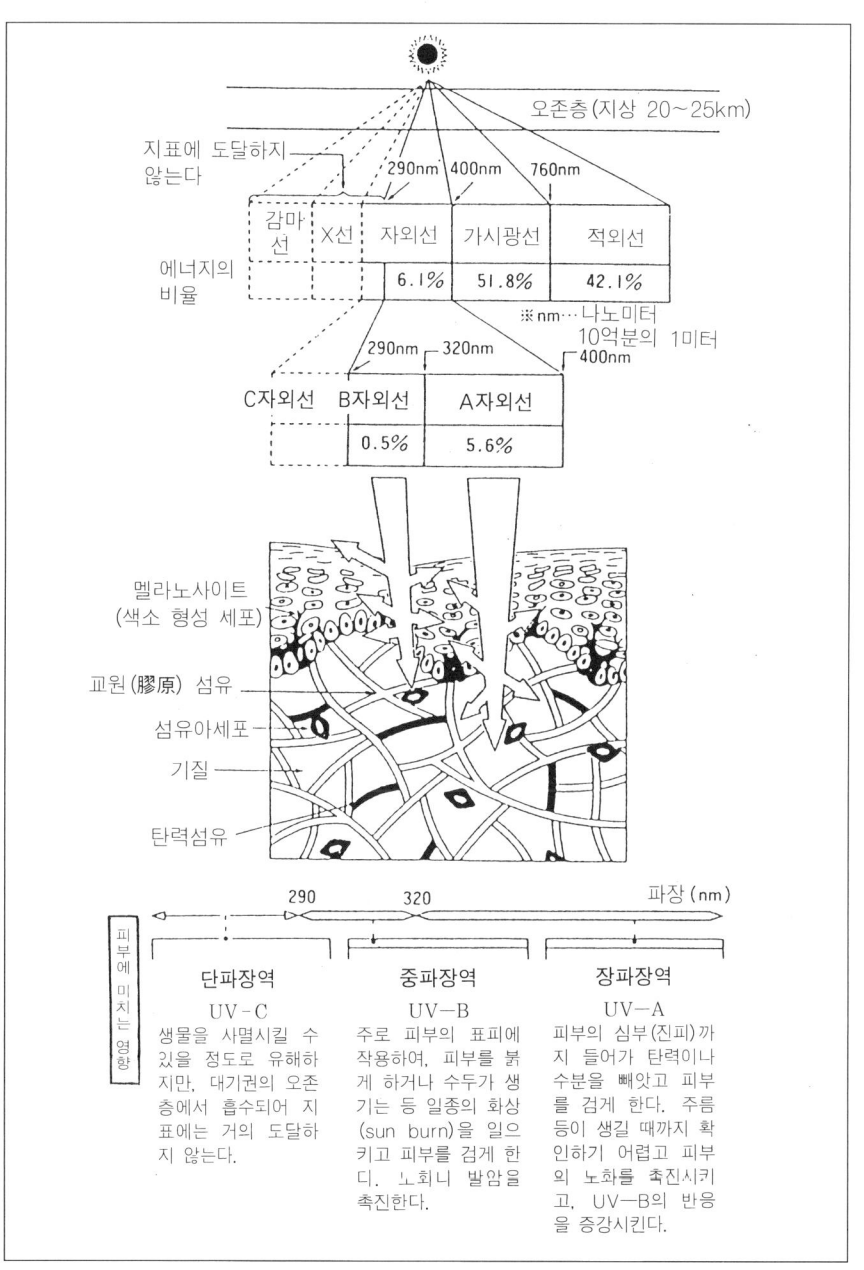

그림 58. 태양 광선과 자외선이 피부에 미치는 영향

(출처) 닛신보 자료

자외선이 닿으면 화합물 분자가 활성화되어 흡수한 자외선 에너지를 열에너지로
해서 발산시키는 것이다.

  세번째의 코팅형은 닛신보(日淸紡)의 셀타에서 채택하고 있는 방식이며, 항균
방취가공에 이용한 코팅 기술이나 염색 기술을 응용하여, 방자외선 머티어리얼
인 산화티타늄 등을 면사나 생지의 표면에 코팅시키거나 스며들게 하는 것이다.

  상기 방식에는 각각 장단점이 있지만, 방자외선 효과를 보면 일반적으로 연입
형은 원료 단계에서 약제를 혼합하기 때문에 기능 유지력이 높고, 세탁 등을 하
더라도 효과 저하가 적은데 비하여, 함침형, 코팅형에서는 세탁을 반복하면 효
과가 점차로 저하하는 단점이 있다. 단, 연입형으로 할 수 있는 것은 합성 섬유
뿐이며 면이나 명주 등의 천연 소재를 쓸 수 없고 또한 투명감을 얻을 수 없어
감성 이상품이 특징인 섬유 산업에서 그 제약이 크다.

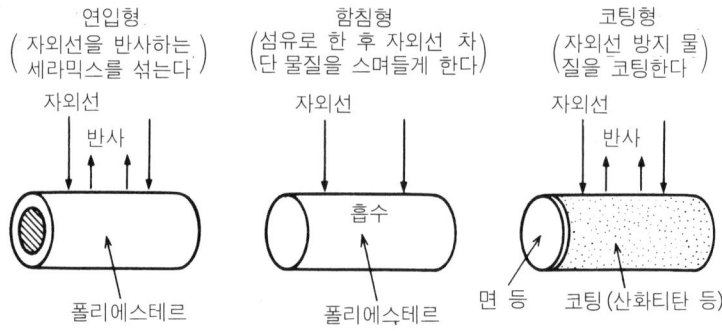

그림 59. UV 차단 섬유의 구조

표 21. 합섬·면방 각사의 자외선 차단 소재

회사명	명 칭	사 용 소 재	가공·특징 등
크라레	기간 브랜드「에스모」 부인 의류「파코니아」 스포츠 의료「UV X」 유니폼「쿠라사모」	폴리에스테르 단·장섬유	가공 : 폴리에스테르 섬유에 자외선 및 열선 차폐성능을 갖은 세라믹스 연입 특징 : 단섬유 방적실 및 장섬유 방적사 자외선 차폐율 90% 이상. 안전성, 내구성(세탁 및 자외선)에 뛰어난다. 촉감 및 착용감 모두 폴리에스테르 섬유와 동등하며 유행성도 있다
도오레	알로프트	폴리에스테르 장섬유	UV 차폐 세라믹스 연입 클리닝 효과 크다
	알테누 UV	〃	UV 흡수 세라믹스 연입
	모디필	폴리에스테르 단섬유	위와 같음
	테아살론	폴리에스테르의 후가공	섬유 내부에 UV 흡수제를 충전 가공. 뛰어난 내세탁성, 방균 방취「세페리스」등의 복합도 가능
데이진	피지오센사	폴리에스테르 장섬유 (직물, 니트)	제3 성분과 섞은 다층 구조실에 자외선 흡수제를 가공한 폴리에스테르 섬유 내에 균일하게 분포하였다
도오보 레이온	서머 컷 UV	면, 아크릴 및 다른 섬유와의 혼방, 교직	아크릴 섬유「베슬론」, 내열 아크릴 섬유「스페리아」는 염색과 동시에 자외선흡수가 강한 유기 화합물을 흡수시켜, 내구성이 뛰어나고 촉감 변화가 없는 가공이 가능하다. 면, 레이온은 후 가공으로 수지를 병용한 가공, 내(耐)세탁성이 좋고 촉감의 변화가 적다.
미쓰비시 레이온	오보에	본넬 100%	아크릴 섬유에 자외선 차폐율과 가시광선(열선) 반사율이 높은 세라믹스를 연입하고, 세탁이나 착용에 의한 성능 저하는 없다
도오요보	벤스와드	폴리에스테르 100%	폴리에스테르 필라멘트 속에 자외선 차단효과가 높은 세라믹스 금속산화물과 UV 업소버 (방향족계 유기물)를 함유
	쥬미네스 UV	면 100%, 폴리에스테르 면혼	UV흡수제를 강하게 결합시켜 세라믹스를 병용 고착시킨다. UV 흡수제의 분자 구조를 변경, 섬유와의 친화성을 높이고 있기 때문에, 세탁 후에도 효과는 변하지 않는다
	엑슬란 100%		후가공(반(反)염색 및 실 염색 단계에서 가공). 내구성이 뛰어나다. 방향족계 유기화합물 사용

회사명	명 칭	사 용 소 재	가공·특징
가네보	나뷰부이	면, 견, 폴리에스테르, 나일론	자외선 차단제와 가공 기술의 조합. 자외선을 효과적으로 차단. 여러번 세탁하더라도 효과는 지속. 염색 견고도나 촉감 등 소재 특성은 변하지 않는다
유니치카	토나드 UV	포리에스테르 필라멘트	UV 차폐 세라믹스의 연입 및 후가공 UV 흡수 화합물의 부여
	선 그란	면 100%, 폴리에스테르 면혼	특수 고분자 물질의 자외선 흡수제를 사용하여, 자외선을 차폐하는 가공, 가볍게 드라이. 뛰어난 세탁 내구성
	세미세리아	폴리에스테르100%	자외선을 차폐하는 효과를 갖는 특수 세라믹스를 연입한 폴리에스테르판.
닛신보	선셀터	면 100%, 폴리에스테르 면혼, 면마혼	드라이 감, 탄력성 있고 안정된 광택 다른 특성을 갖는 UV 방어제를 여러 종류 조합하여, 소재별 백도(百度), 색상에 따라 효과와 내구성이 최대가 되도록 후가공. 일반품과 동등한 고백도(高百度)가 가능하고 각종 기능성 가공과 복합가공 기술도 확립되었다.
쿠라보우	밀왈	면 100%, 면혼	자외선을 흡수하여 에너지로 변환하는 고성능 흡수제를 특수 기술로 섬유에 균일하게 부여
	젠크	폴리에스테르/울 혼방 폴리에스테르/비스코 혼방 폴리에스테르/마혼방	쿠라레의 UV 차단 폴리에스테르「에스모」사용의 각종 혼방 시리즈
니토방적	단샤인	면100%, 폴리에스테르 면혼, 면마혼	후가공. 태양 광선에 장시간 노출되어도 흡수 효과는 불변. 내(耐)세탁성도 강하다. 촉감, 견고도, 통기성, 흡습성은 일반품과 동등. 논포르말린. 기능 가공의 조합에서도 문제가 없음
후지방적	레이 필터	면100%, 면혼	UV 차단과 동시에 적외선을 반사하여 착용시에 시원한 느낌을 주는 후가공. 내(耐)세탁성이 뛰어나고, 염색 견고도, 촉감, 가공 변색 등 소재 특성은 변하지 않고, 각종 기능성 부여와의 복합기술도 완성
다이와보우	리엔쯔이	면100%, 면혼	세라믹스 연입으로 내세탁성에 뛰어난 후가공 타입은 방향족계 유기물의 데핑, 세라믹스의 코팅. 효과는 모두 반영구적
시키보우	리카가드	면100%, 면혼	후가공 특수기술을 이용하여 촉감, 백도, 색상 등도 변화지 않고, 세탁으로 인한 효과의 저하도 없다. 또한 논포루말린 가공으로 특허 출원중

(출처) 트리거(일간 공업신문사) 1992년 6월호

화학반응 발열 재료 ─따뜻하게 하는 발열 쾌적성 머티어리얼─

1. 인기도 No. 1 ─ 한 번 쓰고 버리는 회중로(懷中爐)용 발열재료

가장 간편하면서 일반적인 발열 보온재는「1회용 회중로」라는 화학 회중로이다. 스포츠 관전으로부터 겨울 등산 등, 단순한 방한용뿐만 아니라 경우에 따라서는 생명을 구하는 구명 도구로도 사용되어 무시할 수 없다.

원리 자체는 간단하여 철의 공기 산화에 의해 사삼(四三)산화철이 생성될 때의 생성열(267.1kcal/mol)을 이용한 것이다.

철의 공기 산화는 일반적으로 반응속도가 느리고 반응 시간이 길다. 따라서 고온으로 지속하는 시간이 길기 때문에, 회중로의 사용에 알맞아 60∼65℃로 6∼24시간 따뜻하게 유지할 수 있다.

1회용 회중로는 일반적으로 철분, 보수제(保水劑) 및 반응 보조제로 이루어지는 발열 조성물을 통풍성이 있는 자루에 봉입하고, 다시 이것을 비(非)통기성 자루로 밀봉한 것이며, 사용시에는 안쪽 자루를 꺼내어 공기와 접촉시킴으로써 산화시켜 발열하는 구조로 되어 있다(그림 60).

또한 사용되는 철분으로는 환원 철분, 전해 철분, 주철분, 도쇄(搗碎) 철분 등이, 또한 반응 보조제로는 염화칼륨, 염화나트륨, 염화칼슘, 염화제1철, 염화마그네슘 등 금속 할로겐화물이 쓰이고 있다.

2. 술도 데울 수 있다 ─ 음식용 발열통 머티어리얼

술이나 인스턴트 라면 등 단시간에 고온을 얻어야 하는 발열원으로는 값싸고 안전한 생석회의 수화반응(수화열은 15.2kcal/mol)이 사용되고 있다.

그 일례로서 술을 데울 수 있는 술 용기 등이 있지만, 여기에서는 그림 61과 같이 음식료 용기에 접촉하는 반응기 내에 생석회가 들어있는 동시에 물을 넣은 밀봉 용기가 들어 있어서, 사용할 때에는 밖에서 핀을 넣어 물이 들어 있는 밀봉 용기를 터트려, 반응기 내의 생석회와 반응시키는 구조로 되어 있다. 또한 물을 쓰는 불편을 피하기 위해서 물 대신에 황산나트륨10수염(水), 인산나트륨12수염, 규산소다10수염 등의 함수염도 쓰이는 수가 있다.

3. 발열기능 식품의 장점과 그 과제

발열 기능 식품의 장점은 말할 필요도 없이, 어디에서나 손쉽게 따뜻한 음식

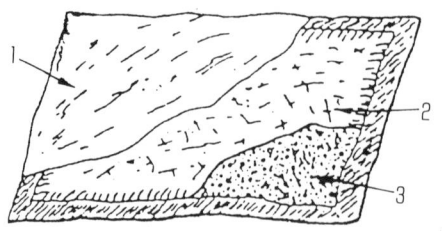

1. 비통기성 바깥 자루
2. 통기성 안쪽 자루
3. 금속 철분, 보수제(保水劑),
   반응 보조제로 이루어진
   발열 조성물

그림 60. 철의 산화를 이용한 1회용 회중로의 구조

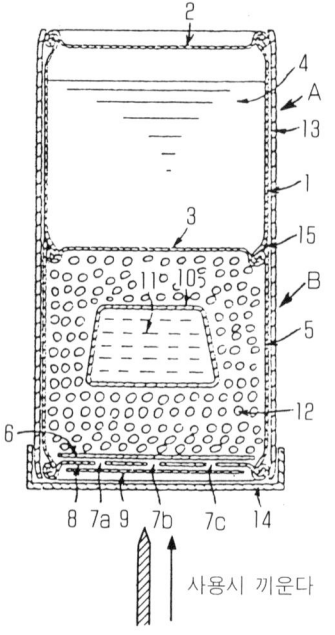

(주) A. 음식료 용기
　　 B. 반응기
　　 1. 음식료 용기본체
　　 2. 위 덮개
　　 3. 밑바닥 덮개
　　 4. 음식물
　　 5. 반응기 본체
　　 6. 발열물 받는 종이
　　 7a.
　　 7b. } 공기 구멍이면서
　　 7c.   작동 핀 삽입 구멍
　　 8. 밑바닥 뚜껑
　　 9. 실(seal)재
　　 10. 유발물질 용기
　　 11. 유발물질(H_2O 등)
　　 12. 발열물질(CaO 등)
　　 13. 방열제
　　 14. 커버 덮개
　　 15. 접착제 또는 밀봉제

사용시 끼운다

그림 61. 발열통 용기의 구조
(물과 생석회의 수화반응으로 발생하는 열을 이용한다)

을 만들 수 있는 것으로, 낚시, 드라이브, 수상 스포츠 등의 옥외 레저용으로서 매우 쾌적하고 편리한 반면에, 발열 부분이 차지하는 만큼 부피가 커지고, 가격도 높아진다.

　현재까지도 일본에서는 청주 용기 뿐만 아니라 꼬치 안주, 도시락, 만두 등 여러가지의 발열 식품이 판매되고 있지만, 사라져 버린 것도 많다. 그 원인이 아무래도 부피가 크고 값이 비싸기 때문으로 이런 과제를 어떻게 극복할 것인가, 또 어떠한 용도라면 시장에서 경쟁력을 가질 것인가 등의 새로운 마케팅 연구개

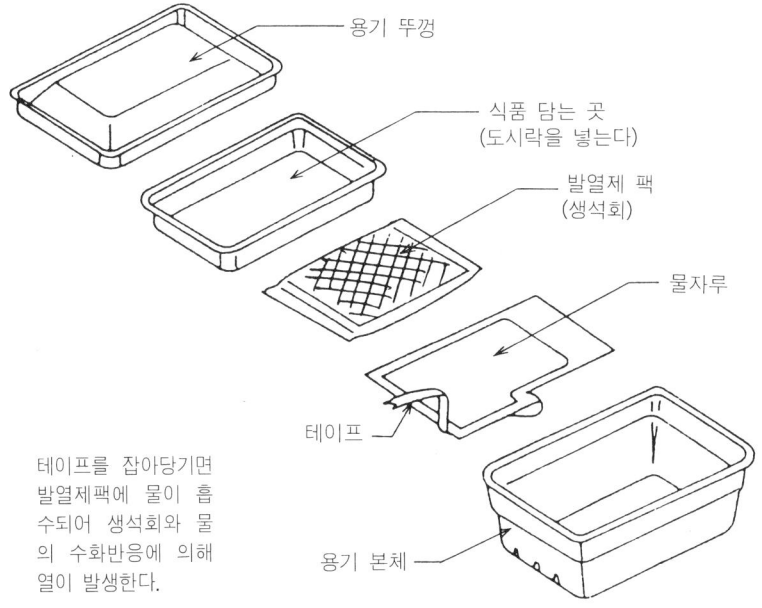

용기 뚜껑

식품 담는 곳
(도시락을 넣는다)

발열제 팩
(생석회)

물자루

테이프

테이프를 잡아당기면
발열제팩에 물이 흡
수되어 생석회와 물
의 수화반응에 의해
열이 발생한다.

용기 본체

그림 62. 발열용기의 예

발이 기대되고 있다(그림 62는 도시락형 발열 타입).

4. 음식품 용기 초콤팩트 신 발열 머티어리얼
― 규소철 발열 머티어리얼

지금까지의 발열 방식은 생석회와 물의 수화 발열 반응을 이용한 것이 대부분으로 고열을 얻기 어렵고, 또한 용적면에서도 부피가 컸다.

보다 콤팩트하면서 단시간에 물을 끓일 정도의 열량을 얻을 수 있는 것으로 규소철과 산화철과의 반응이 개발되었다.

단, 이 방식은 발열시에 1000℃까지 높아지기 때문에 용기 재질로 고온에서도 녹지 않는 특수한 단열재를 개발, 이를 이용한 즉석 라면용 용기가 등장하였다(그림 63).

이 기술은 음식 용기뿐만 아니라 카트리지식 옥외용 휴대 조리 기구로부터 다리미, 공업용 기기에 이르기까지 폭넓은 응용도 가능하게 되었고 발열 머티어리얼 기술 자체도 점점더 열을 띠게 될 것으로 보인다.

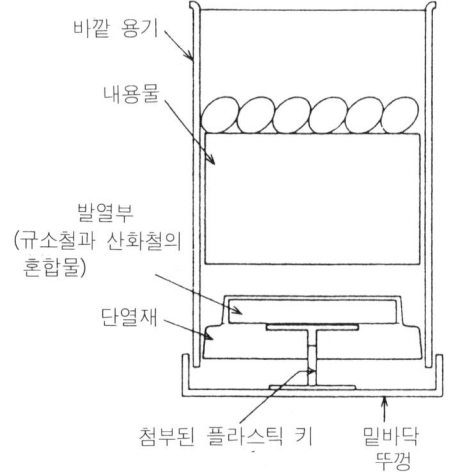

바깥 용기

내용물

발열부
(규소철과 산화철의
혼합물)

단열재

첨부된 플라스틱 키　밑바닥
뚜껑

바깥 용기는 단열 직포를 감은
스틸 통으로 되어 있다. 첨부
된 플라스틱 키를 축으로 하
여. 바깥 용기를 돌리면 산화
가 시작되고 발열부는 약 10
초 동안에 1000도의 고온이
된다. 단열재를 이용해 열이
하부로 발산되는 것을 막고 있
다. 약 2분 끓이고 5분만에
조리가 완료된다.

그림 63. 콤팩트 신형 발열 용기의 구조
(즉석 라면의 예)

플라스틱제 통조림 —전자 레인지 통조림 머티어리얼—

1. 환경 친화적인 플라스틱제 통조림이란 어떤 것인가

알맹이와 외관은 종래의 스틸제 통조림과 다르지 않으나 용기가 플라스틱제인 통조림을 말한다. 지금까지의 스틸제 통조림은 「캔」시대라고도 일컬어지는 오늘날 전자 레인지로 직접 따뜻하게 데울 수 없기(스틸제 통조림은 전자 레인지의 전자파를 흡수하여, 불꽃만 생길 뿐 데워지지 않는다) 때문에 "뜨거운 쪽이 맛있고, 따뜻하게 먹고 싶다"라는 소비자 요구에 맞지 않는 것이 많으며, 일본의 식용 통조림 국내 시장도 연간 약 26억개로, 근래 수년간 거의 변동이 없고 정체를 보인다.

이에 반해 플라스틱제 통조림은 풀 오픈식 스틸제 뚜껑을 열면 그대로 전자 레인지에 넣어 따뜻하게 데울 수 있는 것이 특징이며 소비자 요구를 충족시킨 새로운 통조림 머티어리얼의 하나이다.

통조림은 문자 그대로 장기 보존할 수 있는 것이 대전제이다. 이를 위해서는 공기중의 산소가 침입하는 것을 막아야 하며 이것이 플라스틱 이용의 문제점이지만, 산소 차단 효과가 있는 에틸렌비닐알코올 공중합체 (EVOH)와 프로필렌의 다층 구조로 함으로써 소재면에서의 어려움을 해소하였다.

그리고, 또 하나의 난점인 성형 가공면에서도 종래와 같이 시간과 비용이 걸리는 방법(원료를 압출 성형하여 필름상으로 가공한 뒤 일단 냉각하여 감고 다시 이것을 또 한번 가열하여 용기로 성형하여 끝을 잘라 제조공정이 둘로서 효율이 나빴다)이나 또는 압출 성형하여 다층 필름을 만든 뒤, 곧 용기로 성형 가공함으로써 공정을 생략화함과 동시에 에너지 절약도 가능하게 하는 CD 성형법의 확립으로, 통조림용에 알맞고 균일하고 저가격(종래 방법의 20~30% 원료를 절약)을 달성하여, 플라스틱제 통조림 머티어리얼로서 이용이 가능해졌다(그림 64).

2. 리사이클재도 사용 및 환경에 배려

개발된 플라스틱관의 단면 구조는 **그림 65**와 같으며, 그 소재로서 CD 성형 뒤의 블랭킹 잔부를 버리지 않고 리사이클 부재로서 유효하게 활용하고 있으며 환경에도 배려한 생산 공정을 실현하고 있다.

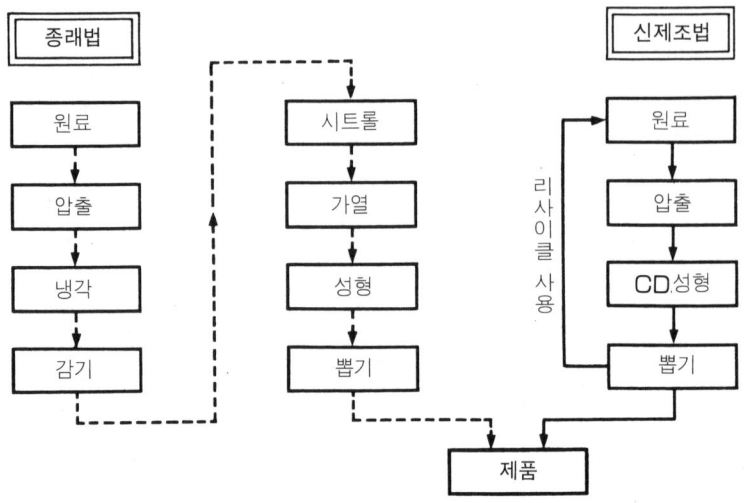

그림 64. 새로운 CD법에 따른 플라스틱 용기 제조법과 종래법의 프로세스 비교

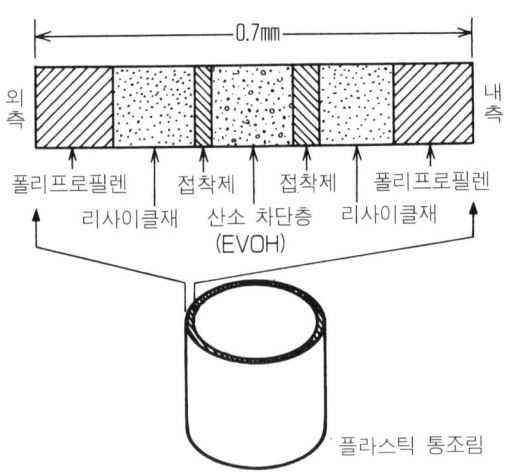

그림 65. 플라스틱 통조림의 단면구조(리사이클재도 유효 활용)

D

액 정 입 문

액정이 탄생된 지 약 100년, 일본에 처음으로 액정 전자 계산기가 등장한 지 20년, 현재의 액정 응용 제품은 대단히 많고 보다 얇은 형·보다 대형·보다 저소비로 금후의 방향은 텔레비전·컴퓨터 화면의 컬러화·고선명화라는 방향과 융합하면서 점점더 개발에 박차를 가하고 있어 그야말로 "디스플레이의 왕"이라고 할 정도이다.

응용면에서는 상품으로서 중요한 역할을 담당하는 휴먼 인터페이스로서 OA, AV, 통신, 가전, 게임, 레저 등, 그 시장도 급성장하고 있으며, 또한 금후의 하이비전용, 멀티미디어용의 표시키 디바이스로서 그 위치가 더욱 확고해진 느낌이 든다. 액정은 CRT에 어디까지 접근하는가라는 점만 보더라도 그 개발 속도나 보급 속도가 놀라울 정도이다. 기술도 TN, STN에서 현재의 TFT 방식으로 발전하고 있다. 또한 강(强)유전성, 반(反)강유전성, 고분자 분산형 등 새로운 아이디어도 등장하고 있으므로 그 동향을 주시할 필요가 있다.

여기서는 이와 같이 현재 급성장세를 보이고 있는 「액정 기술」에 관해서 그 개발의 역사나 핵심 기술, 시장 동향을 소개하기로 한다.

(참고 문헌) 「샤프의 액정 전략」, 일렉트로닉스(옴사) 93년 1월호 부록

1. 액정이 주목받는 이유

근래에 컬러 액정 텔레비전 등의 AV 기기나 노트북, 노트 워드 프로세서 등의 OA 기기가 소형화·고기능화됨에 따라, 고선명 플랫 패널 디스플레이의 출현이 요망되고 있다. 특히 컬러액정 디스플레이는 1990년대 최대의 핵심 기술로 주목받고 있다. 이 액정 디스플레이는 몇 십년 이전에는 꿈에 불과했던 벽걸이형 텔레비전, HDTV(하이비전) 대응 액정 프로젝터, 4형 컬러 액정 모니터를 내장한 액정 뷰캠 및 컬러 퍼스널 컴퓨터 등이 이미 실용화되고 있다.

전자 디스플레이에 요구되는 성능은 보기 쉬워야 하고, 사용하기 쉬워야 한다. 특히, 기술의 고도화가 급속히 진전되고 있는 1990년대는 넘치는 정보 관련기기에 대하여 공간 활용형과 고기능이 요구되고 있다. 따라서 탑재되는 디스플레이에 대하여도 경량화·박막화·저소비 전력화 등이 요구되고 있다. CRT는 전자 디스플레이 중에서 가장 완성도가 높은 단계로 대표적인 디스플레이지만 고도화하는 정보화 사회속에서는 HDTV의 실용화, 대화면화, 고선명화에 대하여 중량, 공간, 소비전력 등의 과제가 아직 미해결 상태이고 또한 근본적으로 진공관이 필요하다는 큰 제약을 안고 있다.

한편, 박형, 소형, 저소비 전력의 특징을 갖는 평면 디스플레이의 기술개발은 현저히 진보되어 CRT 디스플레이에 없는 공간 활용형의 특징을 발판으로 1990년대의 디스플레이로서 시장에서 거는 기대가 크다. 특히 액정 디스플레이 (LCD : Liquid Crystal Display)는 다른 평면 디스플레이와 비교하여 컬러화, 고선명화, 대형화면에서 근래에 들어 가장 현저한 진보를 보이는 디스플레이로, 그 표시 품격은 가까운 장래에 CRT를 능가할 것이라 한다.

2. 이것이 액정의 기본 메커니즘

(1) 액정과 전기광학 효과

일반적인 물질은 온도에 따라서 고체, 액체 또는 기체상을 나타낸다. 예를 들면 상온의 물(액상)은 1기압에서는 온도가 0℃ 이하가 되면 얼음(고상)으로 되고, 또한 반대로 온도가 100℃ 이상으로 상승하면 수증기(기상)로 된다. 그런데, 어떤 특정한 가늘고 긴 막대 모양의 분자 형상을 한 유기 화합물 중에는 고체의 분자 결정상과 일반적인 등방성 액체상 사이에서 특이한, 어느 쪽의 상에도 속하지 않는 액정이라고 부르는 중간상(中間相)을 나타내는 것이 있다.

이 액정상은 외관은 액체 또는 그리스 상태이지만 보통의 등방성 액체와는 달리 이방성을 나타내는 점이 큰 차이점이다.

이 이방성은 분자 배열의 규칙성이라는 결정에서 보이는 것과 동일한 특질에 기인하고 있다. 즉, 액정은 영어의 Liquid Crystal로 액체상태의 결정이다. 단, 일반적인 결정과의 차이는 분자 배열의 규칙성이 3차원 입체 격자를 형성하지 않고 그 일부는 규칙성을 잃어 1차원적 또는 2차원적인 규칙성을 형성하고 있는 점이다. 이것은 응용공학적으로 보아 대단히 중요한 포인트이다. 즉, 아주 약한 전기와 같은 외부 에너지(10^{-13}erg/분자길이)에 의해 분자 배열이 쉽게 변화하며, 이로 인해 인간의 시각으로 분명하게 알 수 있는 광학적인 흡수나 복굴절 변화를 초래하기 때문이다. 이것이 액정의 전기광학 효과이다(표 1).

물론 전기 이외의 자기, 열 등에 의해서도 광학효과를 일으키는 것이 가능하지만 제어성이 우수하기 때문에 공학면에서는 특히 이 전기광학 효과가 주로 응용되고 있다.

(2) LCD의 종류

액정이 갖는 전기광학 효과를 표시하는 데 응용한 것이 LCD이다. 그래서 일반적으로 쓰이는 액정은 네마틱상(그림 1(a))으로 불리는 가장 규칙성이 낮고,

표 1. 액정 표시에 쓰이는 각종 효과와 능동 디바이스

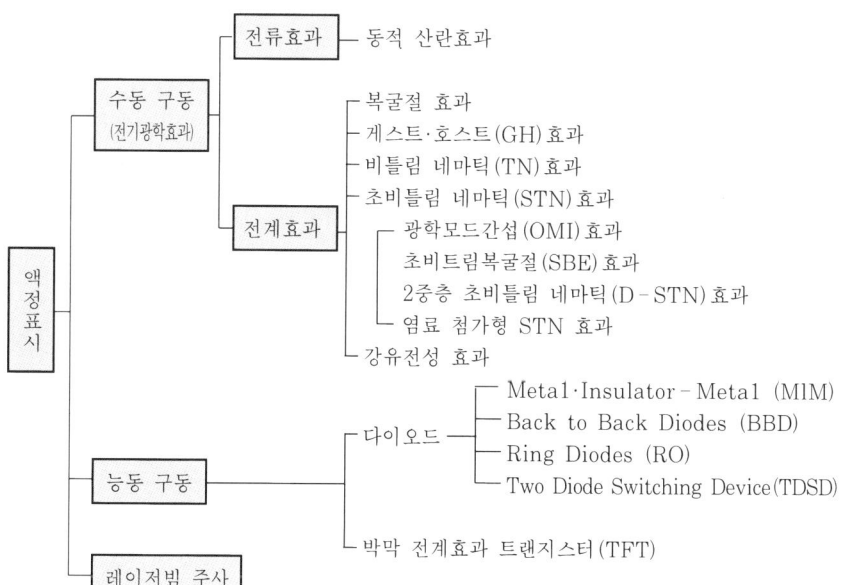

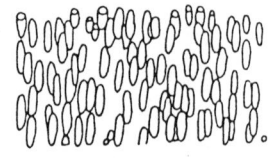 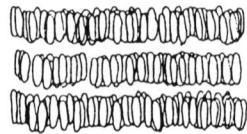

(a) 네마틱 상(相)   (b) 스메틱 상(相)

그림 1. 2종류의 액정 분자 배열 구조

보통의 액체에 가까운 액정 상태이다. 이 네마틱 액정은 한 방향만의 또한 분자 열운동으로 흔들리고는 있지만 어느 정도의 배열 규칙성을 갖고 있다.

LCD에는 이 네마틱 액정 이외에 분자 배향에 나사선 구조를 가한 콜레스테릭 액정이나 층상 구조를 갖는 스메틱 액정(그림 1(b))을 응용한 타입도 이전부터 연구되어 오고 있지만 아직까지도 널리 실용화되지 않았다.

네마틱 액정을 응용한 LCD에서도, 초기 무전계일 때의 액정 분자 배향상태나 이용하는 광학 효과에 따라 여러가지 형태(표시 모드)가 제안되고 있다.

(3) 대표적인 표시 모드

여러 가지의 표시 모드 중에서 가장 일반적인 것이 트위스트 네마틱(TN) 모드와 여기서 좀더 발전한 수퍼 트위스트 네마틱(STN) 모드이다.

그림 2는 TN 모드의 동작 원리를 모식적으로 나타낸 것이다. 이 TN 모드는 한쌍의 직선 편광 필터를 평행 위치로 했을 때의 밝은 상태(백)와 한쪽의 편광 필터를 90° 회전시켜 직교 위치로 할 때의 어두운 상태(흑)와 광학적으로 등가인 상태를 액정 분자의 전계에 의한 배향 변형으로써 실현시키는 방식이다.

즉, TN 모드를 이용한 LCD에서는 네마틱 액정 분자가 기판 사이에서 90° 뒤틀린 배향 상태를 초기 상태로 하고 광선이 이 액정층을 통과하는 사이에 90°의 선광성(직접 편광이 회전)이 생기는 효과를 이용하고 있다.

또한 이 액정층에 수 볼트의 전압이 인가되면, 액정 분자는 전계 방향으로 나란히 배열되기 때문에 초기의 뒤틀린 액정 분자의 배향이 소실되며 그 결과로 90°의 선광성도 없어지고, 꼭 편광 필터를 90° 회전시킨 것과 동일한 효과를 얻게 된다.

이 TN 모드는 전기광학 특성의 한계값 특성이 가파르지 않고 대용량 표시의 매트릭스 디스플레이에는 적합하지 않기 때문에 시계나 전자 계산기용 등의 소용량 표시에 주로 쓰이고 있다.

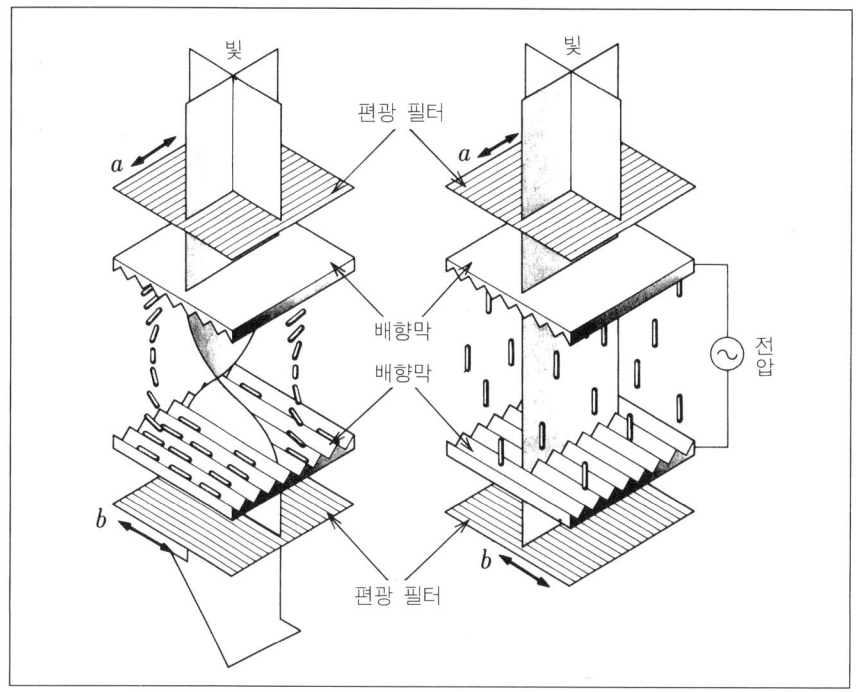

그림 2. 트위스트 네마틱(TN)형 액정 표시 모드의 동작 모식도

그러나 최근에는 대용량 표시를 하기 위해서 박막 트랜지스터(TFT)나 다이오드 등의 비선형 전자 소자를 각 표시 화소에 부가한 액티브 매트릭스형 구동법과 조합하여 쓰이고 액정 컬러 텔레비전용 디스플레이나 랩탑 컴퓨터용 디스플레이로서 기대되고 있다.

한편, 비틀림각을 90°보다 크게 한 STN 모드는 가파른 전기광학 특성을 갖기 때문에 단순 매트릭스형 구동법을 써서 그 경제성을 살리고 퍼스널 워드 프로세서나 컴퓨터에 널리 실용화되고 있다.

특히 최근에는 2층형이나 리타데이션 필름과 같은 광학적 보상판과 조합하여 높은 콘트라스트의 백/흑 표시나 컬러 표시를 할 수 있게 되었다.

3. 액정의 발견에서 시계·전자 계산기의 사용에 이르기까지

(1) 액정의 탄생

액정은 지금부터 약 100년 전, 1888년 오스트리아의 식물학자인 라이니쩌 (F. Reinitzer)에 의해 발견되었다. 당시에는 액체같지 않은 액체라고 인식

하는 정도였지만, 나중에 독일의 물리학자 레만(O. Lehmann)은 이 액체가 편광 현미경에서 결정 특유의 복굴절성을 보이는 것을 발견하고, 「유동성을 갖은 일종의 결정」으로 보아, 「액정」이라고 이름을 붙였다.

이 액정은 요즈음에 말하는 콜레스테릭 액정의 일종(콜레스테릴·벤조에이트)으로, 잘 알려진 바와 같이 온도에 따라서 빛깔이 민감하게 변화하기 때문에, 현재 감열표시 재료로서 이용되고, 온도계에도 응용되고 있다.

(2) 액정의 역사적 발전과정 – 시계에서 전자 계산기에로

액정이 디스플레이에 쓰일 수 있다고 인식된 것은, 그 후 약 30년을 거친 1960년대에 들어서 부터이다. 이 시기는 진공관에서 반도체로 옮겨 집적회로 (IC)로의 가능성이 현실성을 띄게 된 시대이다. 집적회로 나아가 대규모 집적 회로(LSI)는 종래의 전자기기를 단지 소형화하는 것에 머물지 않고, 완전히 새로운 기능을 갖는 제품을 만들어 낼 가능성이 잠재되어 있었다. 이들 IC, LSI 가 가진 소형·경량·저전압·저소비 전력 구동과 같은 특징을 살리기 위해서 필연적으로 디스플레이에도 동등의 성능이 요구되기 시작했다.

이러한 시대 동향을 배경으로, 1963년 미국·RCA사의 윌리엄스(R. Williams)는 액정에 전기적인 자극을 주면 빛이 통과하는 방법이 변하는 것을 발견하고, 그 후 1968년 RCA사의 하일마이어(G. H. Heilmeier) 그룹이 이 성질을 응용한 액정 표시 장치를 세계 최초로 완성시켰다.

RCA사가 취급한 액정은 동적 산란 모드(DSM : Dynamic Scattering Mode)라고 불리며, 네마틱 액정에 전압을 주면 분자 방향이 랜덤하게 되어 빛이 강하게 산란된다. 이것을 이용하면 투명한 배경에 부옇게 흐린 패턴을 표시할수가 있다. 이 RCA사의 연구 성과는 일본의 전자 공업계에 큰 충격을 주었다.

LCD의 최초의 응용은 전자 시계에서 시작되었고 그 상품화는 미국의 메이커에서 선행되었다. 1971년, 1972년에 오프텔사, 마이크로모사가 각각 DSM 의 액정을 사용한 디지털 시계를 발표하였지만, 당시는 액정의 품질이나 수명에 해결해야 할 많은 과제가 남아 있어서, 실용면에서는 문제가 많았다.

(3) TN 모드 액정의 등장 – 제1세대

1971년, 파가손(Fergason) 등에 의해서 발명된 TN(Twisted Nematic) 모드는 2장의 편광판에 끼운 네마틱 액정을 90° 비틀고, 전계를 인가하여 빛의 투과를·차단시킴으로써 표시하는 것이며, DSM 액정에 비해서 저전압 구동, 저소비 전력, 또한 명암의 콘트라스트가 분명하게 얻어지는 특징이 있다. 이 액정의 개발로 전지의 교환없이 1.5~2년간, 장시간 연속사용이 가능한 휴대 전자기기가 탄생하여, DSM 액정에 이어서「액정 제1세대」라고 말할 수 있는 1세대를 구축하였다.

(4) STN 액정의 탄생－제2세대로 혁신

TN 액정은 디스플레이를 구성하는 화소수가 많아지면, 전압을 바꿀 때 광투과율이 완만하게 변화하고, ON/OFF때에 충분한 콘트라스트를 얻을 수 없는 특성을 갖고 있다. 워드 프로세서나 퍼스널 컴퓨터에 필요한 화소수(640×200~400도트)를 갖는 디스플레이에서는 콘트라스트, 시야각, 표시 품위면에서 TN 액정을 채택하기에는 한계가 있었다.

이 한계를 극복한 것이 셰파(T. J. Scheffer)와 네링(J. Nehring) 등에 의해서 발표된 SBE(Super Birefringence Effect : 초복굴절) 모드이다. SBE 모드는 액정의 비틀림각을 270°로 올림으로써 전압을 변화시킬 때의 빛의 투과율 변화를 아주 민감하게 하고, 콘트라스트가 높은 표시를 얻을 수 있게 한 것이다.

그러나, 이 방식에서는 큰 비틀림각으로 액정의 분자를 고르게 배열시켜야 하는 양산 기술에 많은 문제가 있었다. 그래서 등장한 것이 STN 액정이다(그림 3(b)). STN 액정의 등장으로 액정의 수요는 비약적인 신장을 가져와「액정 제 2세대」를 구축하게 되었다.

(5) 한층 더 개량－종이를 목표로 하여

1987년에는 STN 액정의 착색성을 광학적 보상 셀(cell)을 써서 무채색화하여 흑백 표시를 실현한 DSTN(Double-layered STN)이 발표되었다. 이에 따라 페이커 화이트조(調)의 배경 위에 흑을 선명하게 표시할 수 있게 되어 시인성(視認性)이 각별히 향상되었다. 이것이 바로 "종이"의 탄생이다. 그 후 더욱 콘트라스트·시야각을 비롯하여 박형·경량화 요구의 대응용으로 위상차 필름 채택에 의한 얇고 가벼운 TSTN(Triple STN) 액정 등(그림 3(d))이 실용화되는 한편, RGB 컬러필터를 이용한 멀티 컬러 액정(그림 4)이 등장하였다.

(6) 드디어 컬러 TFT의 출현으로

액정 컬러 TV에 대표되는 활동적 매트릭스 액정은 그림 5와 같이 화소 하나하나에 얇은 박막 트랜지스터 또는 얇은 박막 다이오드와 같은 스위칭 소자를 마련함으로써 각 화소를 독립적으로 구동시키는 섯이다. 기본석인 개념은 1961년

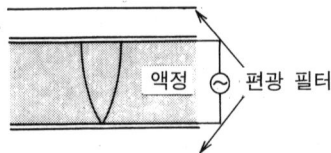

분자의 비틀림 90도.

(a) TN(Twisted Nematic) 타입의 원리─화면을 크게 하면 콘트라스트가 떨어지는 경향이 있다.

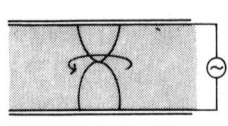

비틀림은 180~260도 정도.
황녹색이나 청색으로 착색한다.

(b) STN(Super Twisted Nematic) 타입의 원리─직립 특성이 좋아지고, 콘트라스트가 분명한 표시가 가능하다.

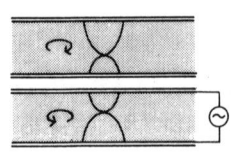

STN의 셀을 2장 포갠 구조.

(c) DSTN(Double-1ayered Super Twisted Nematic) 타입의 원리─동작 셀에 240도 왼쪽으로 비틀린 액정을 넣은 경우, 보상 셀에는 240도 오른쪽으로 비틀린 액정을 넣는다. 왼쪽과 오른쪽이 상쇄되어 착색된 빛이 처음의 백색광으로 되돌아간다.

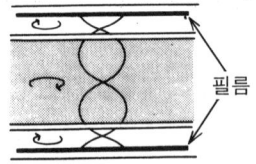

필름

보상필름을 동작 셀의 상하에 배치한다.

(d) TSTN(Triple Super Twisted Nematic) 타입의 원리─DST외 보상 셀 대신에, 복굴절성을 갖는 고분자 필름을 사용한다. 보상 필름을 1장으로 한 것을 FSTN(Film Super Twisted Nematic)이라 한다.

그림 3. 각 액정의 구조

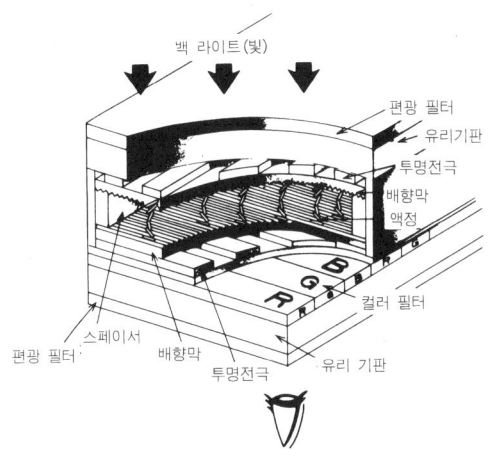

그림 4. 멀티 컬러 액정 디스플레이의 구조

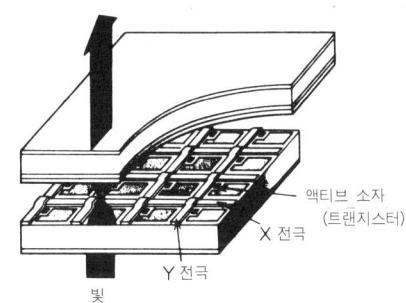

단순 매트릭스 구동의 구조에 덧붙여 화소 하나하나에 「능동 소자」를 붙인 것. 이로써 원하는 화소를 확실히 점등시키거나 끌 수 있다. X전극과 Y전극은 동일 평면상에 형성되고, 스위치와 액정 셀을 끼고 대향하는 전극에 이어진다. 구동 원리는 다음과 같다.
① X전극이 각 화소에 붙은 능동 소자를 ON/OFF한다.
② ON 상태에 있는 능동 소자는 그대로 전압을 유지하면서 Y극과 통할 수 있다.
③ Y전극에 전압을 가해 ON상태에 있는 원하는 화소를 점등시킨다.

그림 5. 액티브 매트릭스 구동방식 (TFT)의 구조

에 미국의 RCA사에서 발표되었지만 본격적으로 연구가 시작된 것은 1970년대에 들어서이다. 1979년에 발표된 어모퍼스 Si TFT가 현재의 액티브 매트릭스 방식의 주류를 이루고 있다.

사용되는 액정은 TN 액정이지만 화소수가 증가하더라도 가가 구동 소자가 있기 때문에 콘트라스트, 시야각, 표시 품위 등을 비약적으로 높일 수 있다. 그러나 대화면상에 수만개의 소자를 만들어 넣는 생산 기술은 실패를 거듭한 끝에 1987년에 들어서야 비로서 실용화되었다. 이전 해에 있었던 일렉트로닉스 전시에 3인치형급의 TFT 액정을 사용한 소형 TV가 출전되었고, 다음해부터 본격적으로 발매되었다. 1988년 샤프는 14인치 TFT 컬러 액정 디스플레이를 개발, 꿈의 벽걸이 TV(그림 6)의 실현과 TFT 액정이 대형 컬러 디스플레이로서 실용화에 대한 기초를 쌓았다.

라이니쩌가 액정을 발견한지 거의 100년. 액정은 니즈(needs)와 시즈(seeds)의 뒷받침으로 장족의 진보를 이룬 것이다. 이것을 계기로 액정이 갖는 무한정한 잠재적 가능성이 전세계적으로 인식되었다.

4. 액정 테크놀로지는 어떻게 진행되는가

액정의 특성을 최대한 끌어내어 새로운 용도를 개척해가기 위해서는, 한 걸음 앞선 새로운 액정 디스플레이의 창출과 혁신적 제조 기술의 확립 등이 강하게 요구되고 있다. 예를들면 가볍고 얇은 "플라스틱 기판 액정 디스플레이"나, 백 라이트를 사용하지 않더라도 고콘트라스트, 또한 고속 응답이 가능한 "논 백 라이트 액정 디스플레이" 등이 고려되고 또한 현재의 STN 액정 디스플레이와 코스트면에서 차이가 없어야 한다. 또한, 제조 기술면에서,

① 「단순 매트릭스 방식」에서는, 성막(成膜) 기술, 배향 기술, 금속 배선 기술 및 광학적인 고정밀도 얼라이먼트 기능을 갖춘 인라인식 패널 접합 처리 기술, 또한 대형패널 대응 인라인 처리기술

② 한편, TFT 액정 디스플레이로 대표되는 「액티브 매트릭스 방식」에서는 최대의 과제로 액정 디스플레이의 대화면화에 따르는 기판 크기의 대형화나, 장치 생산성 및 수율의 향상 등을 도모할 필요가 있고, 세정, 성막, 포토리소그래피, 에칭의 각 기술 수준을 한층 더 높일 것

③ 그 위에 상기 두 가지 방식의 액정 디스플레이를 고품질, 고신뢰성으로 또한 조밀한 고밀도 모듈로 마무리하기 위해서 필수적인 실장(實裝) 및 검사 기술의 고도화가 중요하다.

구체적으로는,

① STN 액정 디스플레이 — 얇고 가벼운 플라스틱 기판 액정/고콘트라스트·고속 응답을 만족하는 신규 구동법의 제안/시야각의 향상을 위한 액정 패널·위상차 필름의 최적화 검토

② TFT 액정디스플레이 — 주변 드라이버 체형의 폴리 Si TFT의 연구개발/

그림 6. 상품화한 14인치 벽걸이 컬러 TV(50만엔)(샤프제)

표 2. 주요 고선명 액정 디스플레이

		FLC	TFT	STN
기술의 특성	고선명화	◎	○	△
	화면의 대형화	◎	○	◎
	생산성(코스트)	○	△	◎
	현재 제작 난이도	○	△	◎
화 질	응답속도(마우스 추종성)	◎	◎	△
	콘트라스트(40.1 이상)	◎	◎	△
	시야각(±50도 이상)	◎	◎	△
	계조	△(4계조)	◎(16계조)	△

(주) FLC : Ferroelectric Liquid Crystal/단순 매트릭스, TFT : Thin Film Transistor/액티브 매트릭스, STN : Super Twisted Nematic/단순 매트릭스

　

더한층의 대형화, 고선명화로의 진전/ 코스트 저감을 위한 프로세스의 간략화

③ 강유전 액정, 반강유전 액정 등 새로운 액정 디스플레이의 진전 등에 초점을 맞춘 연구가 가속되고 있다.

(1) 이것이 차세대 액정 디스플레이이다!

(a) 플라스틱 기판 액정 디스플레이

「플라스틱 기판 액정 디스플레이」는 현재의 유리기판을 플라스틱 필름기판으로 바꿈으로써 박형, 경량화와 더불어 충격에도 깨지지 않는 종래의 액정 디스플레이에는 없던 특징이 있다. 이 액정은 플라스틱 필름을 쓰기 때문에 유리 기판을 쓸 때에 비하여 처리 온도를 포함한 생산 프로세스 조건이 크게 변화한다. 또한, 액정은 빛의 복굴절성을 이용하기 때문에, 플라스틱 필름의 굴절을 고려한 재료 선정이 중요하다. IC 카드나 전자 계산기용 등의 소형 플라스틱 기판 액정 디스플레이는 대부분 실용화되어 있지만 금후 노트 북 퍼스널 컴퓨터용 등의 대형 플라스틱 기판 액정 디스플레이에 대한 개발이 주목받고 있다.

(b) 액티브 어드레싱 구동방식 STN 액정

STN 액정을 발명한 셰파는 새롭게 STN 액정의 잠재 성능을 최대한으로 끌어낼 수 있는 구동 방식을 내놓아 큰 반향을 불러 일으켰다. 이 방식은 종래의 STN 액정으로서는 한계에 와 있던 콘트라스트, 응답 속도에 대한 돌파를 시도한 것으로, 듀티 구동이 마치 스태틱 구동과 같이 보이도록 주사측 신호와 데이터측 신호에 독자적으로 처리하였다. 금후 실용화를 목표로 주변 회로를 포함시켜 양산 기술이 확립되어 가겠지만, 실현된다면 STN 액정의 새로운 수요가 개척될 가능성이 있다.

(c) 드라이버 모놀리식형 액정 디스플레이

TCP 방식(Tape Carrier Package. 통칭 TAB(Tape Automated Bonding)로 불리며 액정 드라이버나 전자 계산기용 LSI 등에 사용하고 있는 테이프 캐리어 방식의 설치 형태나 COG 방식(Chip On Glass ; 액정 패널 기반에 배선 패턴을 형성하고, 패키지가 안 된 LSI(베어칩 LSI)를 액정 패널에 직접 접속한다)은 액정 패널의 드라이버 IC를 외부에 부착하는 설치 기술이다. 이에 대하여 액정 패널 기판 위에 드라이버 IC를 일체 형성하는 기술(드라이버 모놀리식) 개발이 진행되고 있다.

Si TFT 구동방식은 어모퍼스 실리콘을 사용한 방식 「a-Si TFT」와 다결정 실리콘을 사용한 방식 「poly Si TFT」의 두 가지가 있으며 어모퍼스 Si TFT 방식으로 저온에서(300℃ 이하) 큰 면적으로 TFT를 형성할 수 있는 점에서 화면의 대형화 방향으로 상품화가 추진되어 왔다. 한편, 폴리 Si TFT는 프로세스 온도가 1,000~1,100℃로 높기 때문에 내열성이 높은 석영 기판을 쓸 필요가 있다. 또한, 대형화는 어렵고 소형 분야에서 상품화가 진행되어 왔다. 그러나 600℃ 이하의 저온에서 고온 프로세스의 특징을 살릴 수 있다면, 어모퍼스 Si TFT에서 쓰이고 있는 붕규산 유리를 사용해서 대형화할 수 있고 또한 드라이브 모놀리식형 TFT 액정 디스플레이를 실현할 수 있다.

다결정 실리콘은 어모퍼스 실리콘에 비해서 전계 효과 이동도가 $10 \sim 100 \mathrm{cm}^2/\mathrm{V} \cdot \mathrm{sec}$ (어모퍼스 실리콘은 약 $0.5 \mathrm{cm}^2/\mathrm{V} \cdot \mathrm{sec}$)로 비교적 크고 게다가 결정 입경을 크게 함으로써 한층 더 높은 전계 효과 이동도를 얻을 수 있다. 전계 효과 이동도가 높으면 드라이버용 논리에 필요한 고주파 스위칭이 가능해지기 때문에 이 성질을 이용하여 액정 구동용 드라이버를 액정 기판상에 집적하여 일체화하는 드라이버 모놀리식화를 향한 개발이 이루어지고 있다. 폴리 Si TFT 액정 드라이버 모놀리식화 기술은 장래의 발전성이 크게 기대되어 각 분야에서 활발한 개발이 이루어져 왔다.

(d) 자이언트 마이크로 일렉트로닉스 기술

1989년 3월말 메이커 등 17사의 공동 출자로, 40인치 이상의 초대형 직시 벽걸이 텔레비전의 실현을 위한 기초기술 연구개발회사가 설립되었다. 새 회사의 이름은 GTC(Giant Electronics Technology Corporation)로 붙여졌다. 6년간에 30억엔을 들여, 사방 1m 크기의 액정과 현재 초대형 액정을 목표로 대면적 회로 소자의 요소 기술 개발이 추진되고 있다. 이 개념은 그림 7에 도시한 바와 같이, 왼쪽 뇌와 오른쪽 뇌의 발전에 비유하여 나타낼 수 있다. 인간의 왼쪽 뇌에 위치하는 「LOGIC의 세계」가 마이크로 일렉트로닉스의 직렬형 정보처리의 세계이다. 초LSI, 디지털 논리회로, 노이만형 컴퓨터 (본 노이만(Von Neumann)이 고안한 기본 구조로 된 계산기. 엄밀하게 정의되어 있지는 않지만 연산 장치, 주기억 장치, 입출력 장치, 제어 장치의 4부분으로 구성되고, 실행되는 프로그램이 주기억 장치 내에 데이터로 저장되는 프로그램 내장 방식을 채택하고 있는 것이 최대의 특징이다) 계열로 파악되고 있

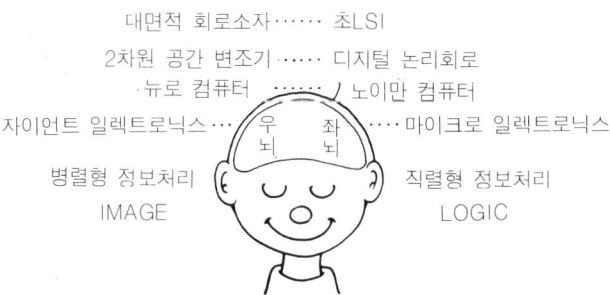

대면적 회로소자……초LSI
2차원 공간 변조기……디지털 논리회로
뉴로 컴퓨터……노이만 컴퓨터
자이언트 일렉트로닉스……우 좌……마이크로 일렉트로닉스
뇌 뇌
병렬형 정보처리 직렬형 정보처리
IMAGE LOGIC

그림 7. 자이언트 마이크로 일렉트로닉스(대면적 회로소자) 개발의 개념

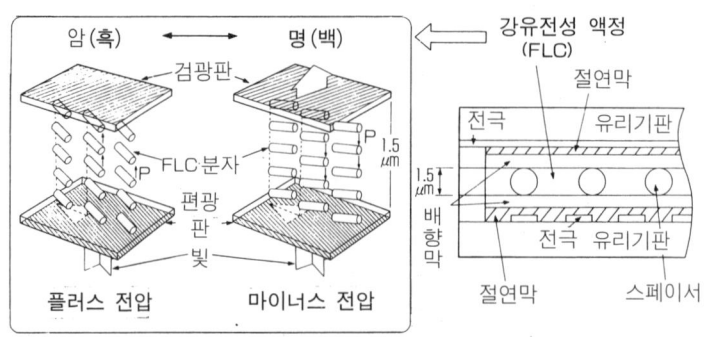

그림 8. 주목받는 액정 테크놀로지 강유전성 액정(FLC)의 원리

으며, 주로 수치연산이나 기호처리를 담당하고 엄밀성이 요구되어 왔다.

오른쪽 뇌에 위치하는 「IMAGE의 세계」는 패턴 인식 등 병렬형의 정보처리를 하고 있다. 대면적 회로소자, 2차원 공간 광변조기, 박형 영상 표시장치, 뉴런 컴퓨터(뉴런 신경 세포와 결합된 회로망을 기본으로 한 생체의 동작 메커니즘에 따라 작동하는 계산기. 현재의 융통성이 없는 계산기에 인간의 유연성을 넣을 수 있을 것으로 기대되고 있다) 계열로서, 한편 「마이크로」 일렉크로닉스에 대응하는 「자이언트」 마이크로 일렉트로닉스의 물결이 일고 있다고 생각된다. 패턴 인식처리를 비롯하여 연상이나 중복성, 애매성과 같은 종래의 노이만형 컴퓨터에서는 다루기 어려운 병렬형 정보처리를 목표로 하고 있다.

(e) 강유전성 액정 디스플레이

강유전성 액정은 통상의 액정과 다르고 전압이 인가되지 않은 상태라도 자발적인 전기 분극(자발 분극)을 갖는 액정이다. 이 때문에 응답속도가 수백 s 이하에서 100배 이상의 고속으로 응답하는 동시에, 액정 분자가 전계 인가 때의 배향 상태를 전계 제거 후에도 유지하는 메모리성을 갖는 차세대 액정으로서 주목받는 신소재이다.

이 강유전성 액정을 쓰면 액티브 매트릭스 방식에 비하여 구조가 간단한 단순 매트릭스 방식으로 고품질의 동화(動畵)가 기대되며 트랜지스터 등을 쓰지 않기 때문에 화면의 어른거림 없이 대형 화면을 고수율로 대량 생산할 수 있다. 이 때문에 강유전성 액정은 특히 고선명 화면이 요구되는 엔지니어링 워크 스테이션(EWS)이나 고선명, 대용량 표시를 필요로 하는 DTP(Desk Top Publishing. 문자, 도형, 이미지 데이터 등을 편집할 수 있는 컴퓨터와 고품질 프린터(레이저 프린터 등)를 이용한 종합적인 문서처리 시스템)용 디스플

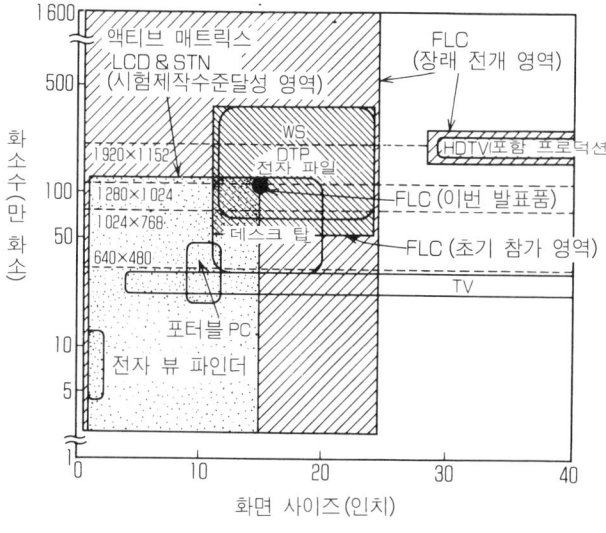

그림 9. 강유전성 액정(FLCD)의 응용

레이 등이 새로운 액정 디스플레이 시스템을 만들어 낼 가능성을 보여 주목받고 있다(그림 9).

단, 색조 계조수의 다색화가 문제가 되고 있다. 종래의 LCD는 전압의 변화에 따라 비틀림 각도를 미묘하게 바꿀 수 있는「비틀림 네마틱 액정」인데 비해 막대 입자의 좌우 두 방향 변화만으로 빛의 투과 변화를 결정하는「스매틱 액정」이기 때문에, 원칙적으로는 0이나 1로 밖에 나타낼 수 없고 미묘한 계조를 얻는 것이 쉽지 않기 때문에 컬러의 고화질화가 어려워 이 점을 해결한 새로운 돌파구가 요구되고 있다.

(f) 고분자 분산형 액정 디스플레이

현재의 주요한 액정 디스플레이는 빛의 복굴절을 이용하고 있지만, 이에 반해「고분자 분산형 액정 디스플레이」는 전기장에 의한 액정의 광산란·투과 제어 효과를 이용한 것이다. 이 때문에 편광판을 필요로 하지 않는 것이 최대의 특징이다. 즉, 편광판을 사용하지 않기 때문에 투과율이 향상되고 밝은 표시가 가능한 장점이 있다. 디스플레이의 실용화를 위해서는, 구동 전압을 저감할 것, 한계 특성을 가파르게 할 것, 신뢰성의 향상 등 많은 과제가 남아 있지만, 편광판이 불필요한 장래의 액정 디스플레이 기술로서 주목받고 있다.

5. 잇따라 등장하는 새로운 액정 응용상품

(1) 액정 벽걸이 텔레비전

액정 벽걸이 텔레비전 「액정 박물관」(43만 7,760화소, 두께 10.5cm)는 8.6형 TFT 풀 컬러 액정 패널을 탑재한 고화질의 벽걸이 텔레비전이다. 또한 92년 일렉트로닉스 전시에는 14형의 「액정 박물관」이 출품되어 화제에 올랐다.

고질화가 진행되는 생활 공간과 도시 공간을 목표로 인텔리성을 중시한 디자인을 채택한 아트 감각이 높은 새로운 영상기기이다. 텔레비전용으로는 물론 환경영상으로서 AV에 의한 갤러리 공간의 연출을 실현하고 있다.

(2)「액정 텔레비전」도 일심전력

TFT 컬러 액정 텔레비전은 브라운관과 같은 수준의 고화질로, 화면 사이즈와 상품타입도 다양하고 용도는 점점더 넓어지고 있다. 예를 들면 샤프사에서는 밝은 옥외에서도 보기 쉬운 「저반사·박형 TFT 액정」을 사용함으로써 종래에 비해서 ① 약 2배의 고휘도화, ② 약 1/10의 외광 반사율, ③ 약 1/2로 얇게, ④ 약 25%의 경량화를 실현한 4형 액정 컬러 텔레비전(그림 10) 등을 내놓고 있다.

또한 차를 중심으로 하는 야외 생활에 대응하여 등장한 액정 컬러 텔레비전의 차량 키트가 호평을 받고 있으며, 자신이 간단히 조작할 수 있는 리모트 콘트롤

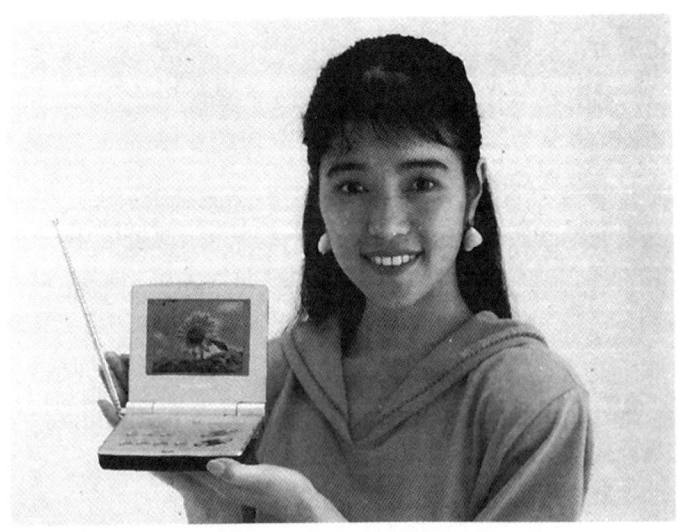

그림 10. 4형 액정 컬러 텔레비전

을 장비하여 차 안에서도 쉽게 조작할 수 있게 하였다.

(3) 「액정 비디오 카메라」도 제2세대로 !

종래의 비디오 카메라에서 액정의 응용은 소형의 뷰 파인더에 활용되고 있었지만, 세계에서 처음으로 박형·고시인성의 4형 컬러 액정 모니터를 내장하여, 독창적인 회전 촬영기구를 채택한 액정 비디오카메라 액정 뷰 캠 (그림 11)을 샤프사가 개발하였다.

액정 뷰 캠은 뷰 파인더를 들여다보는 대신에 대형 컬러 액정 모니터를 보면서 간단히 촬영할 수 있는 것이다. 이로써 카메라에 익숙하지 않은 사람이나 초보자도 손쉽게 쓸 수 있고, 또한 대형 컬러 액정 모니터와 회전 촬영 기구의 조합으로 하이 앵글이나 로 앵글 촬영도 쉽게 할 수 있게 되었다.

또한, 찍은 영상을 그 자리에서 바로 재생하여 내용을 체크할 수 있을 뿐 아니라 친구나 가정에서 재생 내용을 그 자리에서 함께 볼 수 있어 지금까지 없던 즐거움을 맛볼 수 있다. 또한 튜너 팩을 부착해 텔레비전 방송을 손쉽게 볼 수 있다. 이와 같이 새로운 「찍는·보는·즐기는」 것을 제안하는 액정 뷰 캠과 같은 새로운 타입의 액정 상품은 비디오 카메라의 사용 빈도나 용도를 확대하여 사용 가치를 높이는 『제2의 비디오 카메라 』로서 기대되고 있다.

(4)「액정 비전」으로 300인치에 도전한다

액정 비전은 1989년 6월에 제1호가 세상에 등장한 이래 고선명화, 고휘도화 등 가정이나 회사에서 100인치급의 「대화면 AV) 」가 보급되어 왔다. 액정 비전은 「3판식」과 「단판식」의 2방식이 있으며, 하이 비전 영상 등 고선명화에서는 3

그림 11. 액성 뷰 캠   그림 12. 액정 비전

판식이 유리하지만 소형·경량·저가격면에서는 단판식이 유리하다.

콤팩트 액정 비전(그림 12)은 30만1158화소의 고선명 액정 패널 1장을 탑재하여, 100인치의 대화면이 가능하고, 공간 축소화와 휴대 편리성이 향상되어, 종래 기종의 약 1/3로 소형화·경량화를 실현하였다.

또한, 액정 비전의 고선명화와 고휘도화라는 기술적으로 상반하는 과제를 해결하기 위해서, 종래 방식과는 다른 「반사형 액정」프로젝션 시스템을 기술 시험하여 종래의 5배에 해당하는 밝기를 실현하였다. 이에 따라, 거의 영화관의 스크린에 해당하는 300인치의 대화면이 가능하게 되었다.

⑸ 「노트 퍼스널 컴퓨터」도 컬러 액정으로

박형·경량·저소비 전력을 특징으로 한 TFT 액정을 사용한 컬러 노트 퍼스널 컴퓨터는 밝고 선명한 컬러 표현과 마우스 커서 등 이동하는 표시에도 대응할 수 있는 고속 리스폰스를 실현하였으며 컬러 액정의 등장으로 단숨에 컬러 퍼스널 컴퓨터 시대에 돌입하고 있다.

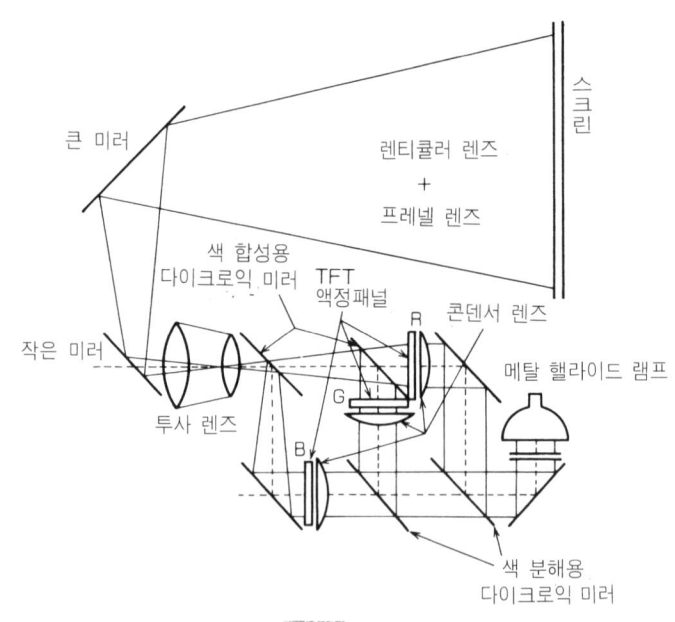

그림 13 투사형 액정 디스플레이의 구조
—RGB 3장의 액정상을 거울로 합성, 투사 렌즈 1개로 확대하여 스크린에 비춰낸다.

6. 이것이 격동하는 액정 디스플레이 시장
—그 마켓, 어플리케이션을 탐색한다.

(1) 액정 디스플레이의 시장 동향

1990년대에 들어와서, 개개인의 정보화가 가속도를 더하고 있으며 광파이버를 비롯한 유선 통신망에 덧붙여 무선 통신망의 정비와 아울러, 휴대형 퍼스널 컴퓨터가 퍼스널의 정보화를 추진하여 「코드로부터 해방」이 진전됨으로써, 정보화의 편리성을, 「언제나, 어디서나」 개인적으로 향유할 수 있게 되었다.

이와 같이, 급속히 진전하는 일렉트로닉스의 기술 혁신은 반도체, 액정, 전지 등, 휴대화의 키 테크놀로지가 되는 디바이스군의 급속한 발전과 동시에 비약적으로 기기의 소형를 추진하여, 시장을 급속히 확대시킬 것으로 예상된다.

「여유」, 「만족」, 「편리성」이 요구되는 정보화 사회 속에서 특히 액정 디스플레이는 개인의 정보화의 리더십 테크놀로지로서 단순한 CRT의 치환이 아니라, 새로운 수요를 창조하는 이상적인 휴먼 인터페이스로서, 또한 인간의 감성에 적합한 디스플레이로서 주목되는 분야이다.

액정 디스플레이의 시장 규모는 단순 매트릭스 액정과 액티브 매트릭스 액정의 양쪽을 합쳐서 1991년도에는 2,990억엔, 1995년도에는 연율 35%의 성장으로 8,500억엔~1조엔에 도달했으며, 2000년도에는 15% 성장으로 2조엔을 넘는 규모로 확대될 것으로 예측하고 있다(그림 15).

고품위·고선명 컬러 표시가 가능한 TFT를 중심으로 액티브 매트릭스 액정은 2000년도에는 그 중요도가 더욱 높아질 것으로 예상된다.

(2) 액정 디스플레이의 용도 분야

일렉트로닉스 응용 상품은 보다 쓰기 쉽고, 보다 편리한 방향으로 상품 개발이 진행되어 용도가 확대되고 있다. 상품의 중요한 역할을 담당하는 휴먼 인터페이스로서의 「액정 디스플레이」는 OA 분야를 비롯하여 AV, 통신, PA (Personal Automation), 가전, 차재, 게임, 레저 분야 등 여러 방향에 걸쳐서 시장을 확대하고 있나(그림 15).

한편, 일렉트로닉스 업계의 움직임을 보면, 노트북용 액정 디스플레이의 등장은 일렉트로닉스 상품의 경량화, 초박형화, 고품질화라는 원점으로 되돌아 와 새로운 기술적 테마의 재검토를 활발히 하고, 이것이 일렉트로닉스 부품업계의 큰 자극이 되어 재료, 설비, 디바이스 메이커 각사는 그 기능성의 추급에 새로운 에너지를 경주하기 시작하여 한층더 새로운 활력을 불어 넣고 있다.

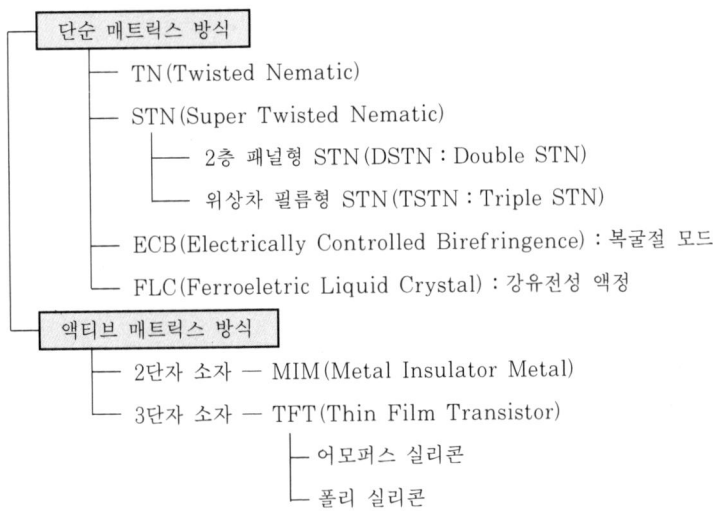

그림 14. 주요한 액정 디스플레이

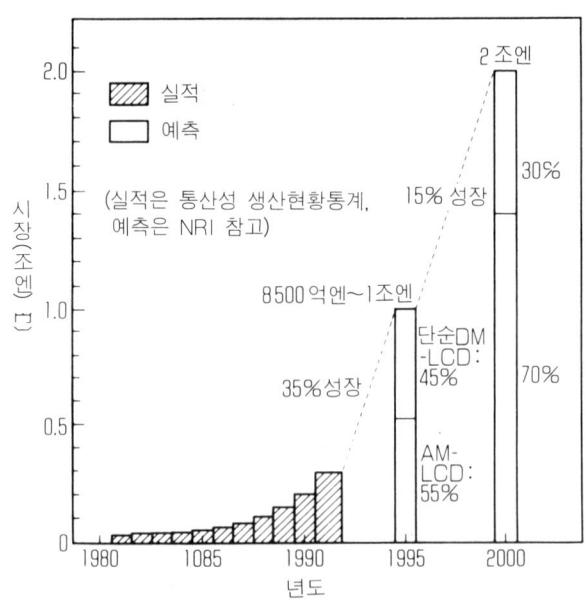

그림 15. 액정의 생산 실적과 시장 규모 예측

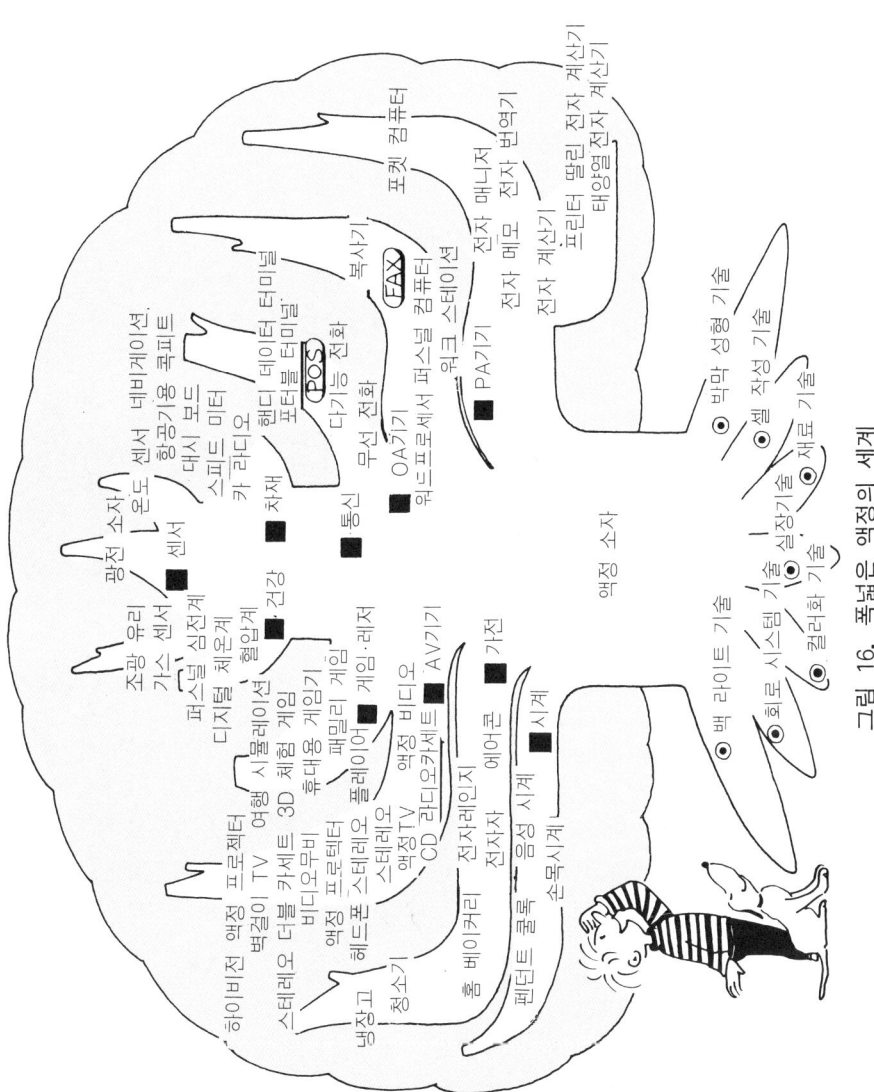

그림 16. 폭넓은 액정의 세계

이와 같이, 일렉트로닉스 업계의 의욕이 고조되는 가운데, 주목을 끈 것이 액티브 메트릭스(TFT) 액정의 응용이며, 급속한 기세로 새로운 시장(AV 분야와 OA 분야 등)을 확대할 것으로 기대된다. 또한, 컴퓨터 분야에서 1990년대의 중심적 과제로서 AV와 CC(Computer Communication)를 일체화한 AV CC 멀티미디어화에의 진전을 들 수 있다.

(3) 액정 디스플레이의 금후 전망

오늘날, "종이"라는 것은 정보를 기록·보관·전달하는 것으로서 사회 생활에서 없어서는 안되는 것이다. 지금이야말로 종이사업은 거대한 시장을 형성하고 있다.

사무실이나 가정에서도 종이 정보가 범람하는 가운데, 페이퍼리스화에의 지향이 사회의 필연적 요구로서 생겨 나왔다. 이러한, 정보 사회의 요구가 컴퓨터의 보다 소형 고성능화, 통신기술과의 융합, 컴퓨터 입출력 기술의 발전, 소프트웨어 기술의 향상과 어울려, 「언제, 어디서, 누구나」 간단히 조작할 수 있는 시스템, 즉 「종이에 대신하는」, 아니 그 이상으로 「종이를 뛰어넘는」 인텔리전트 페이퍼라고 할 수 있는 시스템의 등장이 요구되고 있으며 액정 디스플레이는 이들 뉴 미디어의 최고에 위치하고 있다. 이미, 펜 윈도우즈나 펜 OS 등의 움직임은 이들 요구를 반영한 것으로 받아들일 수 있다.

이들 "산업의 종이"로서의 상품상을 그려보면, 꿈과 같은 애기를 많이 할 수 있다. 예를 들면 전자 파일, 전자 북, 전자 메뉴, 퍼스널 네비게이션, 비즈니스 툴 이다.

이들은 모든 액정 디스플레이와 컴퓨터 기술·소프트웨어 기술과의 융합으로 콤팩트하면서 쓰기 쉽고 자유롭게 취급할 수 있게 된다.

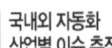

신소재 응용전략

1998. 4. 18. 초 판 1쇄 발행
2000. 4. 3. 초 판 2쇄 발행
2003. 2. 14. 초 판 3쇄 발행
2009. 1. 5. 초 판 4쇄 발행
2016. 11. 10. 초 판 5쇄 발행

지은이 | 山中 唯義
옮긴이 | 최하식
펴낸이 | 이종춘
펴낸곳 | **BM** 주식회사 성안당
주소 | 04032 서울시 마포구 양화로 127 첨단빌딩 5층(출판기획 R&D 센터)
      | 10881 경기도 파주시 문발로 112 출판문화정보산업단지(제작 및 물류)
전화 | 02) 3142-0036
     | 031) 950-6300
팩스 | 031) 955-0510
등록 | 1973. 2. 1. 제406-2005-000046호
출판사 홈페이지 | www.cyber.co.kr
ISBN | 978-89-315-1907-5 (13550)
정가 | **18,000원**

이 책을 만든 사람들
교정·교열 | 이태원
본문 디자인 | 김인환
표지 디자인 | 박원석
홍보 | 박연주
국제부 | 이선민, 조혜란, 고운채, 김해영, 김필호
마케팅 | 구본철, 차정욱, 나진호, 이동후, 강호묵
제작 | 김유석